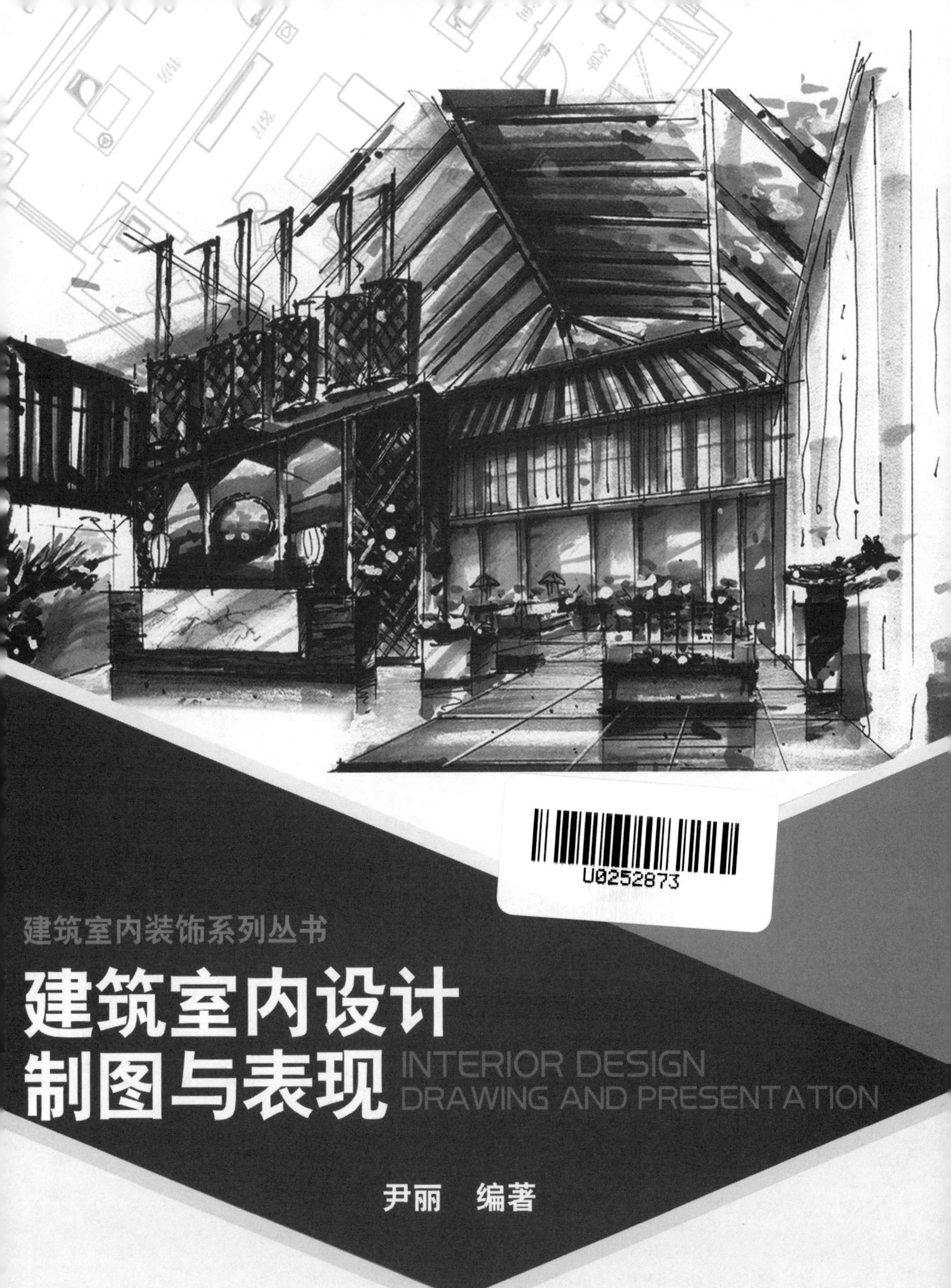

建筑室内装饰系列丛书

建筑室内设计制图与表现

INTERIOR DESIGN DRAWING AND PRESENTATION

尹丽　编著

机械工业出版社
CHINA MACHINE PRESS

本书注重建筑室内设计制图与表现的系统性和实用性，对建筑室内设计制图、表现的基础等问题予以介绍。从表现特点、表现工具、表现步骤三个层面，深入、系统地对建筑室内设计的钢笔表现、水彩渲染、水粉表现、马克笔表现、数字表现予以阐述，同时从建筑室内设计效果表现和专题创作的角度出发，归纳出建筑室内设计表现的要点，汇集了近300幅建筑室内设计方面的表现作品实例，便于读者在设计实践中借鉴和参考。本书可供高等院校建筑学、环境艺术设计、室内设计、建筑装饰等专业的高校师生、建筑室内相关行业人员，及对设计制图与表现感兴趣的读者阅读。在艺术设计及相关专业学生参加各个层面的升学、就业考试方面，本书具有重要的参考价值。

图书在版编目（CIP）数据

建筑室内设计制图与表现/尹丽编著.—北京：机械工业出版社，2018.8
（建筑室内装饰系列丛书）
ISBN 978-7-111-60460-0

Ⅰ.①建… Ⅱ.①尹… Ⅲ.①室内装饰设计—建筑制图 Ⅳ.①TU238

中国版本图书馆CIP数据核字（2018）第159928号

机械工业出版社（北京市百万庄大街22号 邮政编码100037）
策划编辑：赵 荣 责任编辑：赵 荣 于伟蓉
责任校对：王 欣 封面设计：马精明
责任印制：孙 炜
保定市中画美凯印刷有限公司印刷
2018年9月第1版第1次印刷
184mm×260mm・18印张・377千字
标准书号：ISBN 978-7-111-60460-0
定价：69.00元

凡购本书，如有缺页、倒页、脱页，由本社发行部调换
电话服务 网络服务
服务咨询热线：010-88361066 机 工 官 网：www.cmpbook.com
读者购书热线：010-68326294 机 工 官 博：weibo.com/cmp1952
010-88379203 金 书 网：www.golden-book.com
封面无防伪标均为盗版 教育服务网：www.cmpedu.com

前 言

——笔尖下的灵感

图纸表现是建筑室内设计师必须掌握的设计语言，它将工程技术与绘画形式结合，不仅是建筑室内设计专业的重要组成部分，同时也是设计师们用于表达形象思维、记录灵感的重要手段。

无论是从事室内设计工作的设计师，还是从事其他相关专业的设计师，都期望自己的构思能被人们所理解，设计作品能获得大家的认可，并最终得以实施，服务于社会和广大群众。但那些闪烁在设计师脑中的灵感火花与构思都是看不见摸不着的，需要借助某种形式的语言将其表达出来。如同画家表现内心世界的形和色，文学家表现思想的文字，音乐家表现情感所谱写的乐谱一样，建筑室内设计师们则是通过各种图形表现脑中的灵感结晶，诸如直观的钢笔画、快速的马克笔表现、立体逼真的计算机效果图以及各种数字技术等。由此可见，能够作为建筑室内设计表现的形式是多种多样的。在众多表现形式中，对建筑室内设计制图的学习与把握，则是掌握其他各种表现语言的基础。但市场上同时包含有设计制图内容和表现技法内容的书很少，大多是单纯地介绍室内设计制图或快速效果图表现。

从建筑室内设计制图与表现的功能来看，建筑室内设计专业不同于其他专业，所有设计灵感和构思的表现都涵盖了设计制图规范、构图形式、造型基础、色彩与明暗关系等内容，所以就决定了室内设计制图与表现的学习内容。本书根据室内设计制图与表现的内容，结合我国室内设计专业的特点，对室内设计制图与表现的常用技法进行了全面的研究与介绍。本书每一章节都有理论基础和范图示范，图文并茂，力求深入浅出地解析设计制图、表现基础、钢笔表现、水彩渲染、水粉表现、马克笔表现、数字表现、表现要点、表现案例等内容，真诚希望为初学者提供一套快速、实用的表现技法。本书汇集了作者近年创作实践中的设计制图和表现图作品，还有部分老师、学生的设计表现图佳作，以期能为建筑、室内、景观设计的广大读者就设计制图和表现方面带来一些有力的参考。

作 者

目　录

第1章　建筑室内设计表现概述

1.1 建筑室内设计表现的意义

建筑室内设计是艺术设计与建筑技术两大领域的融合体，它不仅涉及结构与构造，诸如门窗、墙柱、楼梯、隔断等的设计，还涉及颇具感染力的照明、家具、软装的设计。建筑室内设计并非是空凭想象就可随意去施工的，否则后果难以想象，即使是局部的细节设计也不宜这样做。因为建筑室内设计是具有创作性的，它启蒙于构思和方案，需要用图表现，经反复推敲、深入、审核后，方能实施。这种利用图来表达某建筑空间的构思、设计意图的形式，称为建筑室内设计表现，它也被视为建筑室内设计专业的基本功。设计师要实现设计目标，就必须掌握正确的表现技法。此外，建筑室内设计表现作为图式交流语言，是传达设计师设计构思的最好工具，这就是建筑室内设计表现的意义所在。

1.2 建筑室内设计表现的内容

1. 准备——平面现状图的绘制

准备阶段主要工作是：接受甲方委托任务后，收集相关的资料和信息，包括对现场及周边的调查测量，根据测量数据记录平面现状图。

2. 分析——分析草图与透视草图

在准备阶段的基础上，进一步收集、分析设计对象的相关资料，展开初步方案设计，并通过概念分析图、草图来反复推敲建筑室内设计的构思。此阶段主要涉及平面布局草图、立面草图、节点草图、透视草图等。

3. 表现——设计制图、透视图、文字说明等

通过对相关资料的分析、解读，完整表现设计师的创意，同时，与甲方沟通获取甲方的意见反馈，然后对初步方案进一步推敲、深化、调整，绘制正式的平面图、立面图、彩色透视图、局部细节详图等。

1.3 建筑室内设计表现的目的

1.3.1 做设计笔记——收集资料、记录灵感

设计笔记是设计师收集资料、记录灵感的最佳途径。设计师通过徒手表现能简单快捷、生动概括地分析作品、记录想法，从而直接形成设计笔记。各种电子产品和手机 app 日趋发达的今天，笔和纸依然具备快速、便于沟通的优点，因此，设计师暂时离不开纸、笔。纸、笔与照相机和复印件相比，两者不同之处在于后者无设计师的艺术加工过程，而艺术加工过程决定了这些资料在将来的设计项目中能否被有效地调动起来，并为设计师带来启发。几乎所有的建筑设计大师都非常重视设计笔记在记录灵

感方面的作用，例如，著名的建筑师伍重，随时随地记录下自己的设计灵感，最终成就了 20 世纪最伟大的建筑之一——悉尼歌剧院。设计笔记能够帮助设计师有效积累素材、自我学习，并带来设计启发，但需要长期的坚持才能不断地提高表现能力、设计能力。

提醒：做设计笔记需注意的问题。

1. 突出大标题

设计笔记的内容包含生活点滴、思维导图、灵感闪现等图，笔记本会不会因此一片混乱？这就提醒设计师一定要将重点突出，建议使用加粗的大字体或红色字来做醒目的标题，这样一来，就能够有效地分区域，并帮助设计师快速、及时地查阅到所需资料。

2. 图文并茂

读设计书籍是设计师自学的重要方式。在阅读的过程中优秀的设计作品和理念值得设计师思考并临摹，建议在使用绘图本时，分为左右面来使用，一面临摹作品，另一面用分析图和文字记录关键词、心得体会。这种设计师自己观察、理解、绘制、总结的过程，对将来做类似项目时把握设计过程有事倍功半的效果。

1.3.2　设计表达——传达想象、表达意图

设计的核心在于创造、创新，满足人们的需要。建筑室内设计师的任务就是要利用自己的专业，改善和提高生存环境质量，并将其视觉化。因此，设计师要掌握正确的表达方法，将脑海里的构思想象、造型转化为可视的形象，将抽象的设计意图表达得清晰具象，这是设计表现最重要的目的。

1.4　建筑室内设计表现的特点

1.4.1　思维的图形化——系统分析设计思维

建筑室内设计是多门学科交叉的一种科学，作为建筑室内设计师必须具备将多种信息整合加工的能力，这种整合加工过程既包含理性思维（抽象思维），又包含感性思维（形象思维），进而推敲出设计方案、施工方案。这就需要设计师利用图形分析思维进行设计。所谓图形分析思维，指的是借助于形象的图形并展开设计分析的思维过程。就建筑室内设计而言，几乎整个设计过程都离不开图形思维：准备阶段的图形思维内容主要为现状图；分析阶段的图形思维内容包括草图、分析图；表现阶段的图形思维内容包括平面图、立面图、效果图；施工阶段的图形思维内容包括剖面图、大样图等施工图。由此可见，建筑室内设计从方案到施工都离不开图纸表现，它以各种表现手法和技巧将设计思维视觉化，来传达设计师的构想，建立起思维与具象之间的桥梁。室内设计与表现的流程如图 1-1 所示。

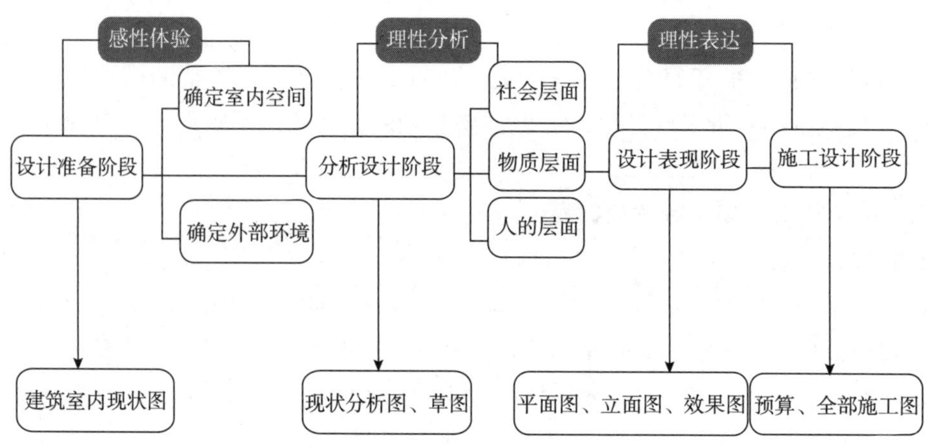

图 1-1　室内设计与表现的流程

1.4.2　内容的直观化——真实反映室内设计效果

建筑室内设计表现图应当真实形象地反映预期设计效果，使甲方能够直观地感受到室内尺度、构造、设计细部、材料的颜色和质感以及室内氛围等信息，以便下一步交流、修改、深化方案。

1. 真实反映室内尺度与比例

表现图之所以能够直观、形象，在于遵循了科学的透视方法，符合人们的视觉规律以及直观的感受，让人有种身临其境的真实感。在绘制表现图的过程中，应当遵循一定的比例、尺度关系，以确保图纸真实地反映预期的室内设计效果。

2. 真实反映空间构造和造型

线条是造型的基础，它会直接影响到空间的结构、形态。表现图通过线条的疏密和曲直来表达空间结构。有些优秀的表现图，为了忠实于空间结构，不厌其烦地深入刻画（图 1-2），从而将设计作品的效果通过具有真实感的透视效果图表现出来

3. 真实反映室内材料的颜色和质感

色彩在表现材料颜色和质感中至关重要。室内设计表现图需要真实地表现室内材质，或坚硬或柔软，或粗糙或细腻，力求让甲方直观地感受到材料的颜色和质感，这在设计师传达设计意图方面起到了关键作用。

4. 真实反映室内空间和氛围

光影是营造表现图意境和氛围的重要因素，也是增强画面空间感的主要途径。因为有了光，室内的物体便有了光影，它们的立体感和前后关系才会凸显出来，才能更符合人的视觉规律。

1.4.3　设计表达的生动化——体现设计师的艺术修养

设计表达的生动化是保证设计内容准确的前提下对设计对象优化，并突出设计主题，

使图面意境更具感染力。对图面的色彩、线条、明暗、透视角度以及构图进行梳理，能够营造出富有感染力的氛围。例如曾先后两次获得“休·费理斯”奖项的建筑表现艺术家托马斯·韦尔斯·沙勒的水彩建筑作品，能够给人一种震撼的感染力，作者熟练运用色彩和构图要素，力求生动，最大限度地阐释设计意图。他的作品美国信托大厦（图 1-3），通过周围低矮建筑的“水平线”与主体建筑的“垂直线”共同组成画面主体，整体画面通过方向对比和色彩对比来突出和强调建筑主体。

图 1-2　汉口老弄堂（钢笔、淡彩，辛艺峰）

图 1-3　美国信托大厦

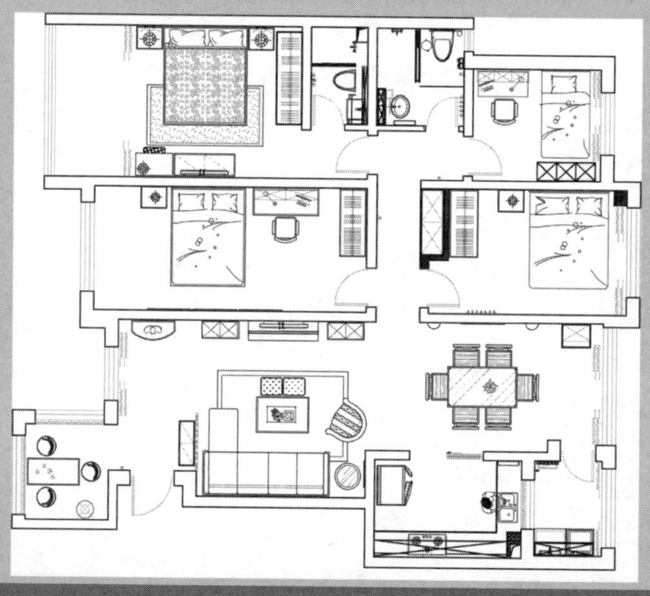

第 2 章　建筑室内设计制图

建筑室内设计制图的目的是将设计意图付诸实施，因此需要按照一定的规范，清晰、完整地绘制设计对象的尺寸、位置、结构、工艺做法。

为保证建筑室内设计制图的统一、准确，使施工顺利和高效，国家相关部门制定发布了一系列规范和标准。以下建筑室内设计制图内容的编写依据是《房屋建筑制图统一标准》（GB/T 50001—2017）、《建筑制图标准》（GB/T 50104—2010）、《建筑工程设计文件编制深度规定（2016 年版）》。依据上述规范，建筑室内设计制图可以借助绘图工具或仪器手工绘制，也可以利用 AutoCAD 软件计算机绘制。尽管工具不同，但规范和标准是一致的。

2.1　建筑室内设计制图的基本知识

2.1.1　图幅与图框

1. 图幅

图幅指的是图纸的宽度和长度组成的图面。图幅必须符合以下五种尺寸规定：A0、A1、A2、A3、A4。从表 2-1 中可以看出：A0 图幅对折后是 A1 图幅，A1 图幅对折后是 A2 图幅，A3、A4 以此类推，即上一号的短边是下一号的长边，如图 2-1 所示。

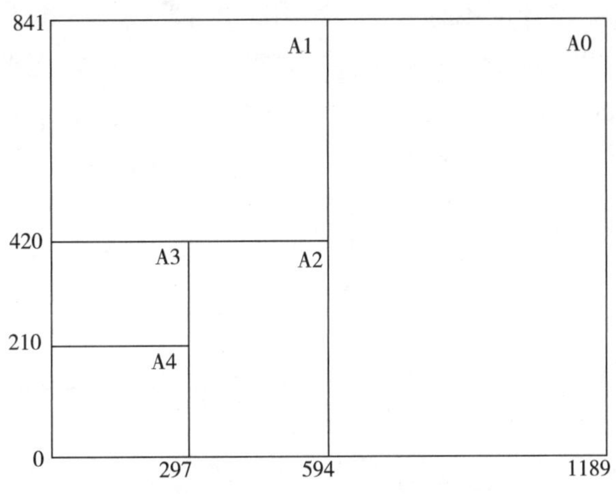

图 2-1　不同规格图纸幅面

表 2-1　图幅尺寸与图框尺寸表　　（单位：mm）

幅面代号	A0	A1	A2	A3	A4
$b \times l$	841 × 1189	594 × 841	420 × 594	297 × 420	210 × 297
c	10			5	
a	25				

注：b、l 分别是图纸的短边与长边尺寸，二者之比为 1 ：$\sqrt{2}$；c 是图框线与幅面线间距；a 是图框线与装订线间距，为 25mm，做装订用。

图纸幅面不足时可加长，通常图纸的加长量为原图纸长边的 1/8 及其倍数。一般只有 A0~A3 的图纸可以加长，且只允许沿着图纸的长边加长，加长的尺寸应符合表 2-2 的规定。为便于阅读、管理、携带图纸，同一个工程制图中的图纸幅面不宜多于两种规格，目录及表格所采用的 A4 幅面除外。另外，加长部分的图纸应当折叠，折叠后的规格与同一个工程中的其他图纸保持统一。

表 2-2　A0~A3 图纸长边加长尺寸　（单位：mm）

幅面代号	长边尺寸	长边加长后尺寸
A0	1189	1486、1783、2080、2378
A1	841	1051、1261、1471、1682、1892、2102
A2	594	743、891、1041、1189、1338、1486、1635、1783、1932、2080
A3	420	630、841、1051、1261、1471、1682、1892

注：有特殊需要的图纸，可采用尺寸为 841mm × 891mm 与 1189mm × 1261mm 的幅面。

2. 图框

图框是图纸上限定绘图区域的线框，必须用粗实线表示。图框横放以短边做垂直边称为横式，图框立放以短边做水平边则称为立式。一般 A0~A3 图纸多横式使用，必要时也可立式使用，A4 图纸多为立式使用。一般来说，横式图框装订边在左侧，距图纸边距为 25mm，如图 2-2、图 2-3 所示；立式图框装订边在上侧，距图纸边距为 25mm，如图 2-4、图 2-5 所示。图框距离图纸边距离与幅面规格有关，分为两种，A0~A2 图幅的图框距离图纸边为 10mm，A3、A4 图幅的图框距离图纸边为 5mm。

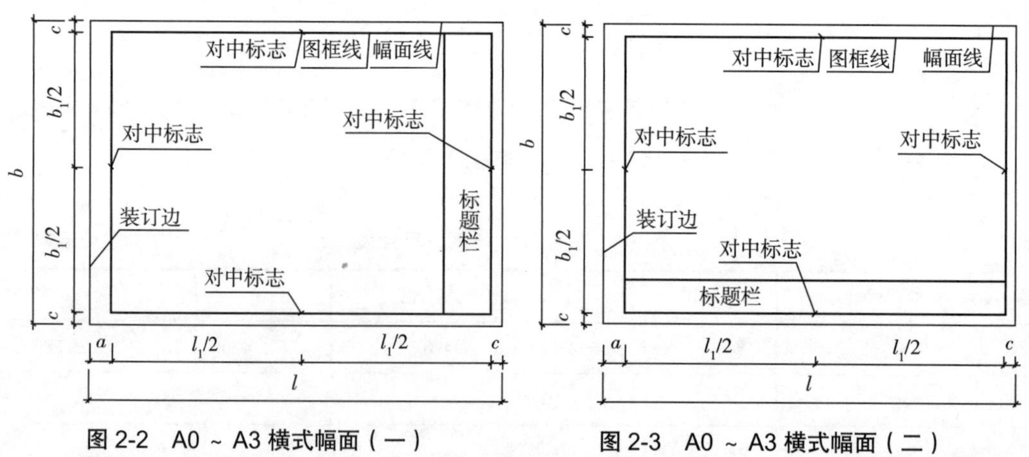

图 2-2　A0 ~ A3 横式幅面（一）

图 2-3　A0 ~ A3 横式幅面（二）

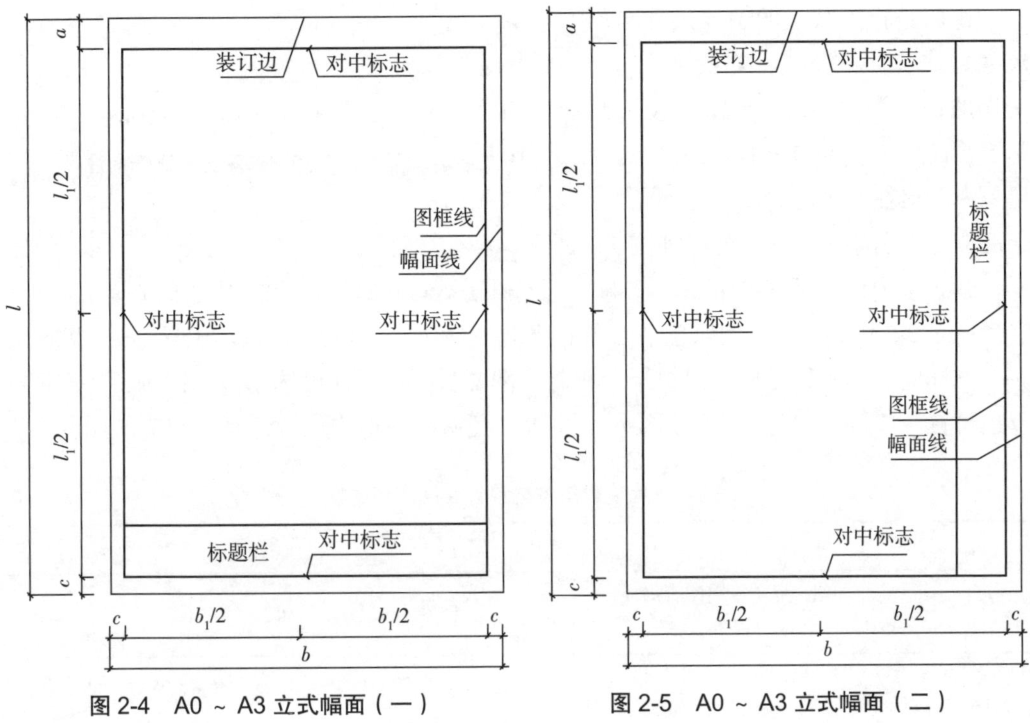

图 2-4　A0 ~ A3 立式幅面（一）　　图 2-5　A0 ~ A3 立式幅面（二）

2.1.2　标题栏

一张标准的工程制图应包含标题栏、图框线、幅面线、装订边线和对中标志。

图纸的标题栏可以根据内容需要选择横排或者竖排，且应标明设计单位名称、注册师签章、项目经理签章、修改记录、工程名称、图号、签字、会签、附注等内容。签字区应包含实名列和签名列，以免因字迹潦草导致难以辨认。在计算机制图文件中电子签名也日益成为当前签名的趋势。

涉外工程的标题栏内，各项主要内容的中文下方应附有译文，设计单位的上方或左方，应加“中华人民共和国”字样。此外，由于当前各设计单位标题栏内容增多，甚至加入了设计单位 logo、项目缩略图、译文等内容，因此这里提供以下两种标题栏尺寸供参考，横排标题栏宜为 30~50mm，如图 2-6 所示，竖排标题栏宜为 30~70mm。

会签指的是各种负责人的签字，其内容应包含专业、实名、签名、日期等。

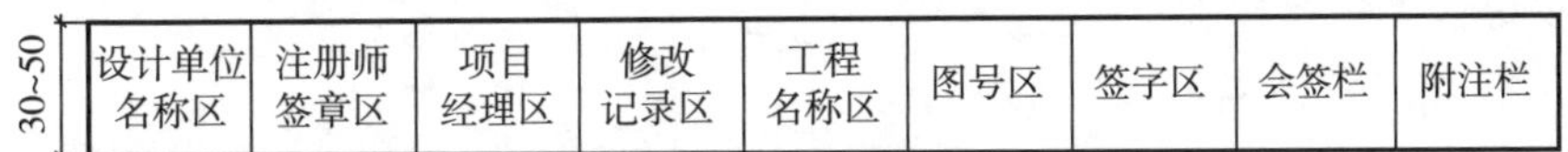

图 2-6　横排标题栏

2.1.3　比例

建筑室内设计制图应当按比例绘制，比例应能够体现物体的实际尺寸。

比例是指图纸上的图样尺寸与所对应的实物尺寸之比。计算公式为：图上尺寸 / 实际尺寸。比例的符号为“：”，如室内设计制图常用比例是1 ：1、1 ：5、1 ：10、1 ：20、1 ：50、1 ：100等。比例一般写在图名的右侧，数字的基准线应取平，字高应比图名小一号或二号，如图 2-7 所示。

平面布置图 1 ：50　**一楼总平面图** 1 ：100

图 2-7　图名与比例的注写

建筑室内设计制图的常用的比例，应该根据不同的部位和绘制深度来选择，并应优先采用表 2-3 中的比例，例如总平面图的比例一般宜选 1 ：200、1 ：100；一般情况下，一个图样应选用一种比例，但根据专业制图需要，同一图样可选用两种比例，特殊情况下也可自选比例，这时除应注写绘图比例外，还必须在适当位置绘制出相应的比例尺。

表 2-3　房屋建筑室内设计绘图常用的比例

图名	比例
总平面图、总顶棚图、局部平面图、局部顶棚图	1 ：50、1 ：100、1 ：150、1 ：200
立面图、剖面图	1 ：10、1 ：20、1 ：30、1 ：40、1 ：50、1 ：60、1 ：80、1 ：100
节点图、详图	1 ：1、1 ：2、1 ：5、1 ：10

2.1.4　图线

1. 线型及线宽的规范

建筑室内设计制图都是通过不同类型和宽度的线条组成，以使图纸清晰、明确、主次分明，因此，我们要掌握、使用不同类型和宽度图线的绘制方法。

（1）图线线型　主要包括实线、虚线、点画线、折断线、波浪线等，如图 2-8 所示。线型的选择应根据制图的用途来确定，不同线型、线宽及其作用见表 2-4。

（2）图线的宽度　图线的基本线宽 b，宜按照图纸比例及图纸性质从 1.4mm、1.0mm、0.7mm、0.5mm 线宽系列中选取。每个图样，应根据复杂程度与比例大小，先选定基本线宽 b，再选用表 2-5 中相应的线宽组。

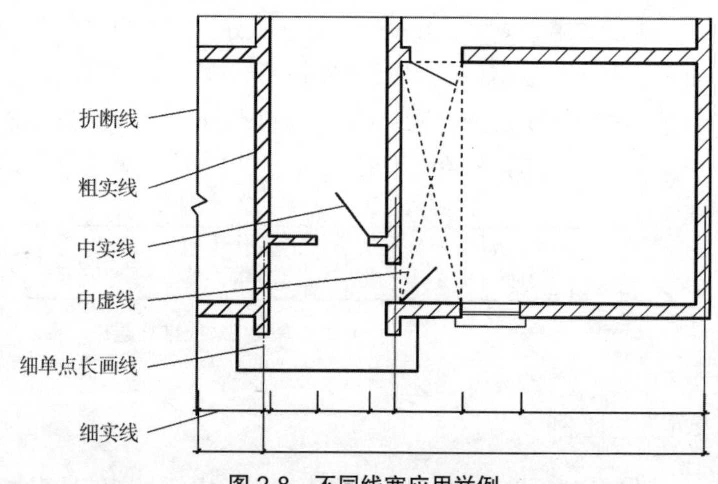

图 2-8　不同线宽应用举例

表 2-4　图线及用途

名称		线型	线宽	一般用途
实线	粗	——	b	1. 主要可见轮廓线；平、立、剖面图的外轮廓线 2. 建筑室内设计详图、节点详图中被剖切的轮廓线 3. 平、立、剖面的剖切符号
	中粗	——	$0.7b$	1. 可见轮廓线 2. 平、立、剖面图中被剖切的次要轮廓线 3. 变更云线
	中	——	$0.5b$	1. 一般轮廓线 2. 平、立、剖面图中次要构件被剖切的轮廓线 3. 建筑室内设计平、立、剖面图中的门、窗、家具以及凸出构件（檐口、窗台、台阶）的外轮廓线 4. 尺寸线、尺寸界线、索引符号、标高符号、引出线、地面、墙面的高差分界线等各种符号
	细	——	$0.25b$	图形和图例的填充线、家具线、纹样线等
虚线	粗	- - - -	b	常用于地下管网等
	中粗	- - - -	$0.7b$	1. 不可见轮廓线，如被遮挡部分的外轮廓 2. 拟建室内设计部分
	中	- - - -	$0.5b$	不可见轮廓线、图例线，如上层的投影轮廓线
	细	- - - -	$0.25b$	不可见轮廓线、图例填充线、家具线
单点长画线	粗	— - —	b	结构平面图中梁、柱和桁架的辅助位置线
	细	— - —	$0.25b$	中心线、对称线、轴线等
双点长画线	细	— - - —	$0.25b$	假想轮廓线、成型前原始轮廓线
折断线	细	—\/—	$0.25b$	断开界线，如不需要画全的断开界线
波浪线	细	～	$0.25b$	构造层次局部断开界线

表 2-5 线宽组 （单位：mm）

线宽比	线宽组			
b	1.4	1.0	0.7	0.5
$0.7b$	1.0	0.7	0.5	0.35
$0.5b$	0.7	0.5	0.35	0.25
$0.25b$	0.35	0.25	0.18	0.13

注：1. 需要缩微的图纸，不宜采用 0.18mm 及更细的线宽。

2. 同一张图纸内，各不同线宽中的细线，可统一采用较细的线宽组的细线。

2. 绘制图线的注意事项

1）同一图纸中的比例应统一，同一类线型粗细相同。

2）室内设计制图一般采用黑色，必要时可以适度使用灰度，但灰度不宜低于70%。

3）图线不得与文字、数字或符号重叠、交叉，不可避免时，应首先保证文字、数字的清晰。

4）相互平行的图例线，应保持间距，其净间距或线中间隙不宜小于 0.2mm。

5）虚线、单点长画线或双点长画线的线段长度和间隔，宜各自相等。虚线线段长度宜为 3~6mm，长画线线段长度宜为 15~20mm，虚线、点画线间隔为 1mm。

6）在较小图形中绘制单点长画线或双点长画线有困难时，可用实线代替。

7）单点长画线或双点长画线的两端，不应是点。

8）图框和标题栏线可采用表 2-6 的宽度。

9）线的交接：点画线与点画线交接或点画线与其他图线交接时，应是线段交接；虚线与虚线交接或虚线与其他图线交接时，应是线段交接。虚线为实线的延长线时，不得与实线相接。图线交接方式见表 2-7。

表 2-6 图框线、标题栏线的宽度 （单位：mm）

幅面代号	图框线	标题栏外框线	标题栏分格线
A0、A1	b	$0.5b$	$0.25b$
A2、A3、A4	b	$0.7b$	$0.35b$

表 2-7 图线交接方式

交接方式	正确	错误
各种线交接时，交接处应为线段，不应有空隙		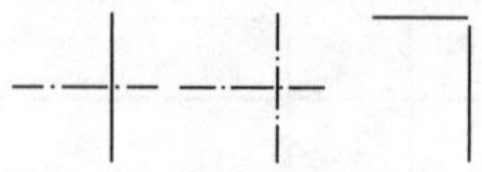
圆的中心线相交应出头，中心线与虚线的相交不应有空隙	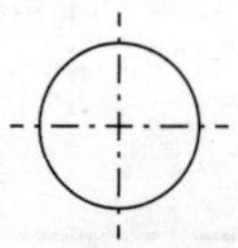	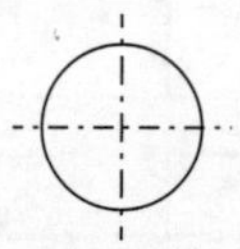

（续）

交接方式	正确	错误
虚线为实线的延长线时，不得与实线相接，应留有间隔		

3. 使用 AutoCAD 软件机绘室内设计制图时，应该注意的问题

1）尽量用线（LINE），少用多义线（PLINE）等有宽度的线，以提高图形显示速度。

2）线条的粗细应与颜色结合。线条越细，就选用越暗的颜色，反之，线条越粗，就选越亮的颜色，以便于屏幕上、打印图纸中直观地反映线条层次。

3）图层 0 层和 Defpoints 层的颜色默认为白色，其他图层最好不用白色，此外，0 层不宜用来画图，可用来定义图块，然后再插入所需图层。

2.1.5　文字标注与尺寸标注

1. 文字标注

室内设计制图中要对图纸进行文字说明和数字说明，图中书写的字体、数字、标点符号均要求笔画清晰、字体端正、间隔均匀、排列整齐；字体高度有 3.5mm、5mm、7mm、10mm、14mm、20mm（表 2-8）。如需书写更大的字，其高度应按$\sqrt{2}$的倍数递增。

表 2-8　长仿宋体的字高与字宽　（单位：mm）

字体种类	长仿宋体					
字号	3.5 号	5 号	7 号	10 号	14 号	20 号
字高	3.5	5	7	10	14	20
字宽	2.5	3.5	5	7	10	14

注：字号就是字体的高度，如 3.5 号字的字高为 3.5mm。

（1）长仿宋体图样及说明中的汉字　宜采用长仿宋体（矢量字体），也称为工程字。该字体由仿宋体变形而来，较仿宋体细长，有立体感，其特征为笔画的收尾和转折处常有粗重尖耸的三角形锋角。为保证书写整洁，在书写前可用铅笔打方格，方格高宽比为 3 ∶ 2。为使字行清楚，行距宜大于字间距，字间距约为字高的 1/4，行距约为字高的 1/3，且应顶格书写，即顶到方格的四条边线，少数全包围字体，如“国”“图”等可略缩格。长仿宋体示例如图 2-9 所示。

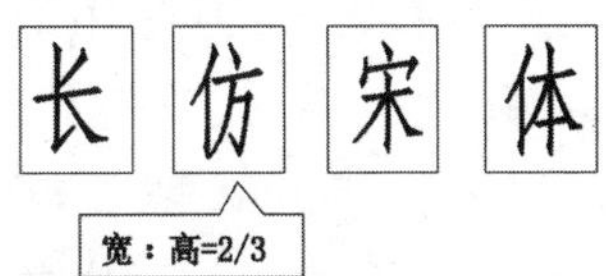

图 2-9　长仿宋体示例

（2）数字及字母　阿拉伯数字、拉丁字母、罗马字母主要用于表示尺寸、代号、编码，宜采用单线简体或 ROMAN 字体，如图 2-10 所示，书写规则应符合表 2-9 的规定。如需写成斜体字，其斜度应是从字的底线逆时针向上倾斜 75°。

ABCDEFGHIJKLMN
OPQRSTUVWXYZ
1234567890

ABCDEFGHIJKLMN
OPQRSTUVWXYZ
1234567890

图 2-10　正体与斜体字母与数字的书写

表 2-9　拉丁字母、阿拉伯数字与罗马数字的书写规则

书写格式	字　　体	窄 字 体
大写字母高度	*h*	*h*
小写字母高度（上下均无延伸）	7/10*h*	10/14*h*
小写字母伸出的头部或尾部	3/10*h*	4/14*h*
笔画宽度	1/10*h*	1/14*h*
字母间距	2/10*h*	2/14*h*
上下行基准线的最小间距	15/10*h*	21/14*h*
词间距	6/10*h*	6/14*h*

数字注写，应采用正体阿拉伯数字。各种计量单位凡前面有量值的，均应采用国家颁布的单位符号注写。单位符号应采用正体字母。例如，常用的长度单位符号有 m（米）、cm（厘米）、mm（毫米）。分数、百分数和比例数的注写，应采用阿拉伯数字和数学符号。例如，四分之一、百分之五十、一比二十应分别写为 1/4、50%、1 ： 20。

当注写的数字小于 1 时，应写出个位的“0”，小数点应采用圆点，齐基准线书写，例如，0.05。

（3）文字标注书写注意事项

1）同一图纸字体种类不应超过两种。大标题、图册封面、地形图等的汉字除外，也可书写成其他字体，如黑体，但应易于辨认，且符合国家推行的《汉字简化方案》中的规定。

2）汉字书写的高度不应小于 3.5mm；字母、数字的高度不应小于 2.5mm。

3）同等大小字体的汉字与字母、数字结合使用时，字母和数字要比汉字小一个字号。

4）宜用工程字——长仿宋体，其基本笔画应用粗细一致的线条来表现，见表 2-10。

表 2-10　长仿宋体笔画及举例

名称	横	竖	撇	捺	钩	挑	点	折
形状	一	丨	丿	㇏	㇗	㇀	丶	乛
笔法	一	丨	丿	㇏	㇗	㇀	丶	乛
举例	三、工	正、体	笔、阶	水、板	兆、己	地、扶	点、字	图、弯

（4）机绘文字标注注意事项

1）注写图纸名称、比例时宜选用黑体或宋体等 Ture type 字体（实心填充字），以达到清晰有力的效果，如图 2-11 所示。

三楼平面布置图 1 ： 50　总平面布置图 Scale: 1 ： 75

图 2-11　图纸名称标注举例

2）图中的材质等文字标注，宜根据图纸比例选用相对大的字体（线构成的 SHX），以清晰、快速显示内容。

3）大标题、封面等字体可根据效果选用规格大、清晰度高的字体。

2. 尺寸标注

尺寸标注表示设计对象的实际尺寸数据，是图样制作、施工的依据，要求准确无误、清晰、完整，否则将会给施工造成困难和损失。

（1）尺寸的组成　图样上的尺寸包括尺寸界线、尺寸线、尺寸起止符号和尺寸数字（图 2-12）。

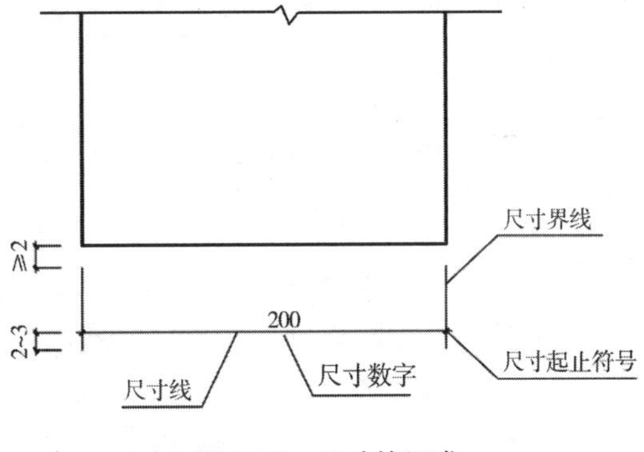

图 2-12　尺寸的组成

1）尺寸界线。尺寸界线应用细实线绘制，一般应与被注长度垂直，其一端应离开图样轮廓线不小于 2mm，另一端宜超出尺寸线 2~3mm。图样轮廓线可用作尺寸界线。

2）尺寸线。尺寸线应用细实线绘制，应与被注长度平行。图样本身的任何图线均不得用作尺寸线。

3）尺寸起止符号。尺寸起止符号一般用中粗斜短线绘制，其倾斜方向应与尺寸界线成顺时针 45° 角，长度宜为 2~3mm。半径、直径、角度与弧长的尺寸起止符号，宜用箭头表示（图 2-13）。

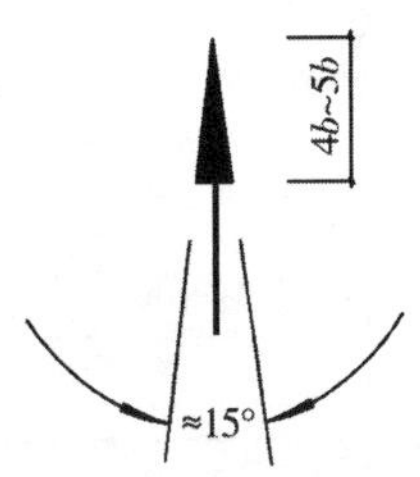

图 2-13　半径、直径、角度、弧长的尺寸起止符号

4）尺寸数字。图样的实际尺寸与制图比例无关，必须以 mm 为单位。尺寸数字一般应依据其方向注写在靠近尺寸线的上方中部。如没有足够的注写位置，最外边的尺寸数字可注写在尺寸界线的外侧，中间相邻的尺寸数字可上下错开注写（图 2-14），引出线端部用圆点表示标注尺寸的位置。

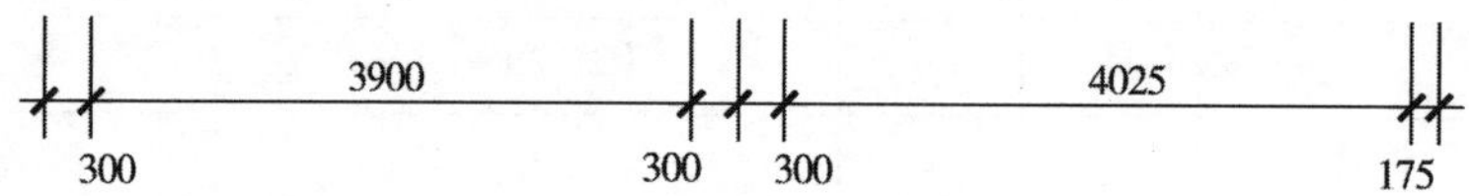

图 2-14　中间相邻的尺寸数字上下错开注写

尺寸宜标注在图样轮廓以外，不宜与图线、文字及符号等相交（图 2-15）。如不可避免时，应将穿过尺寸数字的图线或填充线断开（图 2-16）。

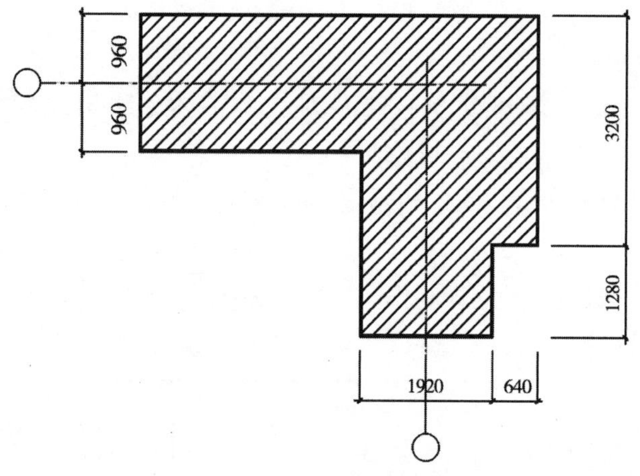

图 2-15　尺寸不宜与图线相交

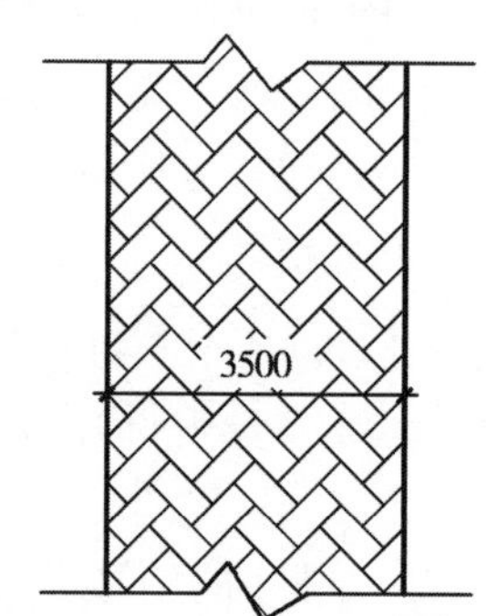

图 2-16　尺寸数字处图线应断开

（2）尺寸注写的基本规范

1）标注尺寸时，越细节的尺寸距离轮廓线越近，越大尺寸距离轮廓线越远，总体尺寸也就是物体总长、总宽、总高的尺寸距离轮廓线最远。

2）线性尺寸的尺寸线应相互平行排列，距离最外轮廓线的距离不宜小于 10mm，平行排列的尺寸线间距宜为 7~10mm，且应保持一致（图 2-17）。

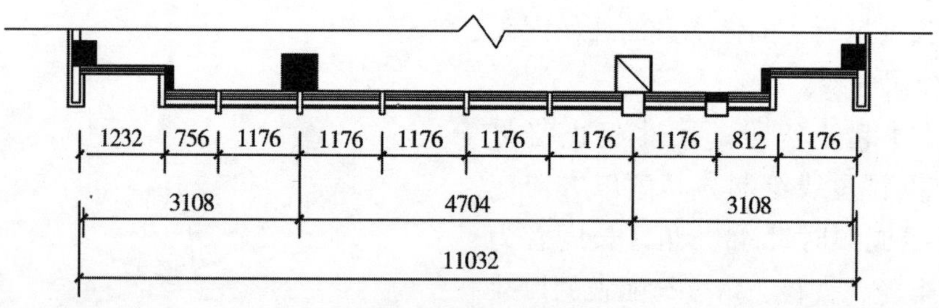

图 2-17　尺寸线排列

（3）半径、直径、球、角度、弧度、弧长的尺寸标注

1）圆、圆弧要标注半径或直径尺寸时，半径的尺寸线应一端从圆心开始，另一端画箭头指向圆弧。半径数字前应加注半径符号“*R*”（图 2-18、图 2-19）。直径标注的尺寸要经过圆心，两端画箭头指向圆弧，直径数字前加注直径符号“ϕ”（图 2-20、图 2-21）。

2）球面直径或半径尺寸的标注，需在尺寸数字前加符号“*SR*”“*S*ϕ”（图 2-22）。

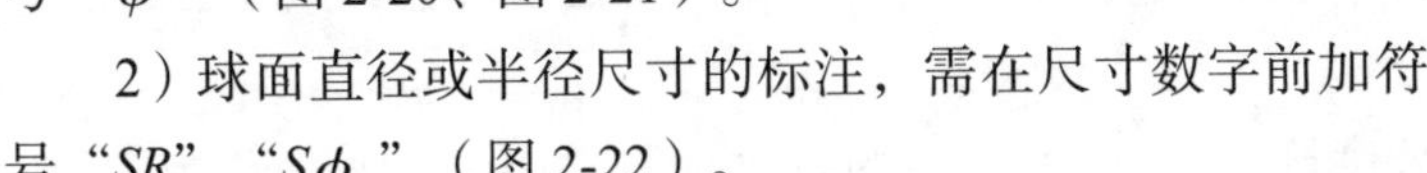

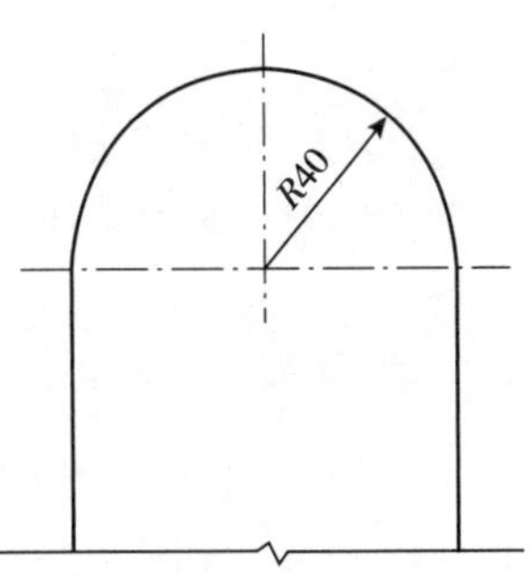

图 2-18　半径尺寸标注

3）角度的标注。角度的尺寸线应以圆弧表示。该圆弧的圆心应是该角的顶点，角的两条边为尺寸界线。角度的起止符号应以箭头表示，如没有足够空间放箭头，可用圆点代替。角度数字应沿尺寸线水平方向注写（图 2-23）。

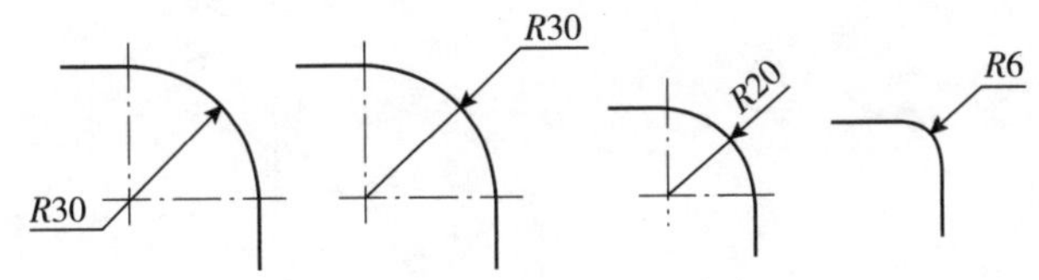

图 2-19　圆弧半径尺寸的标注

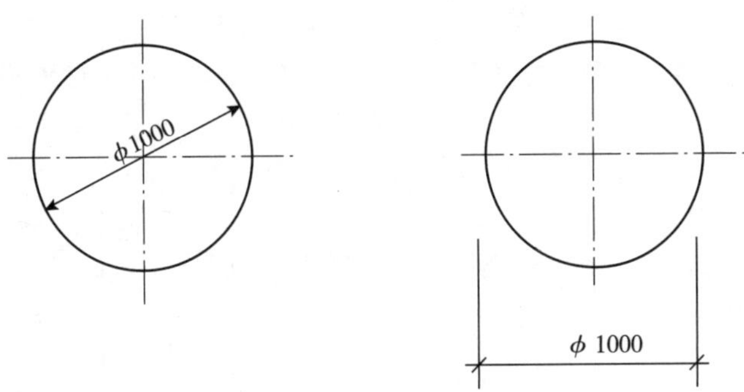

图 2-20　直径尺寸标注

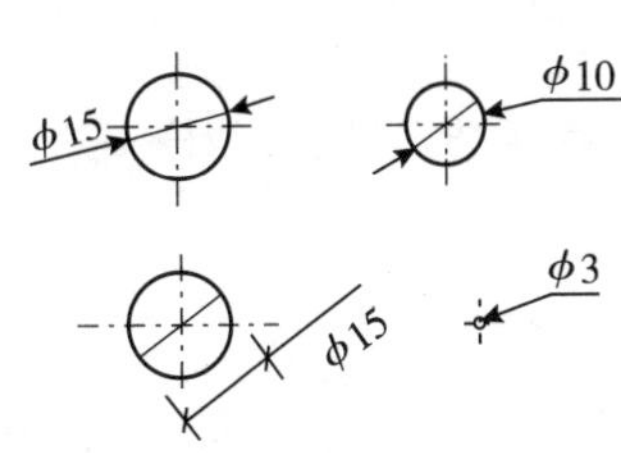

图 2-21　较小圆形直径尺寸标注

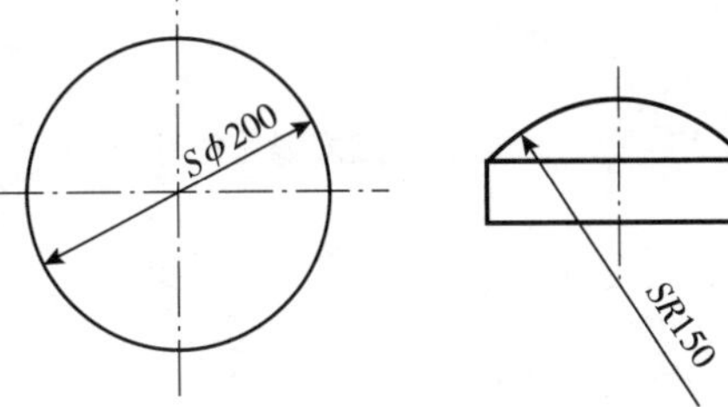

图 2-22　球面直径与半径尺寸的标注

4）弧长、弦长的标注。标注圆弧的弧长时，尺寸线应以与该圆弧同心的圆弧线表示，尺寸界线应指向圆心，起止符号用箭头表示，弧长数字上方应加注圆弧符号“⌒”（图

2-24）。

标注圆弧的弦长时，尺寸线应以平行于该弦的直线表示，尺寸界线应垂直于该弦，起止符号用中粗斜短线表示（图 2-24）。

（4）薄板厚度、正方形、坡度、非圆曲线等尺寸标注

1）在薄板板面标注板厚尺寸时，应在厚度数字前加厚度符号“*t*”（图 2-25）。

2）标注正方形的尺寸时，可用“边长 × 边长”的形式，也可在边长数字前加正方形符号“□”（图 2-26）。

3）标注坡度时，应加注坡度符号“←”，该符号为单面箭头，箭头应指向下坡方向（图 2-27a）。坡度也可用直角三角形形式标注（图 2-27b）。

4）外形为非圆曲线的构件，可用坐标形式标注尺寸（图 2-28）；复杂的异形、曲线图形，可用网格形式标注尺寸（图 2-29）。

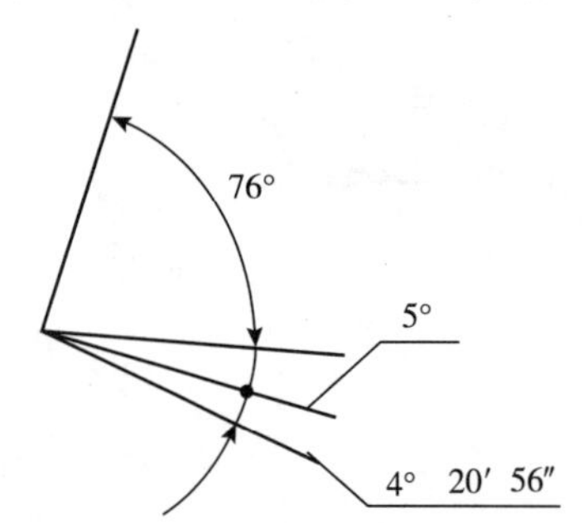

图 2-23 角度尺寸的标注

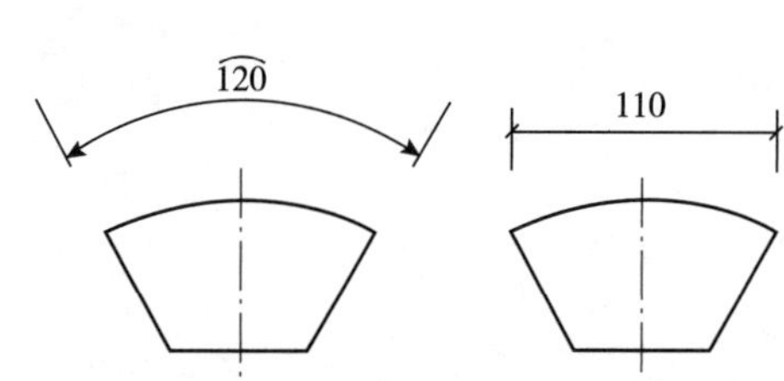

图 2-24 弧长和弦长尺寸的标注

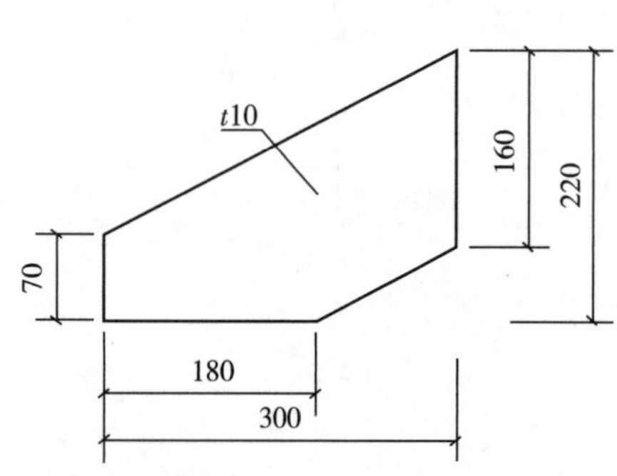

图 2-25 标注厚度尺寸应加厚度符号“*t*”

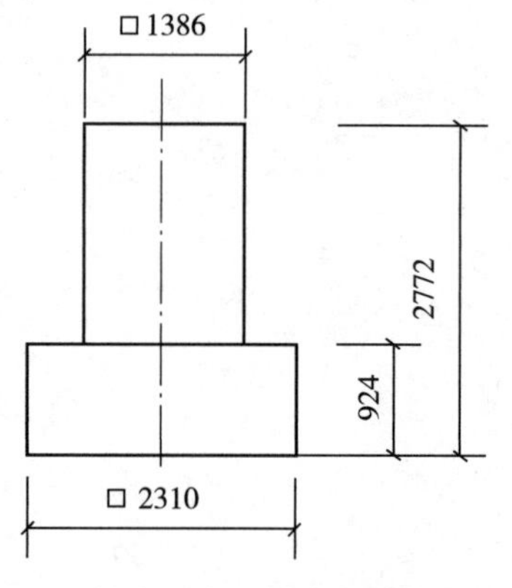

图 2-26 标注正方形尺寸应加符号“□”

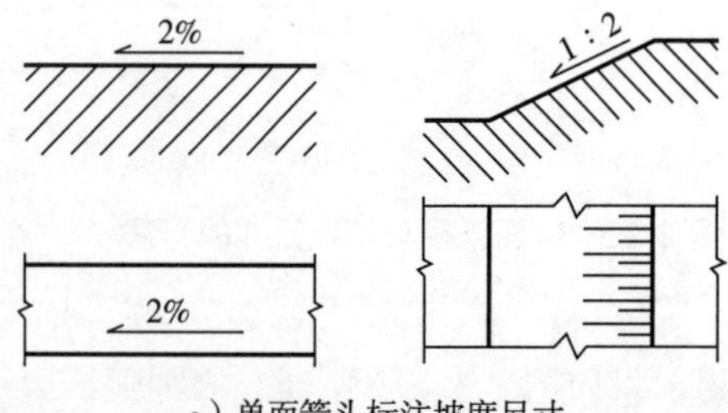

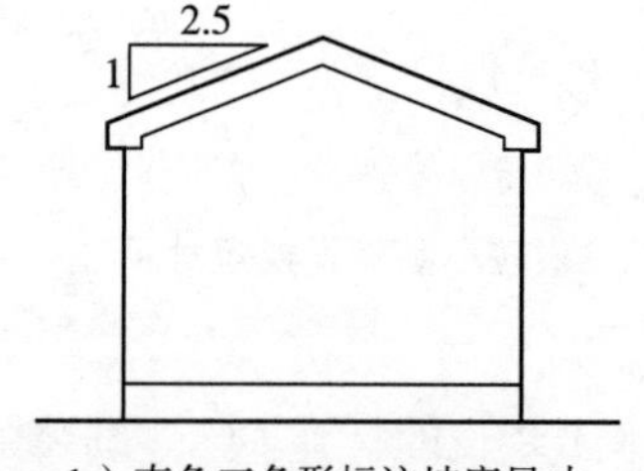

a）单面箭头标注坡度尺寸

b）直角三角形标注坡度尺寸

图 2-27 坡度尺寸标注

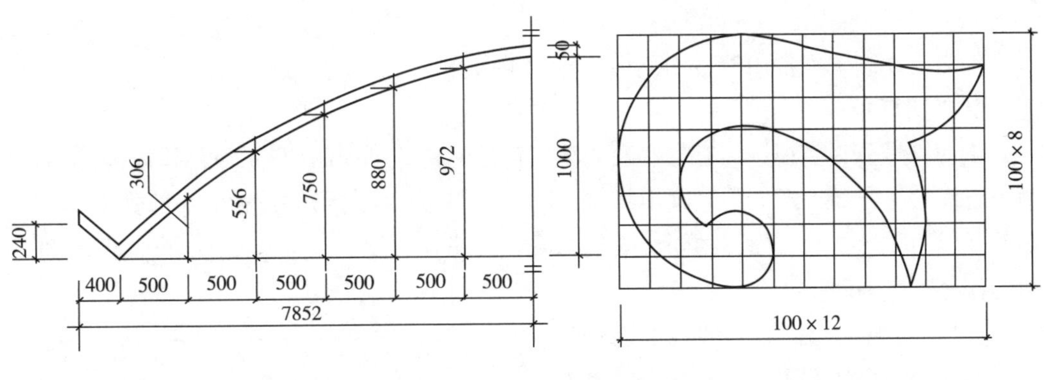

图 2-28　坐标法标注曲线尺寸

图 2-29　网格法标注曲线尺寸

（5）标高　建筑室内设计中空间的高度应标出，符号以等腰直角三角形表示，如标注位置受限，也可借助引线标注高度数字（图 2-30）。

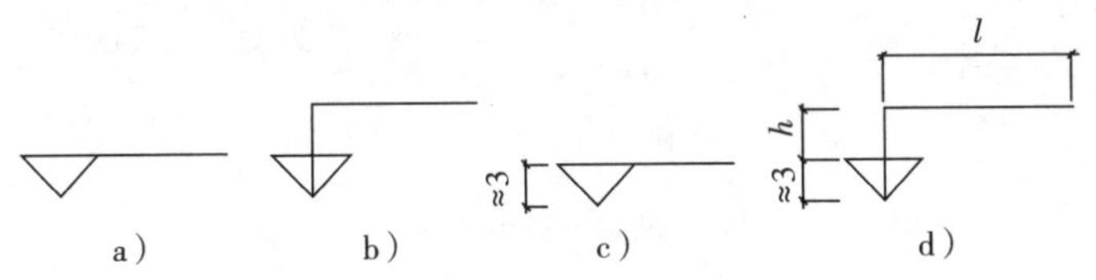

图 2-30　标高符号

1）总平面图室外地坪标高符号，宜用涂黑的三角形表示，具体画法如图 2-31 所示。

2）标高符号的尖端应指至被注高度的位置。尖端宜向下，也可向上。标高数字应注写在标高符号的上侧或下侧（图 2-32）。

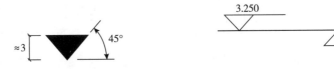

图 2-31　总平面图室外地坪标高符号

图 2-32　标高符号尖端指向

3）标高数字应以米（m）为单位，注写到小数点以后第三位，如 2.850。在总平面图中，可注写到小数点以后第二位，如 2.85。

4）零点标高应注写成 ±0.000，正数标高不注“+”，负数标高应注“−”，例如 2.800、−0.600。

5）在图样的同一位置需标注几个不同标高时，标高数字可按图 2-33 的形式注写。

9.600
4.500
2.200

图 2-33　同一位置注写多个标高数字

2.1.6 符号

室内设计制图中常用符号为剖切符号、索引符号与详图符号等。

1. 剖切符号

剖切符号分为剖视剖切符号和断面剖切符号两种。剖视剖切和断面剖切的区别在于两个方面：一方面，断面图只画出物体被剖切后剖切平面与形体接触的那部分，即只画出截断面的图形，而剖面图则画出被剖切后剩余部分的投影；另一方面，断面图和剖面图的符号也有不同。

（1）剖视剖切符号 剖视剖切符号用来表示剖切面的位置和方向，由剖切位置线、剖视方向线、索引符号组成。剖视的剖切符号宜优先选择国际通用方法表示（图 2-34），也可采用常用方法表示（图 2-35），绘制时应符合下列规定：

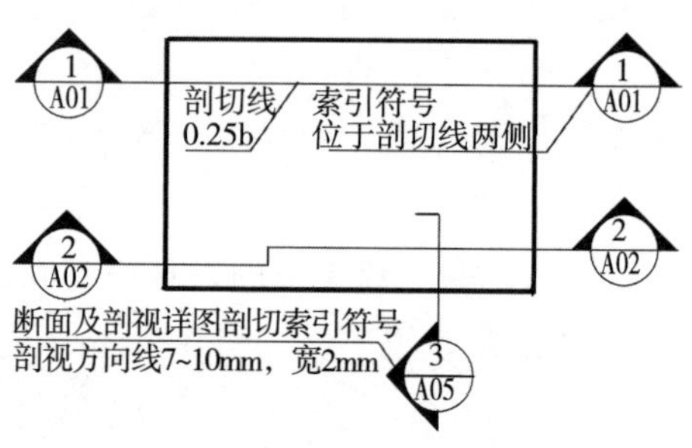

图 2-34 剖视的剖切符号（一）

1）剖切位置线的作用是说明剖切对象的位置，应用粗实线表示，长度宜为 6~10mm；剖视方向线应垂直于剖切位置线，长度应短于剖切位置线，宜为 4~6mm。绘制时，剖视剖切符号不应与其他图线相接触。

2）剖视剖切符号的编号宜采用粗阿拉伯数字，按剖切顺序由左至右、由下向上连续编排，并应注写在剖视方向线的端部。

3）需要转折的剖切位置线，应在转角的外侧加注与该符号相同的编号。

4）建（构）筑物剖面图的剖切符号应注在 ±0.000 标高的平面图或首层平面图上。

5）局部剖面图（不含首层）的剖切符号应注在包含剖切部位的最下面一层的平面图上。

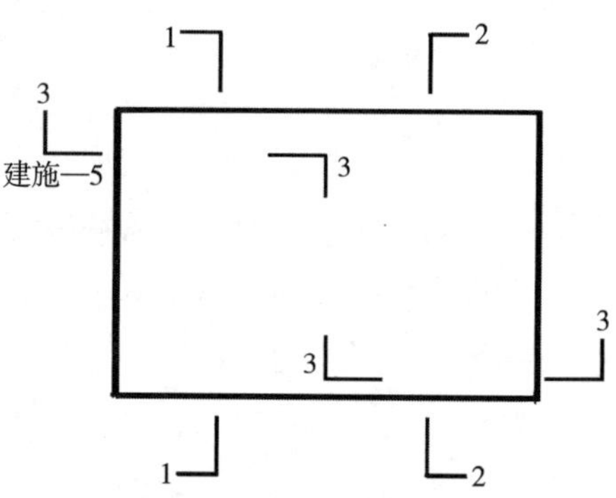

图 2-35 剖视的剖切符号（二）

（2）断面剖切符号 断面剖切符号用来表示剖切面的位置。断面的剖切符号只画长度为 6~10mm 的粗实线作为剖切位置线，不画剖视方向线，编号写在投影方向的一侧，宜采用阿拉伯数字，按顺序连续编排（图 2-36）。

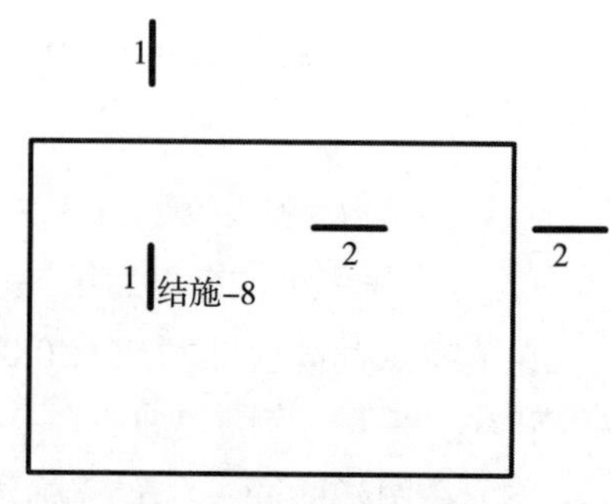

图 2-36 断面的剖切符号

2. 索引符号

在室内设计制图中，有时会因图纸比例因

素而不能详细表达某一局部或构件，因此，需另画详图，用索引符号注明详图在平面上或立面上的位置。根据用途分为剖切索引符号、立面索引符号、详图索引符号、设备索引符号、部件索引符号、材料索引符号。

索引符号是由直径为 8~10mm 的圆和水平直径组成，圆及水平直径应以细实线绘制。不同用途的索引符号编写规范如下：

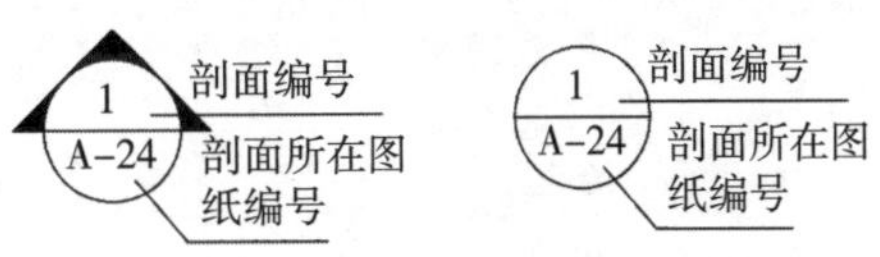

图 2-37　剖切索引符号

（1）剖切索引符号　剖切索引符号用于表示剖切面在界面上的位置，以及图样所在的图纸编号。应在剖切符号上使用剖切索引符号。剖切索引符号由圆圈、水平直径组成，以细实线绘制（图 2-37）。圆圈内注明剖面编号和索引图编号，三角形箭头方向应与投射方向保持一致。

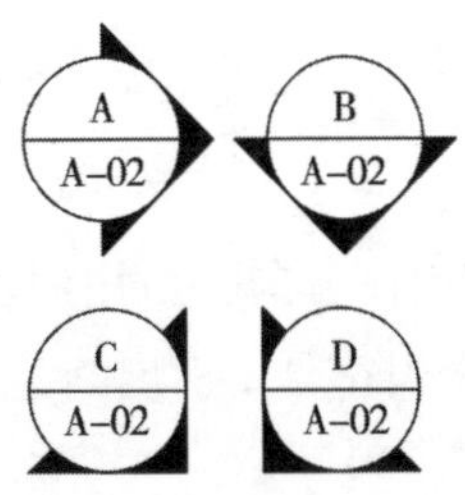

图 2-38　剖切索引符号的箭头表示剖视方向

（2）立面索引符号　立面索引符号用以表示室内立面在平面图上的位置及立面图所在图纸编号。立面索引符号由圆圈、水平直径、等腰直角三角形箭头组成，圆圈和水平直径应以细实线绘制，圆圈外的等腰直角三角形箭头应涂黑，圆圈内注明立面编号和索引图所在页码，三角形箭头方向应与投射方向保持一致，但圆圈中水平直径、数字及字母的方向保持不变，即三角无论指向任何方向，数字和字母都应正写（图 2-39）。

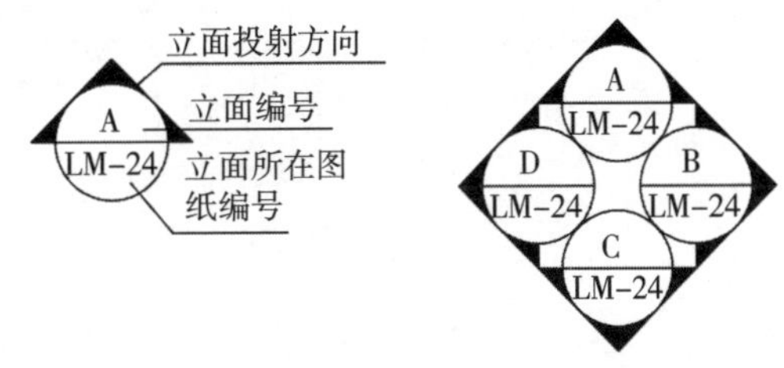

图 2-39　立面索引符号

（3）设备索引符号　设备索引符号表示各类设备（包括设备、洁具、家具、设施等）的品种及对应的编号。应在图样上使用设备索引符号，以便检索到与之对应的图表，从中查询详细资料。

设备索引符号由正六边形、水平内径线组成，并以细实线绘制，正六边形长轴宜为 8~12mm, 注明设备编号和设备品种代号（图 2-40）。

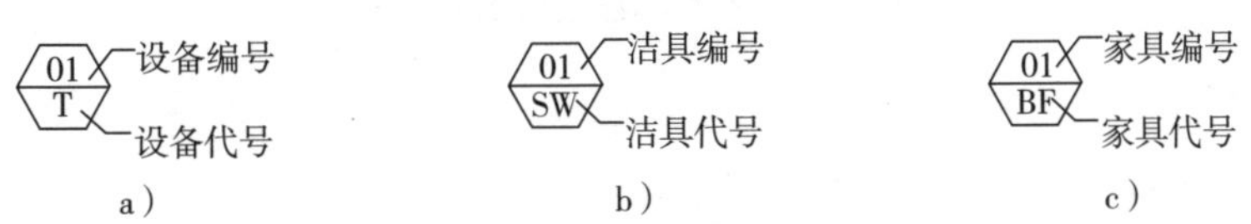

图 2-40　设备索引符号

a）设备索引符号　b）洁具索引符号　c）家具索引符号

（4）详图索引符号

1）详图索引符号表示局部或构件放大的图样在原图中的位置及图纸编号。详图索引符号由圆圈、水平直径组成，以细实线绘制（图 2-41）。

2）索引详图的引出线应穿过索引圆圈的圆心，圆圈内上半部分注明详图编号，下半部分注明详图所在图纸编号，当引出图与被索引的图样同在一张图纸内时，应在下半圆中画一段水平细实线，代表本页索引符号（图 2-41b）。

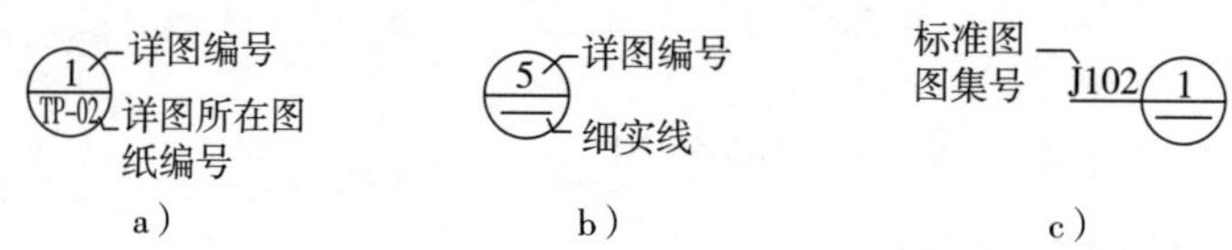

图 2-41　详图索引符号

a）不同页索引符号　b）本页索引符号　c）标准图集索引符号（表示详图与原图在同一张图纸）

3）索引图样时，应用引出圈将放大的图样范围完整圈出，并且由引出线连接引出圈和详图索引符号，引出圈为中粗虚线，范围较大的可选用中粗虚线的弧角矩形或云线矩形（图 2-42）。

4）索引剖视详图时，应在被剖切的部位绘制剖切位置线，并以引出线引出索引符号（图 2-43）。

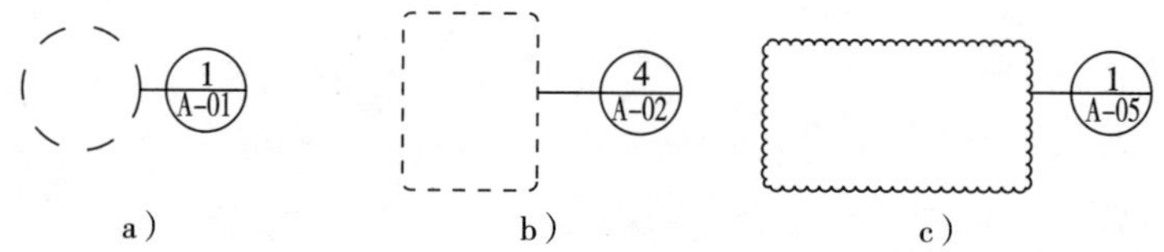

图 2-42　引出圈

a）范围较小的引出圈（中粗虚线）　b）范围较大的引出圈（中粗虚线弧角矩形）　c）范围较大的引出圈（中粗云线）

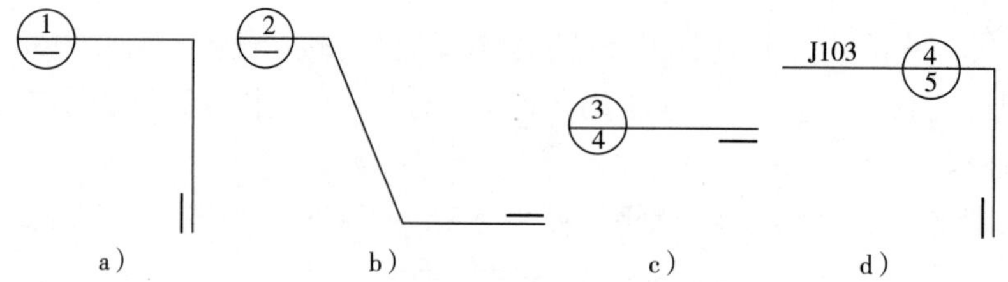

图 2-43　用引出线索引剖面详图

3. 详图符号

详图的位置和编号，应以详图符号表示。详图符号的圆应以直径为 14mm 粗实线绘制。详图应按下列规定编号：

图 2-44　详图符号

a）与被索引图样同在一张图纸内的详图符号

b）与被索引图样不同在一张图纸内的详图符号

1）详图与被索引的图样同在一张图纸内时，应在详图符号内用阿拉伯数字注明详图的编号（图 2-44a）。

2）详图与被索引的图样不在同一张图纸内时，应用细实线在详图符号内画一水平直径，在上半圆中注明详图编号，在下半圆中注明被索引的图纸的编号（图 2-44b）。

4. 其他符号

（1）引出线　室内设计制图在图样标注内容较多时，可用引出线把标注内容注写在图样之外。绘制引出线时需注意以下几个问题。

1）引出线以细实线绘制，宜采用水平方向的直线，与水平方向成 30°、45°、60°、90° 的直线，或经上述角度再折为水平线。文字说明宜注写在水平线的上方（图 2-45a），也可注写在水平线的端部（图 2-45b）。索引详图的引出线，应与水平直径线相连接（图 2-45c）。

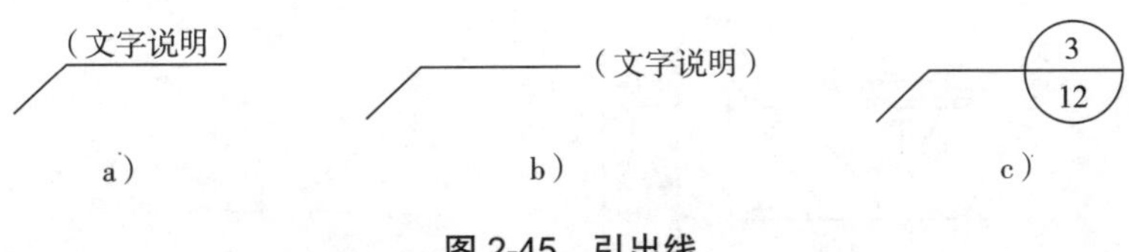

图 2-45　引出线

2）同时引出的几个相同部分的引出线，宜互相平行（图 2-46a），也可画成集中于一点的放射线（图 2-46b）。

图 2-46　共同引出线

3）多层构造或多层管道共用引出线，应通过被引出的各层，并用圆点示意对应各层次。文字说明宜注写在水平线的上方，或注写在水平线的端部。说明的顺序应由上至下，并应与被说明的层次对应一致；如层次为横向排序，则由上至下的说明顺序应与由左至右的层次对应一致（图 2-47）。

（2）对称符号　对称符号由对称线和两端的两对平行线组成。对称线用细单点长画线绘制；平行线用细实线绘制，其长度宜为 6~10mm，每对的间距宜为 2~3mm；对称线垂直平分于两对平行线，两端超出平行线宜为 2~3mm（图 2-48）。

（3）连接符号　连接符号应以折断线表示需连接的部位。两部位相距过远时，折断线两端靠图样一侧应标注大写拉丁字母表示连接编号。两个被连接的图样应用相同的字母编号（图 2-49）。

（4）指北针　指北针一般用于总平面图及首层建筑平面图用于表示建筑物的朝向，放于图纸的角落。指北针的形状应符合图 2-50 的规定，其圆的直径宜为 24mm，用细实线绘制；指针尾部的宽度宜为 3mm，指针头部应注“北”或“N”字。需用较大

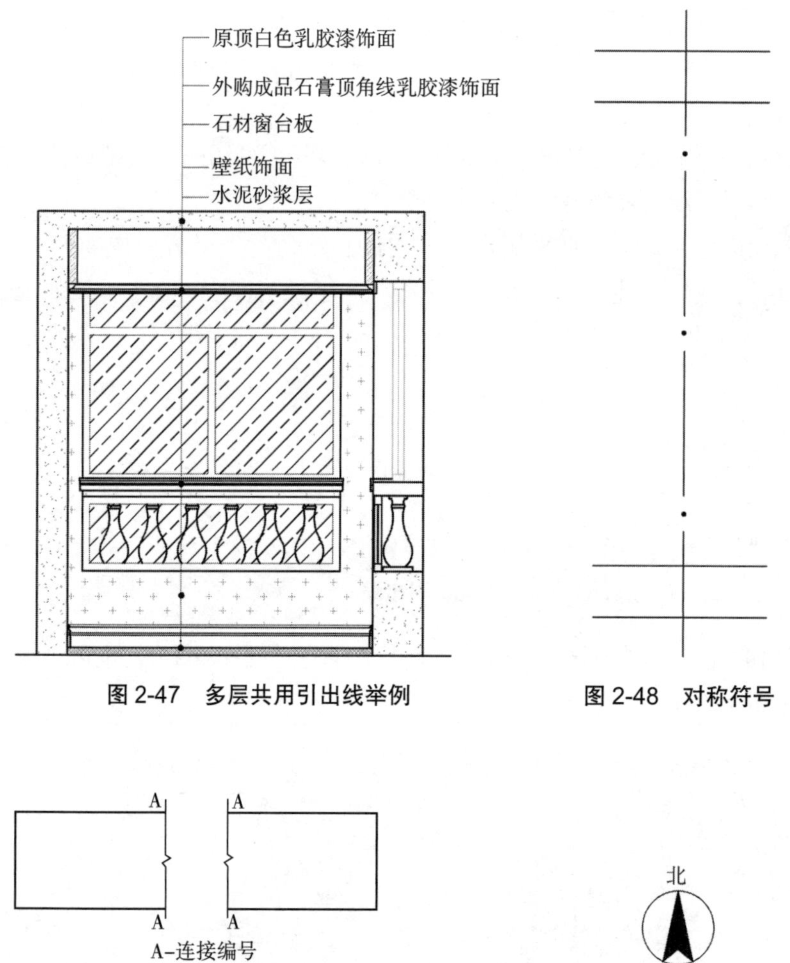

图 2-47　多层共用引出线举例

图 2-48　对称符号

图 2-49　连接符号

图 2-50　指北针

直径绘制指北针时，指针尾部的宽度宜为直径的 1/8。

（5）局部变更　对图纸中局部变更部分宜采用云线，并应注明修改版次（图 2-51）。

图 2-51　局部变更（云线）

（6）定位轴线　定位轴线用于控制房屋的墙体和柱体，建筑主要的墙体、柱体、梁或屋架都要用轴线定位。非承重的隔墙一般不用定位轴线，而是在定位轴线直接增设附加轴线。

1）定位轴线应用细单点长画线绘制。

2）定位轴线应编号，编号应注写在轴线端部的圆内。圆应用细实线绘制，直径为 8~10mm，无论什么比例的图纸打印出来的定位轴线圆都应符合该要求。定位轴线圆的圆心应在定位轴线的延长线或延长线的折线上。

3）除较复杂需采用分区编号或圆形、折线形外，一般平面上定位轴线的编号，宜标注在图样的下方或左侧。横向编号应用阿拉伯数字，从左至右顺序编写；竖向编号应用大写拉丁字母，从下至上顺序编写（图 2-52）。

4）字母作为轴线号时，应全部采用大写字母，不应用同一个字母的大小写来区分轴线号（字母的 I、O、Z 不得用做轴线编号）。当字母数量不够使用，可增用双字母或单字母加数字注脚，例如 AA、B3。

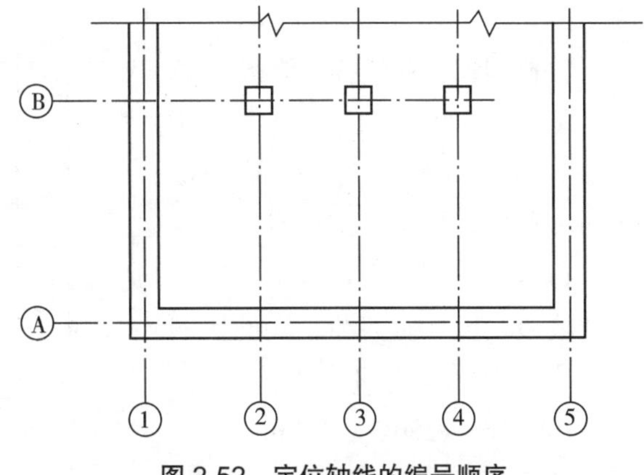

图 2-52　定位轴线的编号顺序

2.1.7　工具

早在三千年前，我国古代建筑专著《营造法式》中就应用到“规”“矩”“绳”“墨”“悬”“水”等制图工具。完备的绘图工具，可以帮助设计师达到事半功倍的效果。尽管计算机制图已经非常普及，但在方案设计前期，仍需要设计师徒手表达设计图样，而且这项工作的工作量较大，因此，选择有助于手工制图的工具是提高工作效率的有力途径。本节将针对建筑室内设计制图中常用的工具进行介绍。

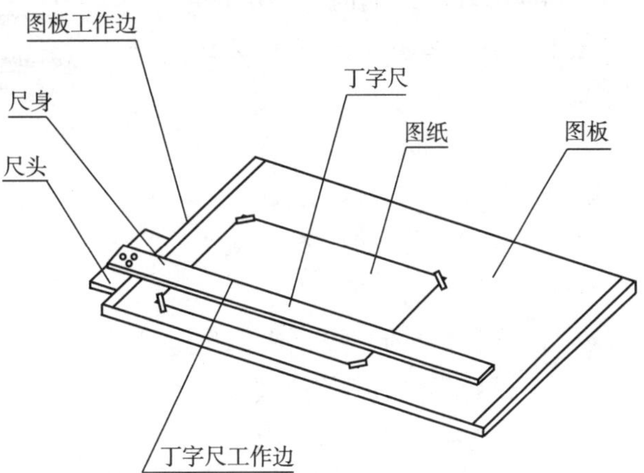

图 2-53　图板、丁字尺、图纸

1. 图板、丁字尺、三角板

（1）图板　建筑室内设计制图所用图板一般为两面木夹板，边框为实木条封边的中空木板（图 2-53），用以铺设、固定绘图纸和工具。其规格有 0 号（90cm × 120cm）、1 号（60cm × 90cm）、2 号（45cm × 60cm），从实用、便携角度而言，建议选择 2 号图板。

（2）丁字尺和三角板　丁字尺用以配合图板来画水平线、垂直线。使用丁字尺时，尺头应紧贴图板的一侧，丁字尺用手扶好，另一手则沿直尺画水平线，也可用三角板配合丁字尺绘制出垂直线，或者 30°、45°、60° 的斜线（图 2-54、

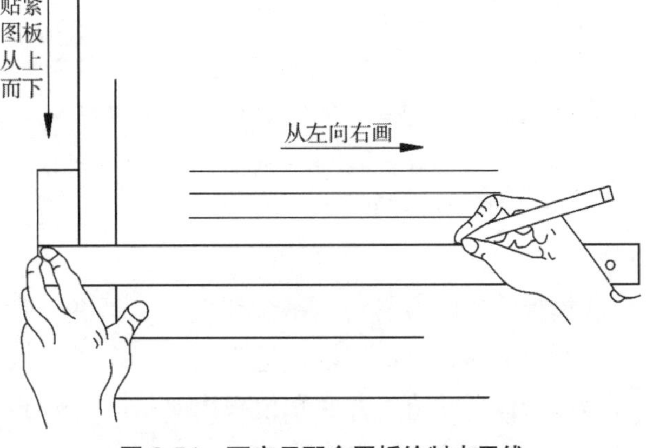

图 2-54　丁字尺配合图板绘制水平线

图 2-55）。

2. 比例尺、曲线板、模板

（1）比例尺　比例尺主要用来按比例换算尺寸，以便精确读数的一种换算尺。比例尺有 3 个棱边，故又称三棱尺（图 2-56）。每个棱边正反标有两种不同的比例刻度，共计有 6 种不同的比例：1 ∶ 100、1 ∶ 200、1 ∶ 300、1 ∶ 400、1 ∶ 500、1 ∶ 600。

比例尺使用简单，免去了比例换算的过程，所以很受欢迎。例如，在 1 ∶ 100 的比例下，5m 的长度换算到绘图纸上应当是 5000mm/100=50mm，可用比例尺在 1 ∶ 100 那一面直接量取 5m 即可。

（2）曲线板　曲线板是用来绘制不规则曲线的工具（图 2-57），曲线板由许多不同曲度的曲线组成，绘图者可在曲线板上找一段与所需曲线相吻合的一段，沿曲线板画出，最后再将曲线修改圆滑。

（3）模板　模板的使用能够提高制图效率，便于完成一些不易绘制的标准形，其种类较多，包括建筑模板、家具模板、圆形模板等（图 2-58）。在使用模板时应选择合适的比例，如常见的家具模板主要有 1 ∶ 50、1 ∶ 100，应根据自己的设计图纸比例选择相应的模板。

模板使用时容易产生错位和墨水渗漏等问题，因此，注意笔尖与纸面尽量保持垂直，并紧贴模板内侧，以减少错位和墨水渗透。

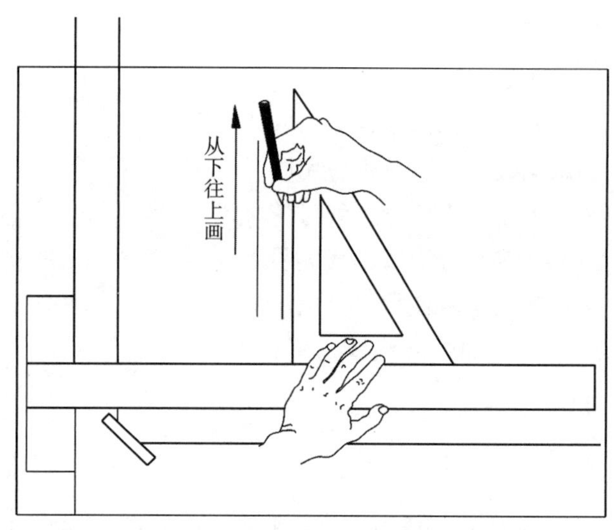

图 2-55　丁字尺配合三角板绘制垂线

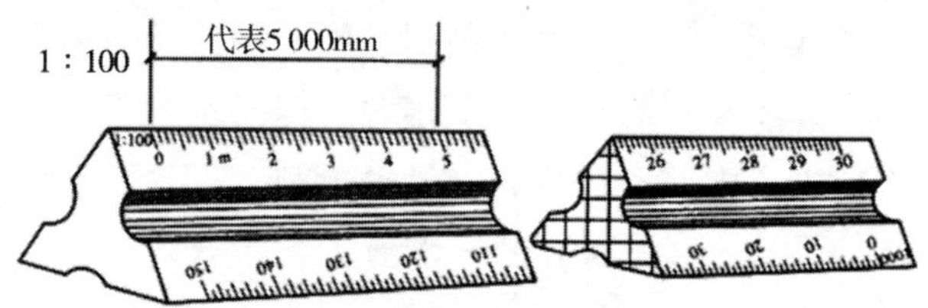

图 2-56　比例尺

图 2-57　曲线板

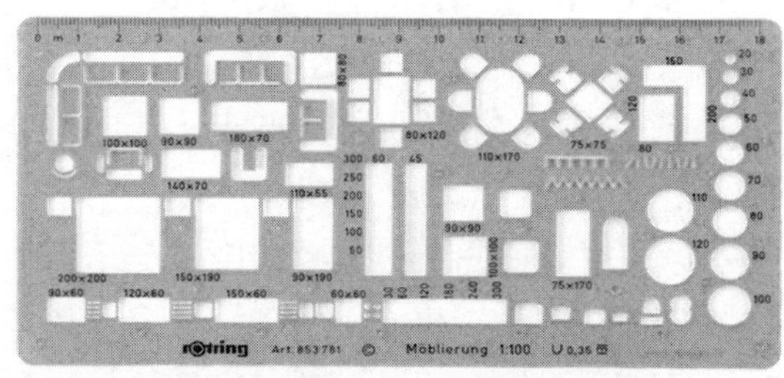

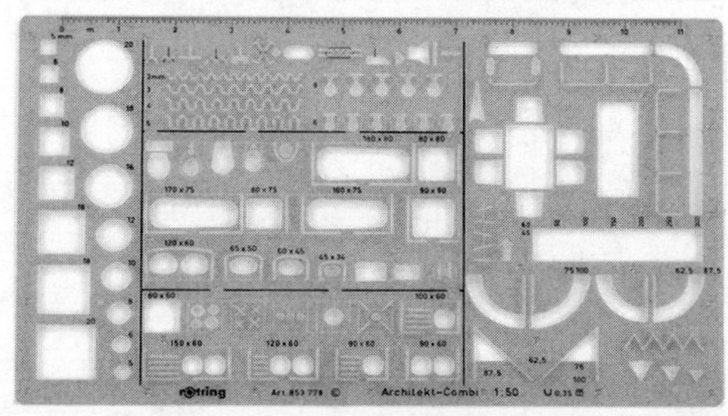

图 2-58　模板

2.1.8 图面安排

设计师完成一套图纸后，需要清晰科学地展示设计图纸，以便传达设计的整体美观效果，方便相关人员清晰有序地查阅图纸内容。这就要求设计师掌握一定的图面安排技巧。

（1）图纸类型　室内设计制图的图纸按类型来分主要包括 A1、A2、A3、A4 四种。A1、A2 图纸较大，可将多张图排布在一张图纸上，一目了然无需翻页，横版或竖版皆可，方便查阅和展示图纸，但由于图幅大，A1、A2 图纸不太方便携带。A3 图纸适合图纸量较多的室内制图，所以通常装订成册，一般装订线在图纸左侧，也可以竖版装订在上侧。与 A1、A2 图纸相比，A3 图纸更方便查阅、携带及装订成册。

（2）图纸顺序　室内设计制图的排列顺序应遵循人们的认知过程——先总体后局部，先主要后次要，先底层后顶部，先方案后详图。一般的排序宜为：图纸目录、设计总说明、方案效果图、平面图、顶面图、立面图、节点图（详图）、材料表等。以上是基于先整体后局部和循序渐进原则的排序，也可根据具体展示需要做出灵活调整，例如也可以将平面图和立面图放在一起，这样可以方便对照。

（3）图样对位关系　图纸上图样的位置应彼此对应，以方便读者对照图样间的尺寸和空间关系。例如，平面图与顶面图对应时（图 2-59），读者可以了解到平面布局与顶面造型的位置关系，以及平面与顶面的尺寸关系；当平面图与立面图对应时（图 2-60），能方便读者建立空间关系，理解整体空间效果。由此可见，合理的图样对应，不仅方便了读者读图，而且使图纸的整体感更强。

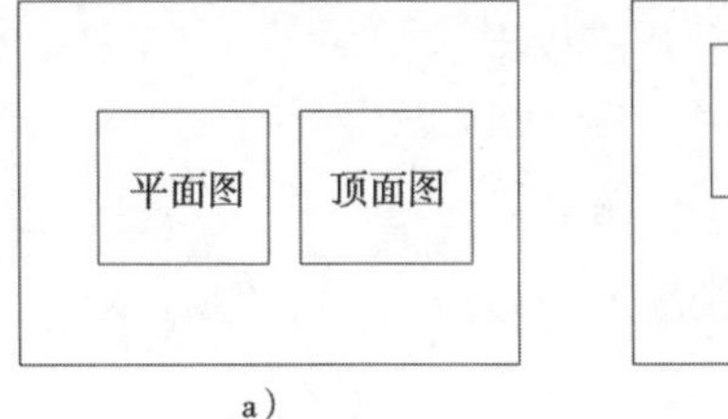

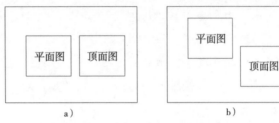

图 2-59　平面图与顶面图的位置关系

a）平面图与顶面图对应，易于建立空间关系

b）平面图与顶面图错位，不易建立空间关系

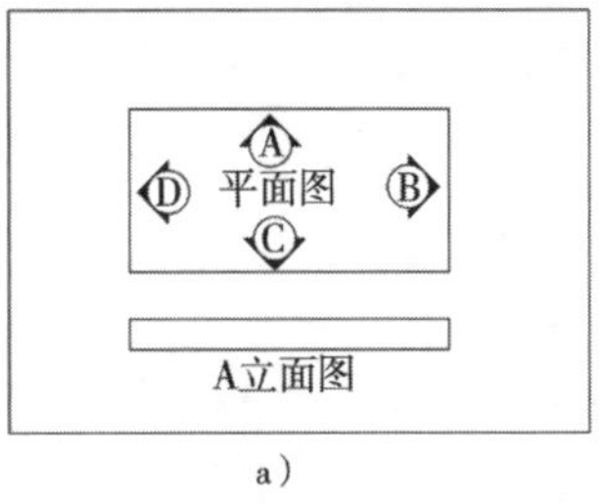

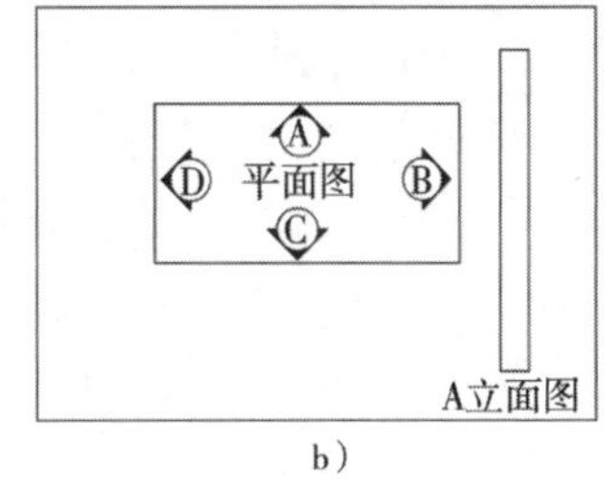

图 2-60　平面图与立面图的位置关系

a）平面图与立面图对应，易于建立空间关系

b）平面图与立面图错位，空间概念易混淆

2.2 建筑室内设计制图的绘制方法

建筑室内设计制图过程中，按照有关规定，将工程对象的形状和大小绘制在平面图纸上，所绘制的图样就是投影图，其画法为投影法。

2.2.1 投影法

光线投射于物体，会将影子的形状投射于墙面，这种影子反映出物体的大小和形状，这就是投影法（图 2-61）。室内设计制图中，假定被投射对象是透明的，其影子不仅可以反映物体的轮廓形状和大小，而且内部结构也能反映出来，因此，室内设计制图的投影图不仅需要画出轮廓，内部结构也需要用虚线绘制出。平面图、立面图等图样的形成就是利用影子与物体之间的几何关系。

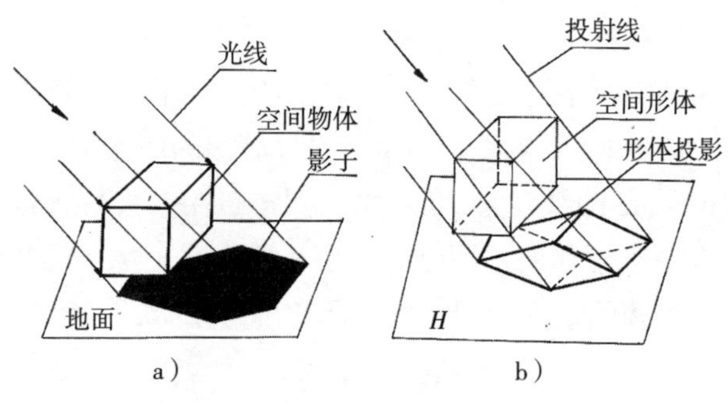

图 2-61 投影图的形成

a）投影 b）投影图

投影分为中心投影、平行投影和正平行投影，绘制室内设计制图时主要采用正平行投影法。

1. 中心投影——透视图

由点光源发射至工程对象，并产生投影，称为中心投影。该投影直观、形象、富有空间感，符合人们的视觉习惯（图 2-62），本书中的透视图就是运用中心投影的原理所绘，但由于透视图不能真实反映工程对象的实际大小，故不能作为设计制图。

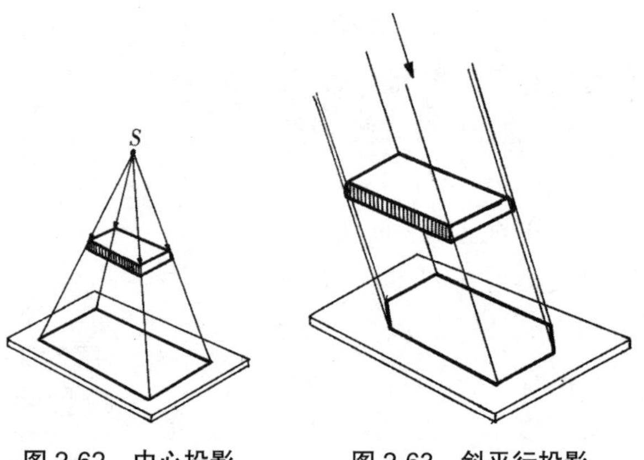

图 2-62 中心投影 **图 2-63 斜平行投影**

2. 斜平行投影——轴测图

斜平行投影是指投射线距离工程对象远，其投射线为平行的线，但投射线与投射面角度不等于 90° 。该投影图为轴测图，它易于表现工程对象的立体感和尺寸（图 2-63）。

3. 正平行投影——三视图（平面图、立面图、侧视图）**、剖面图**

正平行投影的投射线与投射面角度等于 90° 。该投影图能表现工程对象的平面、立面、剖面等，能真实表现工程对象的形状和尺寸（图 2-64），是室内设计制图最主要的绘图方法，但缺点是缺少直观的立体感。

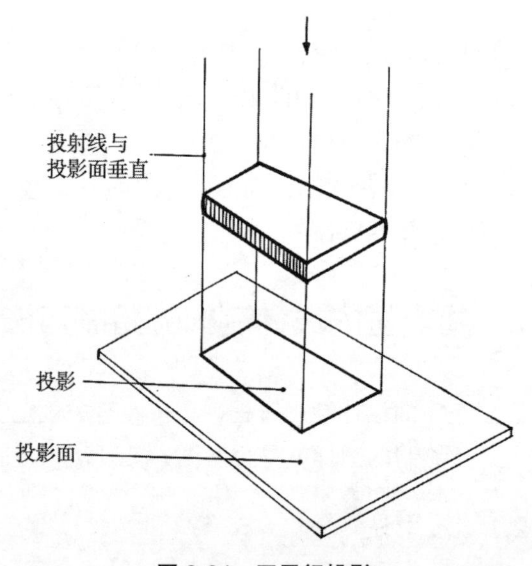

图 2-64 正平行投影

2.2.2　三视图

三视图与投影有着密不可分的关系。在室内设计制图中，一个投影只能反映一个面的形状和大小，为充分反映对象的形体特征，常常需要不同方向的正投影图来表现工程对象，因此，需要选择三个相互垂直的面作为投影面。其中，由前向后垂直投影的投影面称为正立面投影面，也就是位于观察者的正前方，用“*V*”表示；由上向下垂直投影的投影面称为水平投影面，位于观察者的正下方，用“*H*”表示；由左向右垂直投影的投影面称为侧立面投影面，位于观察者的正右方，用“*W*”表示。以上三个投影面共同构成一个投影面体系，分别对应的投影图为反映工程对象立面形状的立面图（*V* 面）和侧视图（*W* 面）、反映工程对象顶面形状的俯视图（*H* 面），如图 2-65 所示。

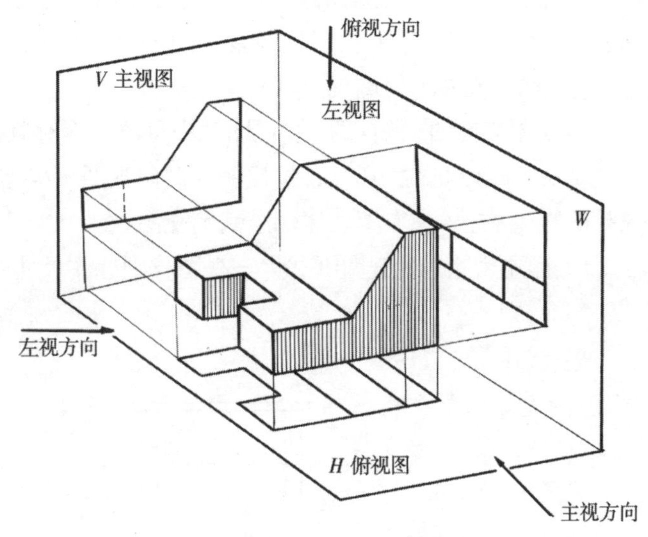

图 2-65　三视图的透视原理

为方便制图，把三个相互垂直的投影面画在一张绘图纸上，就需要将三个投影面展开在一个平面上，即假设立面图（*V* 面）不动，俯视图（*H* 面）沿 *OX* 轴线向下旋转 90°，侧视图（*W* 面）沿 *OZ* 向右旋转 90°，这就得到了一个三投影面的展开图，这个三面投影图也称为“三视图”（图 2-66）。

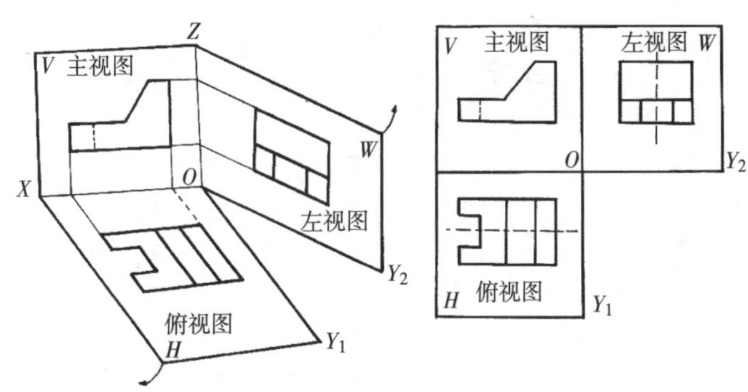

图 2-66　三个投影面及三个投影面展开后的三视图

2.2.3　三视图的对应关系

从上述三投影图的展开图来看，三视图中的每个视图的长、宽、高都有着内在联系。其中，俯视图和立面图反映工程对象的长度，画图时应左右对齐，保持“长对正”；立面图和侧视图的投影反映形体的高度，画图时应上下对齐，即“高平齐”；俯视图的宽对应立面图的宽，应保持“宽相等”的关系。画三视图时，应满足“长对正、高平齐、宽相等”的三等关系（图 2-66）。

2.2.4 三视图的画法举例

根据已知家具凳子，用正投影法绘制凳子三视图（图 2-67），绘制步骤如下：

（1）观察　观察、分析形体，将复杂形体归纳为若干几何体。

（2）绘制轴线　绘制投影轴线垂直的十字线将画面等分为四个部分，立面图宜在左上，俯视图宜在左下，侧视图宜右上。

（3）绘制立面图、俯视图、侧视图　先量取工程对象的长和高，按比例绘制立面图；然后，量取工程对象的长和宽，按比例绘制俯视图；根据三等关系，侧视图应与立面图“高平齐”，因此，在右上按比例绘制侧视图。

（4）标注尺寸　检查图纸并为三视图分别标注尺寸。

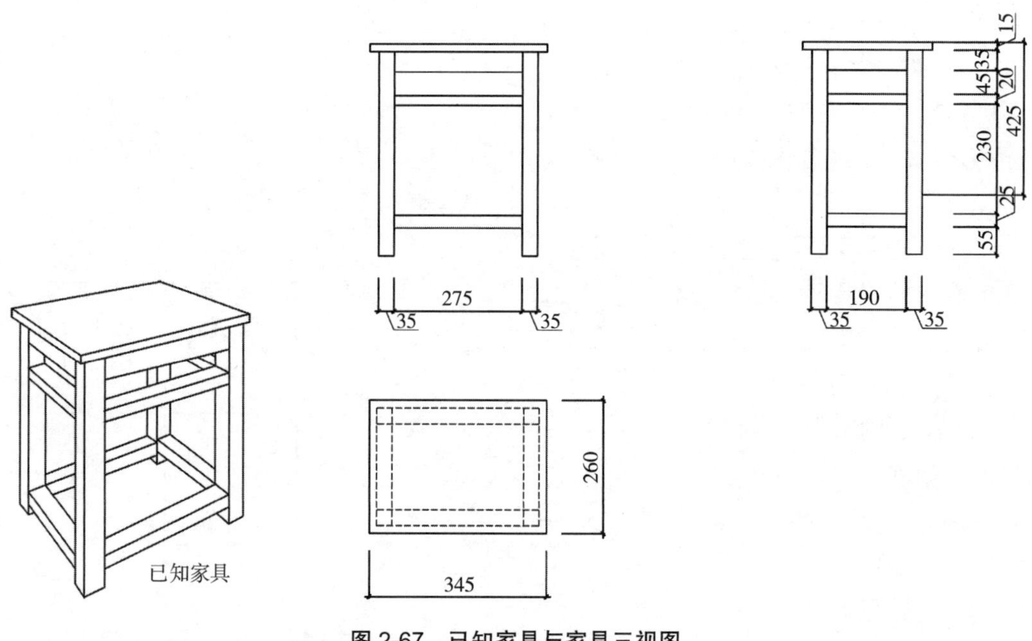

图 2-67　已知家具与家具三视图

2.3 建筑室内设计制图的绘制内容

室内设计项目的规模大小、繁简程度各有不同，但其成图的编制顺序则应遵守统一的规定。一般来说，成套的施工图包含以下内容：封面、目录、文字说明、图表、平面图、立面图、节点大样详图以及配套专业图纸，见表 2-11。

表 2-11　室内设计制图的主要内容

组成部分	主要内容
封面	项目名称、业主名称、设计单位等
目录	项目名称、序号、图号、图名、图幅、图号说明、备注等（可以用列表的方式表达）
文字说明	项目名称、项目概况、设计规范、设计依据、常规做法说明、关于防火及环保等方面的说明等
图表	材料表、门窗表（含五金件）、洁具表、家具表及灯具表等
平面图	包括建筑总平面、室内平面布置图、地面铺装平面、顶棚造型平面及机电平面等内容，以上可根据项目要求对内容相应增减
立面图	装修立面图、家具立面图和机电立面图等
节点大样详图	构造详图、图样大样等
透视图	室内透视效果图
配套专业图	水、暖、通风、空调布置图等施工图

2.3.1　平面布置图的绘制

1. 平面布置图的作用与形成

平面布置图主要反映室内空间组织和功能布局，体现出房屋平面形状、建筑构成状况（墙体、柱子、楼梯、门窗、台阶），以及空间分隔尺度，例如，室内家具、门窗、配套设施的平面关系和地面铺装方法。平面布置图是整个室内设计最基本的图纸，也是最为重要的图纸，通过平面布置图能科学、合理地划分空间，又能整体地把握室内各空间的关系，以确保预算、材料、电气、暖通、家具、陈设、铺装等相关内容的有序准备。

室内设计中的平面布置图（也称平面图）与建筑平面图形成的概念相同，即用一个假想的水平面沿着窗台上的位置将建筑水平剖切后，移去剖切平面以上的房屋形体，把室内地面上摆设的家具以及其他物体，不论切到与否都完整地画出来。如图 2-68 所示为卧室平面图的形成。

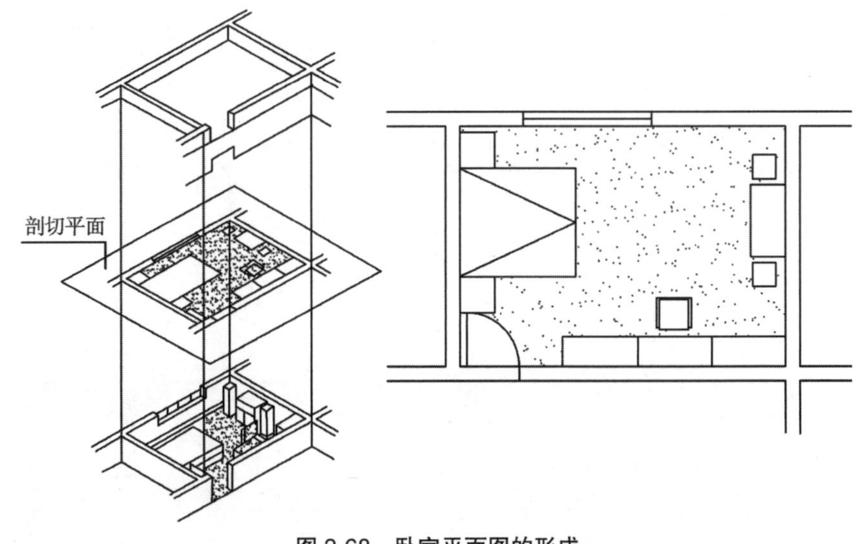

图 2-68　卧室平面图的形成

2. 平面布置图的内容与图例

平面布置图的内容与图例见表 2-12。

表 2-12　平面布置图的内容与图例

常用内容	图　例
门	M-1650　M-1300　M-1200　M-1100
	M-1000　M-900　M-800　M-700
沙发、茶几	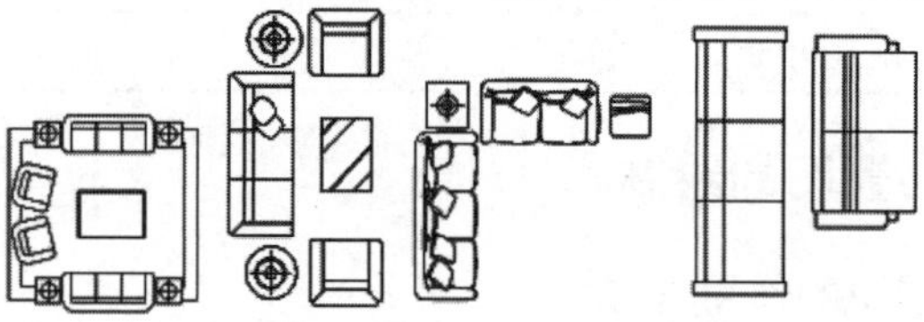
餐桌	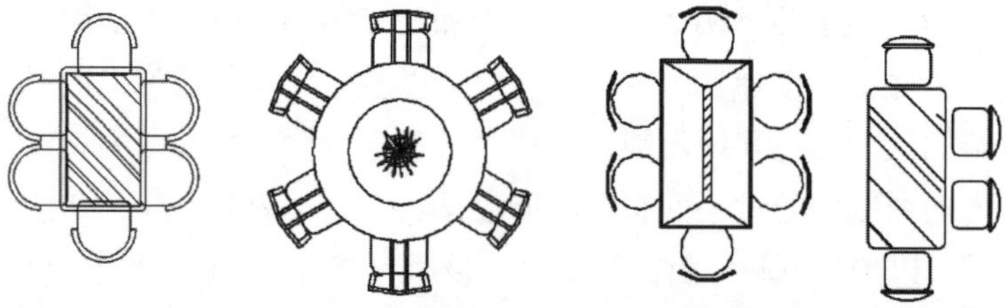
休闲桌、椅	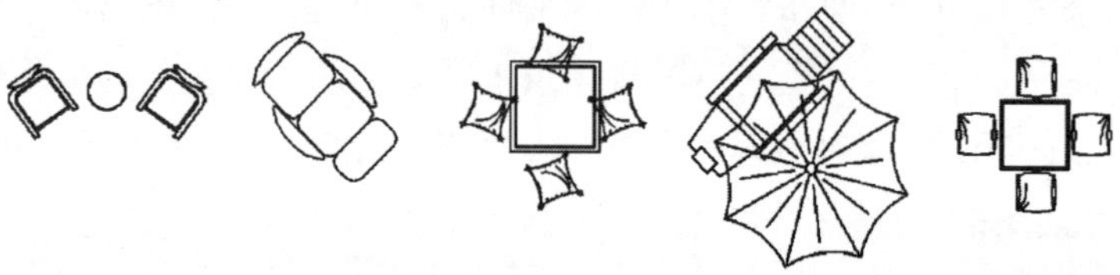
柜类	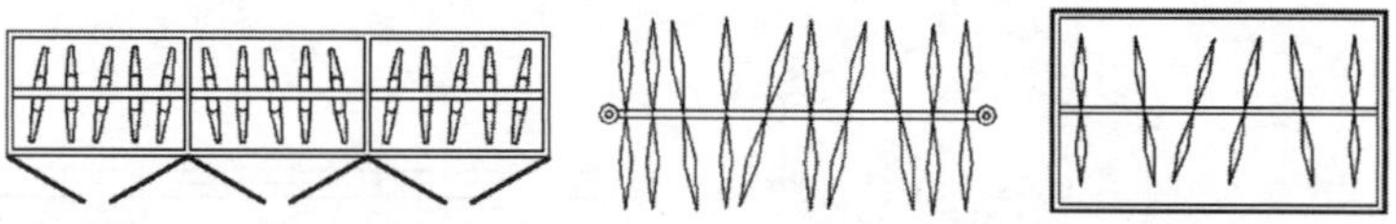
窗与床头柜	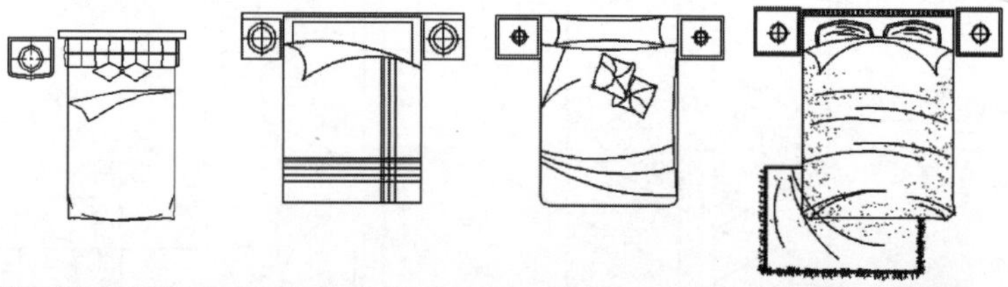
厨房用具	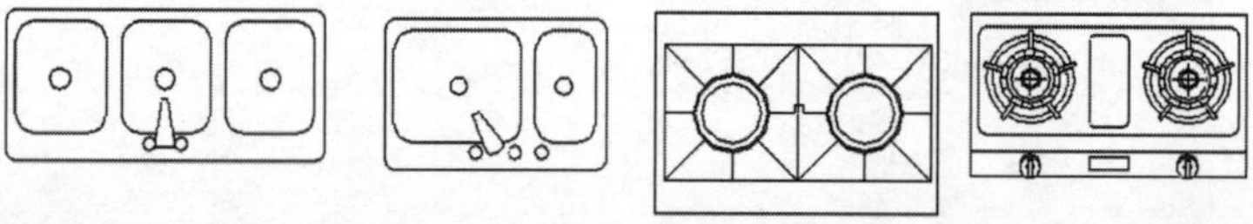

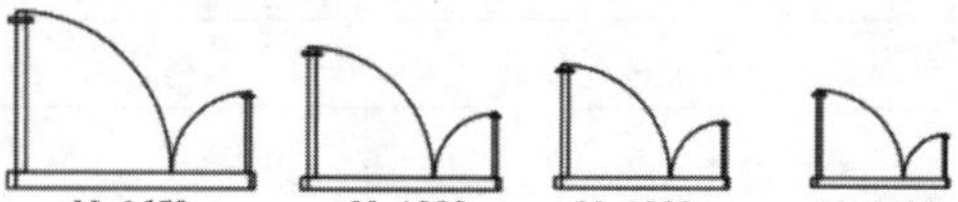

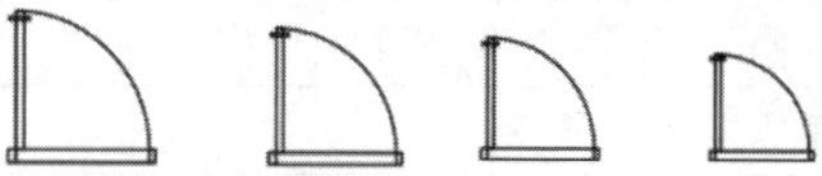

（续）

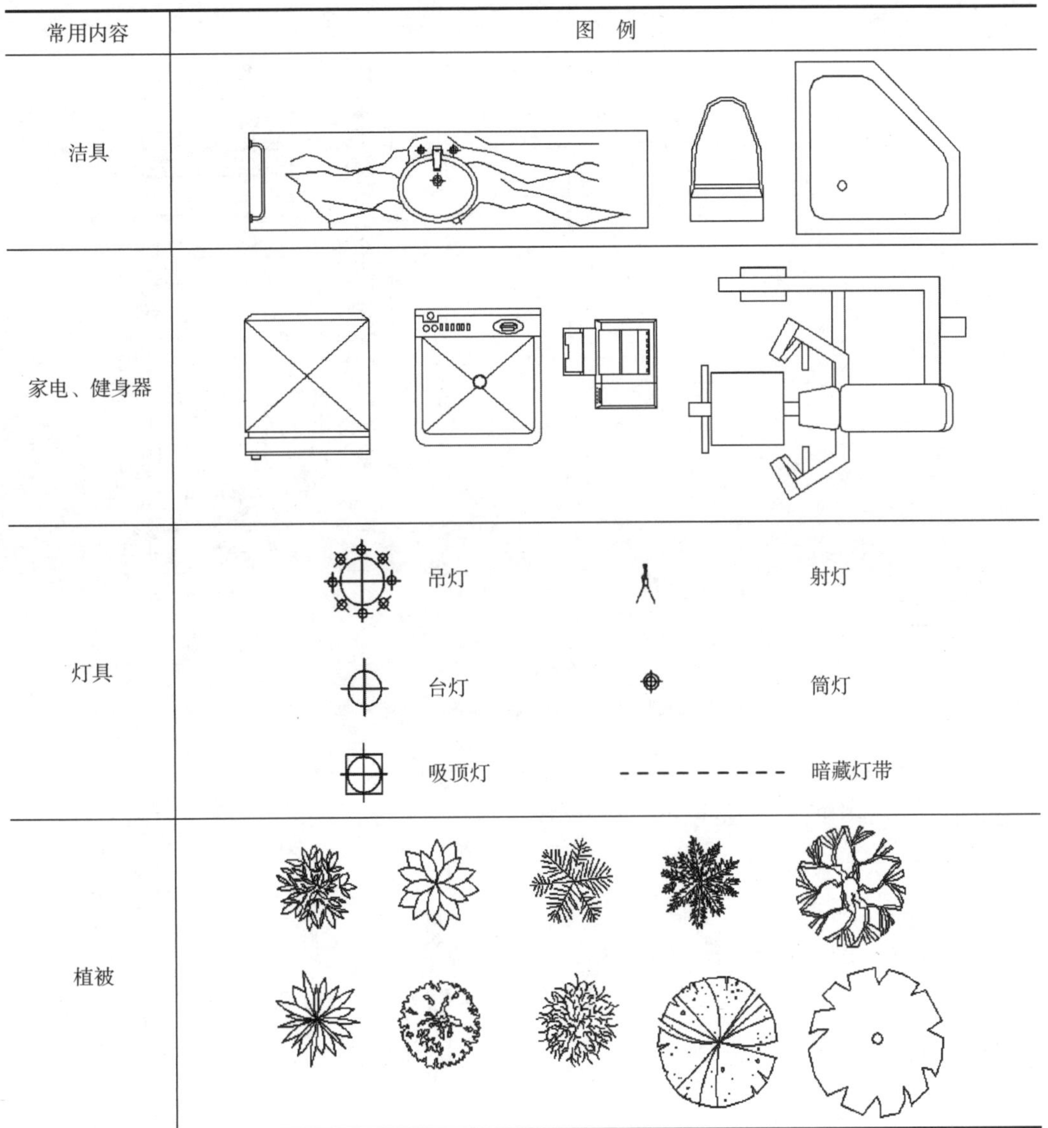

常用内容	图　例
洁具	
家电、健身器	
灯具	吊灯　射灯　台灯　筒灯　吸顶灯　暗藏灯带
植被	

3. 平面布置图的绘制内容

（1）绘制定位轴线　在室内平面布置图上用水平和垂直轴线来定位墙、柱等承重构件，定位轴线既是施工时定位放线的依据，也是构件自身相对定位的依据。

轴线用细点画线表示，端部画圆圈（直径 8~10mm），圆圈内标注编号。水平方向用阿拉伯数字自左向右依次编号，称为横向定位轴线；垂直方向编号宜用大写字母自下而上顺序编号，称为纵向定位轴线（图 2-69a）。一般规定，大写字母中的 I、O、Z 不得作为轴线的编号，以免与数字 1、0、2 混淆。

另外，建筑室内平面图中的一些次要构件，其定位轴线一般作为附加轴线，编号用分数表示，分母表示前一轴线的编号，分子表示附加轴线的编号，用阿拉伯数字顺序编号，如轴线 E 与轴线 F 之间的附加轴线编号应为 1/E、2/E（图 2-69b），轴线 2 和轴线 3

之间的两个附加轴线编号分别应为 1/2、2/2。

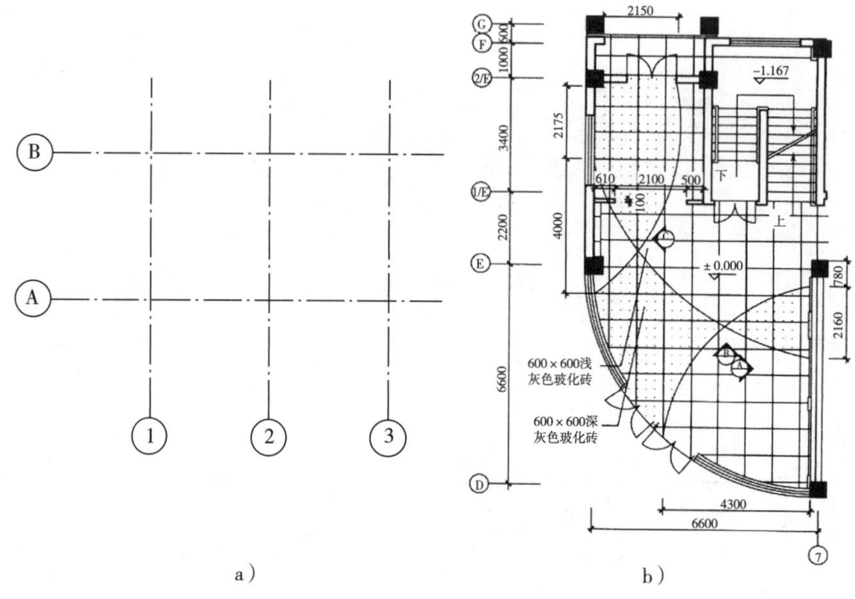

图 2-69　定位轴线

a）纵向定位轴线、横向定位轴线　b）附加轴线

（2）绘制墙体、柱子、门和窗　按照建筑室内平面中的定位轴线，依次绘制外墙和内墙，再绘制柱子和门窗。在建筑室内设计平面图中，由于平面布置图的形成原理，墙和柱的断面轮廓线应使用粗实线表示，其断面内，应画出材料图例，如钢筋混凝土的墙、柱断面应涂黑表示，如图 2-70 所示。

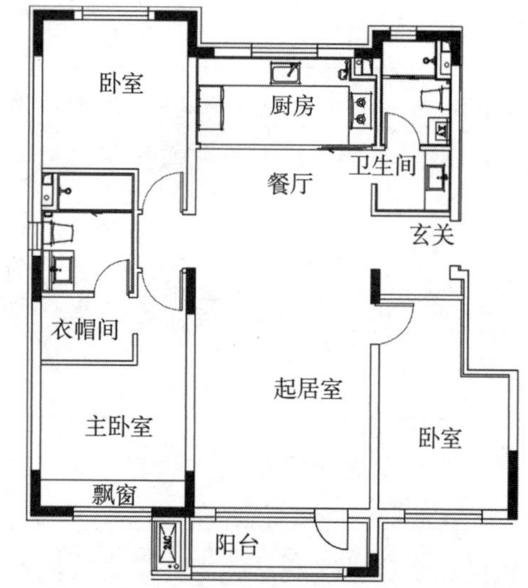

图 2-70　平面图中钢筋混凝土墙表示方法

当图纸比例在 1∶50 或更大时，常用细实线画出粉刷层，即在房间内墙用 1mm 的墨线笔画一圈，与内墙线间距一般控制在 1mm 以内，这样可使图样更加富有层次。

另外，不同材料的墙体相交或相接时，相接或相交处要闭合，反之，同种材料相接或相交时，则不必在交接处画断，如图 2-71 所示。门、窗平面图应按位置和尺寸绘制，窗两侧的墙体为被剖切的断面，其

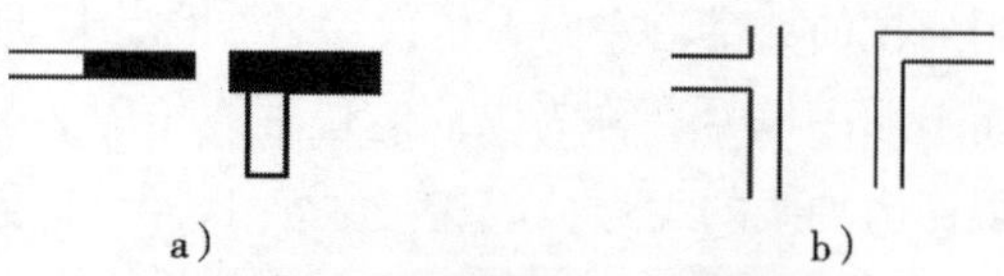

图 2-71　墙体相接、相交画法

a）不同材质墙体相接、相交画法

b）同种材质墙体相接、相交画法

轮廓线为粗实线，窗是没被剖切的可见轮廓线，应用中粗线（0.5*b*）绘制，窗框和窗扇用双线或单线（细实线）表示，如图 2-72 所示。门可用中粗线表示，用弧线表示开启方向线，门、窗的型号可标注代号，门代号为 M，窗的代号为 C，如 M-3 为门的型号，C-1500 为窗的型号，如图 2-73 所示。不同型号的门、窗可在对应的立面图和剖面图中集中查阅详细信息。

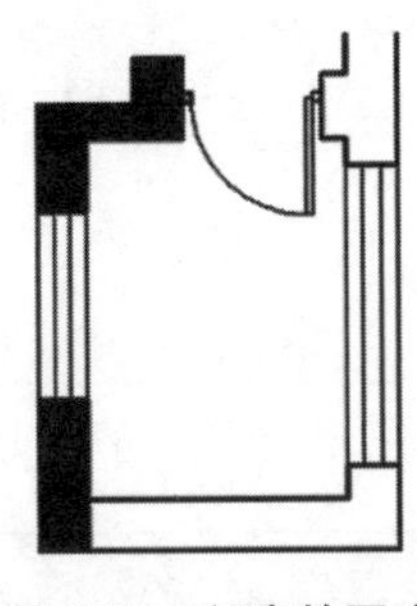

图 2-72　门窗的画法

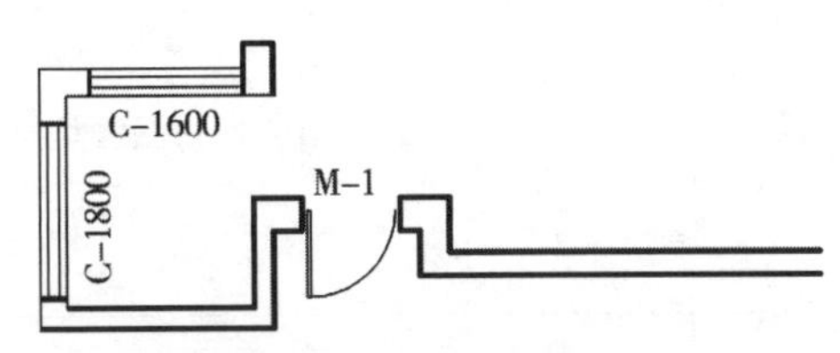

图 2-73　门窗的代号表示方法

（3）绘制各功能空间的家具、陈设等内容　室内家具指的是桌、椅、床、沙发、家电等；陈设指的是植物、工艺品等。家具、陈设等内容可以按图例绘制或插入，没有统一图例的，可画出家具与陈设的外轮廓。需要注意的是，家具或陈设品图样的选用应符合图纸整体比例。

另外，可视画面比例大小适当画一些具有丰富画面效果的图案，例如，石纹、木纹、植物图案等，如图 2-74 是某卧室平面图，其中加画了床单花纹、地毯图案，以强调卧室的区域感和装饰感。

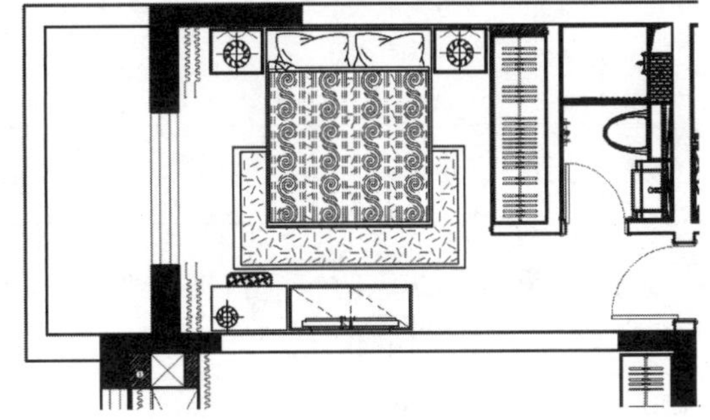

图 2-74　增加地毯的卧室

（4）标注尺寸，如隔断、造型等的定形、定位尺寸　室内平面布置图的尺寸标注一般位于图样的外部，共分为两级，最外部一级标注为总尺寸，内部一级标注为墙、柱与门窗洞口的定位尺寸。如内部有些地方需要具体标注尺寸，也可直接标注在所需标注对象附近。所有尺寸线都应用细实线表示，单位为 mm，如图 2-75 所示。

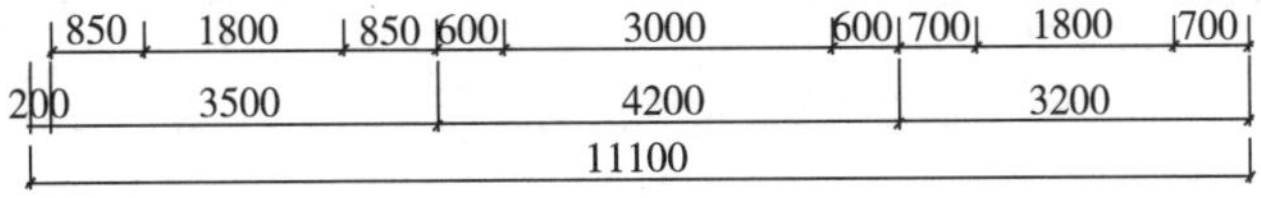

850　1800　850　600　3000　600　700　1800　700
200　3500　4200　3200
11100

图 2-75　尺寸标注

（5）标注立面索引符号、文字说明、图名、比例、标高、指北针等　立面索引符号用来表示室内立面图在平面图上的位置及立面图所在页码。它由圆、水平直径、三角箭头、阿拉伯数字或字母组成，其中圆和水平直径用细实线绘制。圆直径宜为

8~12mm，圆内标注编号及索引图所在页码，编号用阿拉伯数字或字母表示，并自图纸上部起按平面图中的顺时针方向排序。需要注意的是代表投视方向的三角形箭头随投视方向变化，但圆内水平直径、数字和字母方向不变，即数字和字母应始终正写。

注写文字说明、图名比例等。平面布置图的图纸命名应注写在图样正下方，其图名应反映平面图的空间、楼层、功能或区域，如二楼主卧平面布置图或一楼起居室平面布置图。图名右侧注明图纸比例，其字高应比图名小一号或二号。

（6）检查无误后，按线宽标准（表 2-13）加深、加粗图线　按线宽标准加深、加粗图线的目的是使图纸清晰、层次分明。

表 2-13　平面图线型与线宽设置

线型	线宽	宜用宽度	一般用途
粗	b	1.4~0.5mm	主要可见轮廓线；平、立、剖面图的外轮廓线；建筑室内设计详图、节点详图中被剖切的轮廓线；平、立、剖中的剖切符号
中粗	0.7b	1.0~0.35mm	可见轮廓线；平、立、剖中被剖切的次要轮廓线；变更云线
中	0.5b	0.7~0.25mm	一般轮廓线；平、立、剖中次要构件被剖切的轮廓线；建筑室内设计平、立、剖图中的门、窗、家具以及凸出构件（檐口、窗台、台阶）的外轮廓线；尺寸线、尺寸界线、索引符号、标高符号、引出线、地面、墙面的高差分界线等各种符号
细	0.25b	0.35~0.13mm	图形和图例的填充线、家具线

1）实际选用线宽时，应根据图纸大小和图纸比例来确定线宽。例如，A1 图纸线宽宜用粗 1.0mm、中粗 0.7mm、中 0.5mm、细 0.25mm；A3 图纸线宽宜用粗 0.7mm、中粗 0.5mm、中 0.35mm、细 0.18mm。在调整线宽的过程中，可根据具体需要灵活把握。

2）柱子、墙体等承重构件可用黑色或 80% 灰色填充，以使画面层次清晰。

3）如画面内容较少，可只设置粗、中、细三个层次，以达到图纸层次分明的效果。

（7）加图框并完成平面布置图　平面布置图的图框为粗实线，标题栏内容包括设计单位名称、工程名称、图纸内容、工程负责人、设计、制图、审核、核对、项目编号、图号、比例、日期等。标题栏的位置可根据图幅大小和图纸需要，主要有以下几种排版方式：图框位于右下方、图框位于右侧竖排、图框位于下侧横排。

4. 平面布置图的绘制步骤

以图 2-76 为例，平面图的绘制步骤如下：

1）选比例，确定图幅大小。

2）绘制墙体结构、门、窗，如图 2-76a 所示。

3）绘制家具、陈设、绿化等内容，如图 2-76b 所示。

4）注写文字说明、图名、比例等，如图 2-76c 所示。

5）绘制立面、详图等索引符号，标注尺寸，如图 2-76c 所示。

6）检查无误后，加深图线，绘制图框，完成平面图，如图 2-76e 所示。

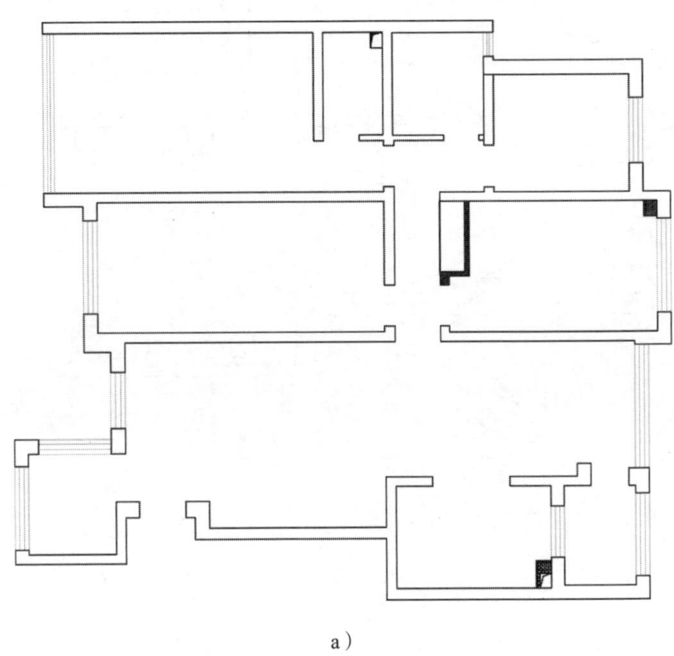

a）

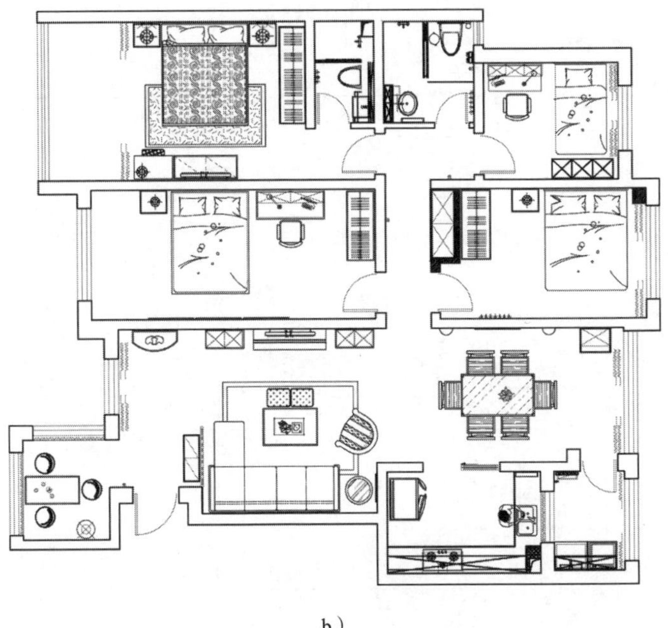

b）

图 2-76　平面图绘制步骤

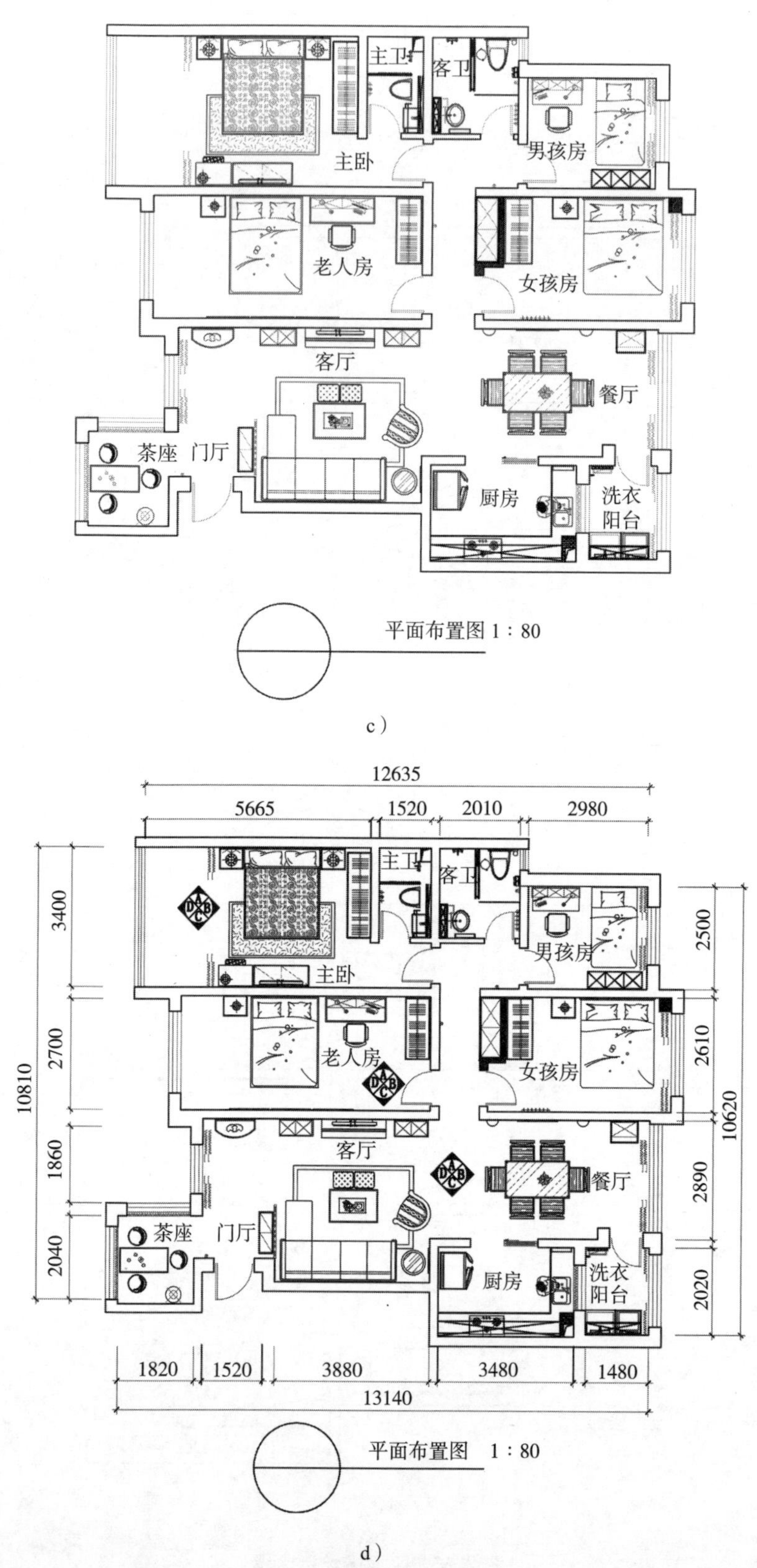

图 2-76 平面图绘制步骤（续）

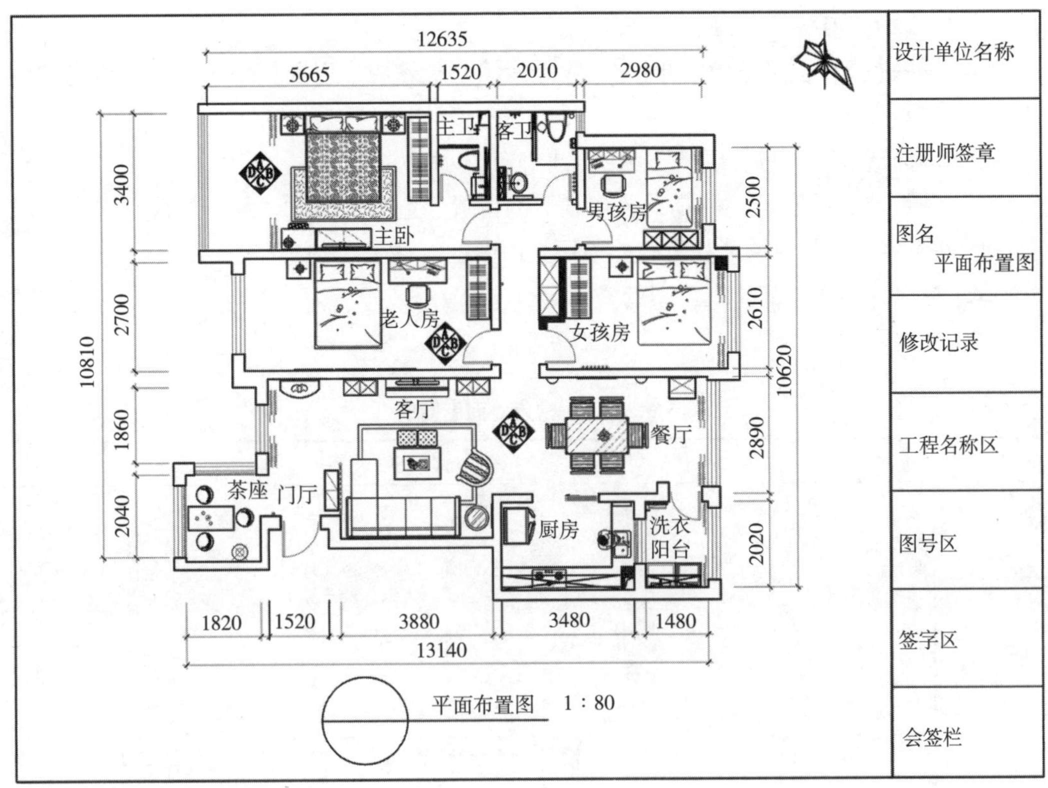

e)

图 2-76　平面图绘制步骤（续）

2.3.2　立面图的绘制

1. 立面图的作用与形成

立面图的主要作用是反映室内空间墙面的做法，包括室内墙体层次、色彩、材质、施工工艺以及固定于墙体的构件与家具等内容，如紧贴墙面的家具、植被等，距离墙面较远的内容无须表达。将室内中的立面向与之平行的面投影，得到一从顶到地的该方向的正投影图即室内正立面图，如图 2-77所示。

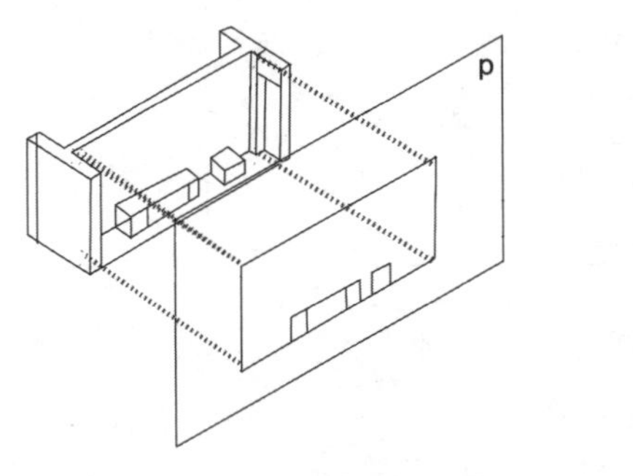

室内立面向与之平行的p面投影

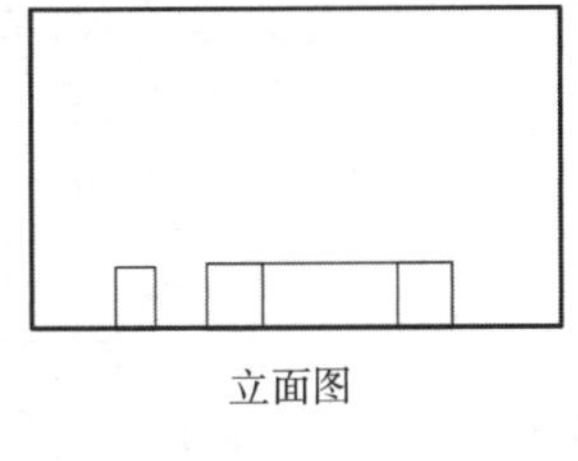

立面图

图 2-77　室内立面图的形成

2. 立面图的内容与图例

1）反映投影方向的室内立面（一般是指墙面）轮廓，以及门窗、墙面、构配件的位置与造型。

2）墙面造型、材料、规格、颜色、装饰工艺做法。

3）贴近墙面的家具、灯具、装饰画等的位置、造型、尺寸，绘制时应以清晰、增强表现性为目的，避免繁琐和重叠。常用立面图图例见表 2-14。

4）标注详图所示部位及详图的索引符号。

5）标注尺寸。

表 2-14　常用立面图图例

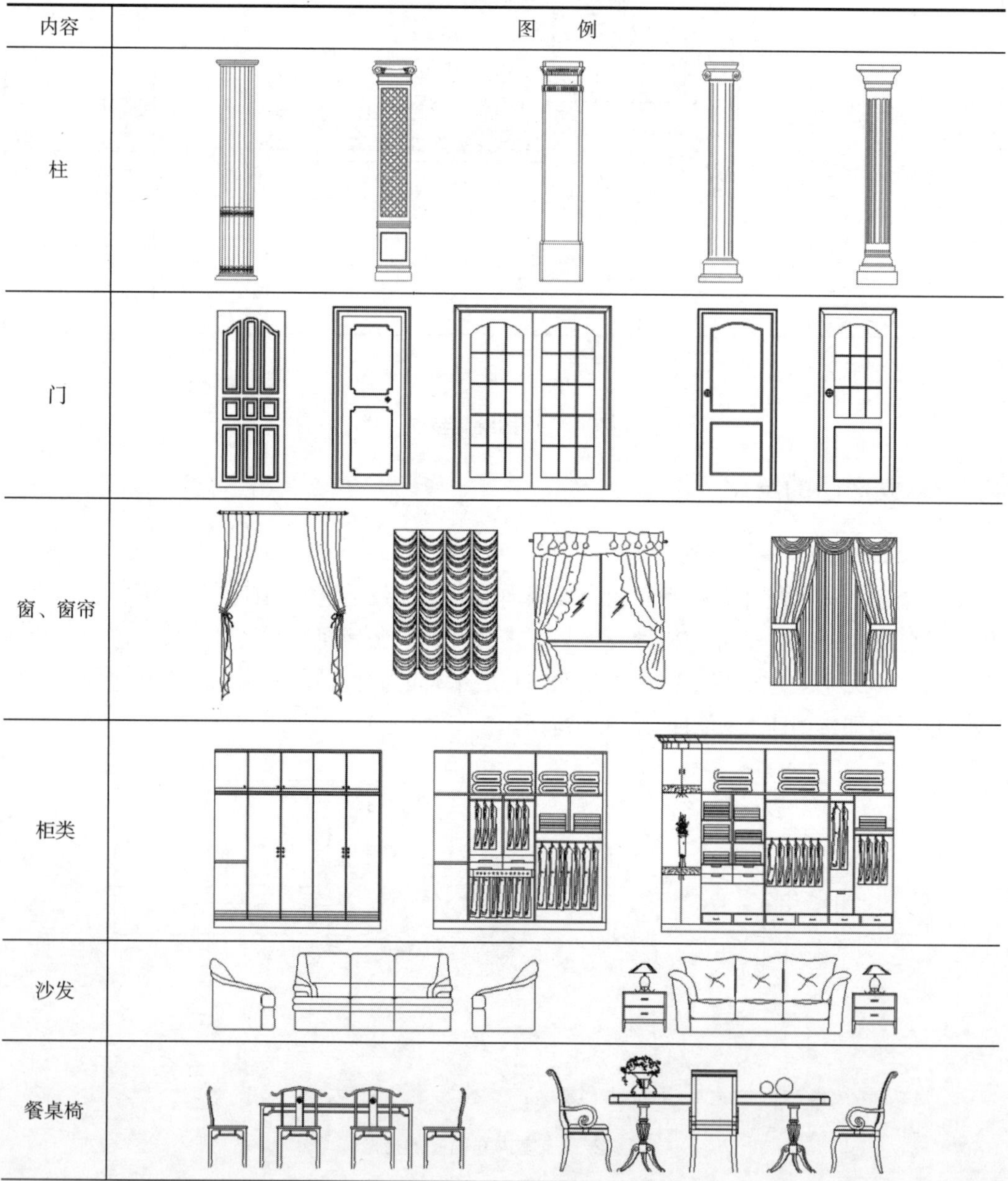

内容	图　例
柱	
门	
窗、窗帘	
柜类	
沙发	
餐桌椅	

（续）

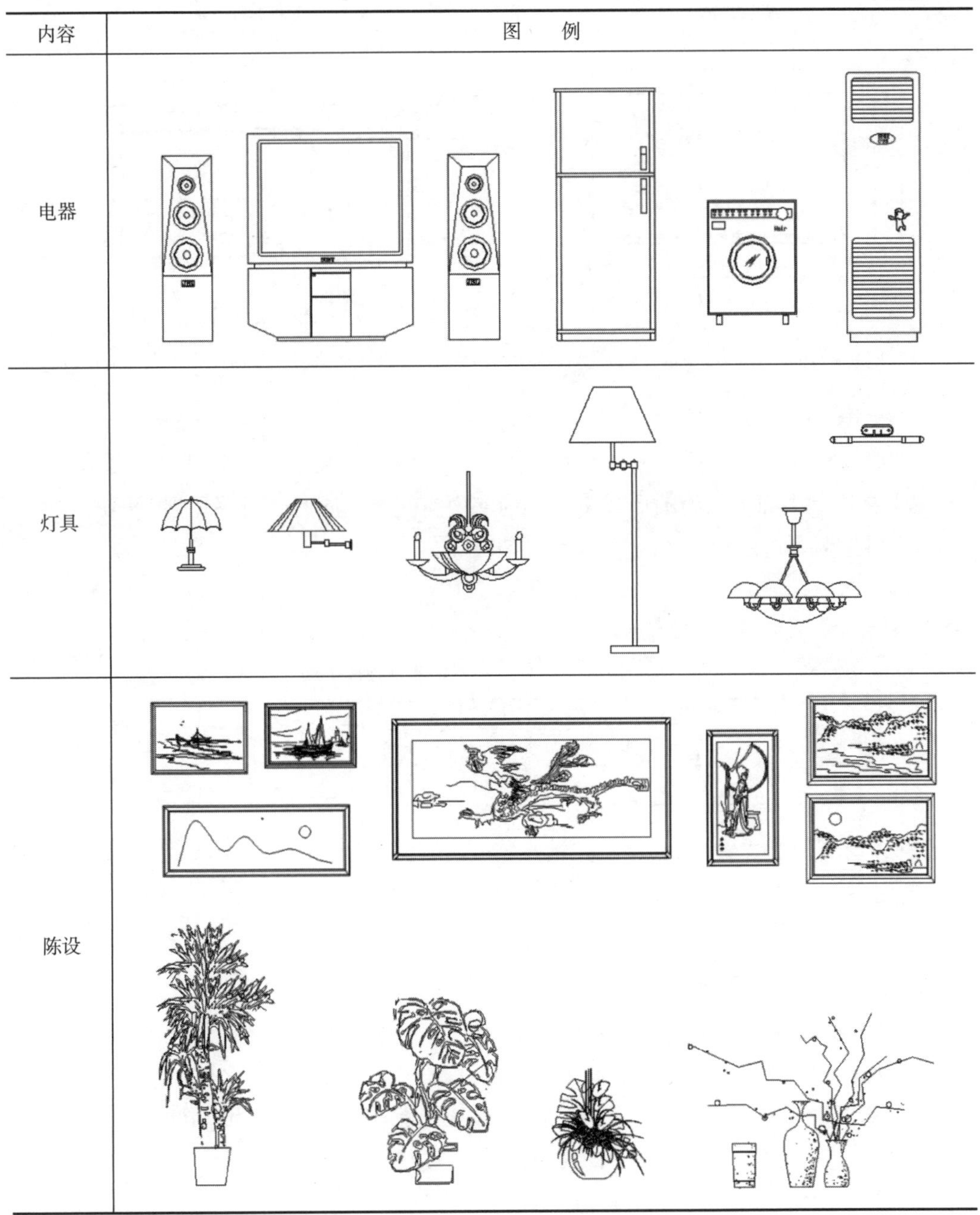

3. 立面图绘制的注意事项

1）外轮廓线应加粗。

2）立面图不需要用剖面法画出前面两侧的墙（图 2-78）。如绘制剖切立面图，还应根据剖切位置，绘制该立面的土建结构，包括墙、梁、门洞、窗洞、踏步等，再画出顶面、地面、墙面的外轮廓线（图 2-79）。

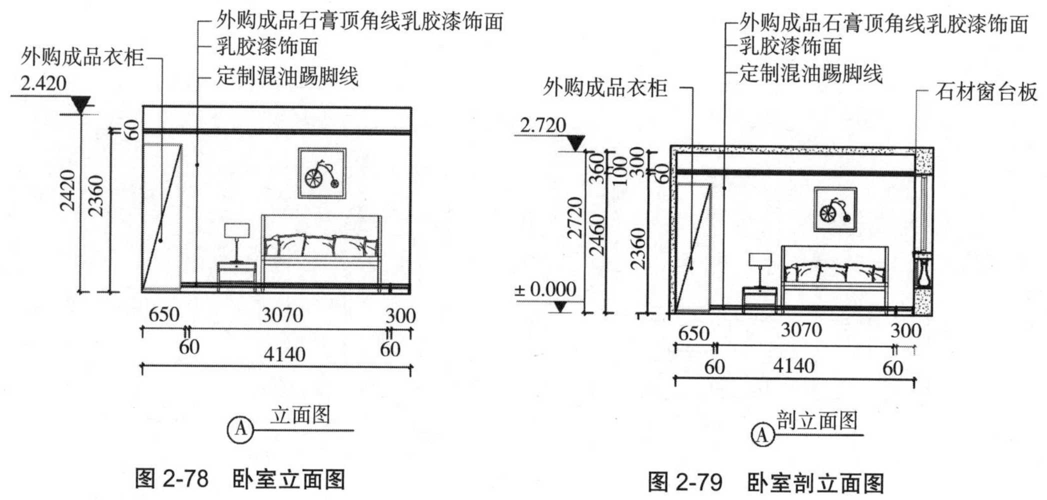

图 2-78　卧室立面图

图 2-79　卧室剖立面图

3）在绘制平面形状为圆形或多边形的室内空间立面图时，可采用展开图的方式，但均应在图名后加注“展开”二字（图 2-80）。

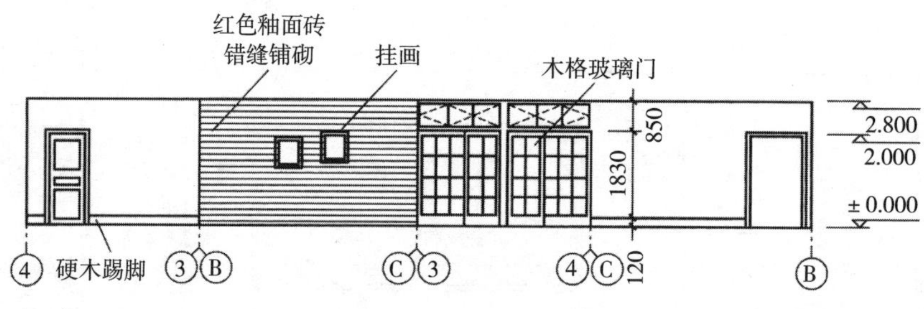

图 2-80　立面展开图

4. 立面图的绘制步骤

以图 2-81 为例，立面图的绘制步骤如下：

1）确定图纸图幅与比例。立面图常用比例为 1∶30、1∶40、1∶50。

2）基于平面图、顶面图的设计，将平面图或顶面图放置在立面图的正下方，以便表达立面图的外轮廓，然后绘制吊顶、地面的高度线，如图 2-81a 所示。

3）绘制门窗、墙柱、踢脚线等造型。

4）绘制紧贴墙面的构件与家具等内容，如壁灯、装饰画、植被等，如图 2-81b 所示。

5）填充材质图例，如图 2-81c 所示。

6）标注详图索引符号、尺寸标注、文字说明、图纸名称（图 2-81d）。

立面图中如有需要详图表达的局部，应标注详图索引符号。立面图的命名，应依据平面布置图中内视符号的编号或字母确定，以便对照看图。

7）按线宽要求加深图线，添加图框（图 2-81e）。

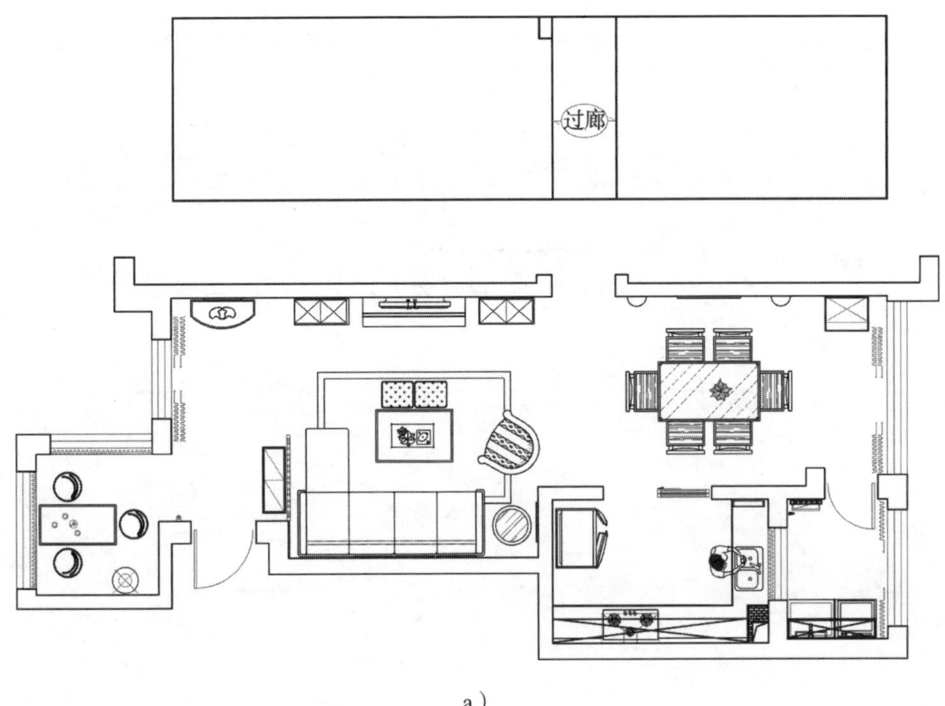

a）

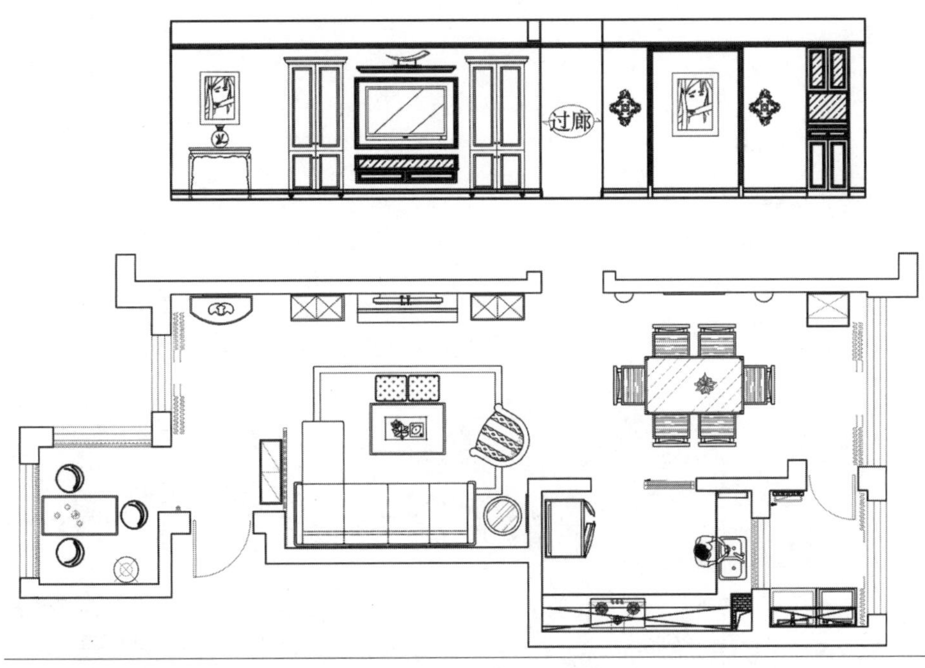

b）

图 2-81　立面图绘制的步骤

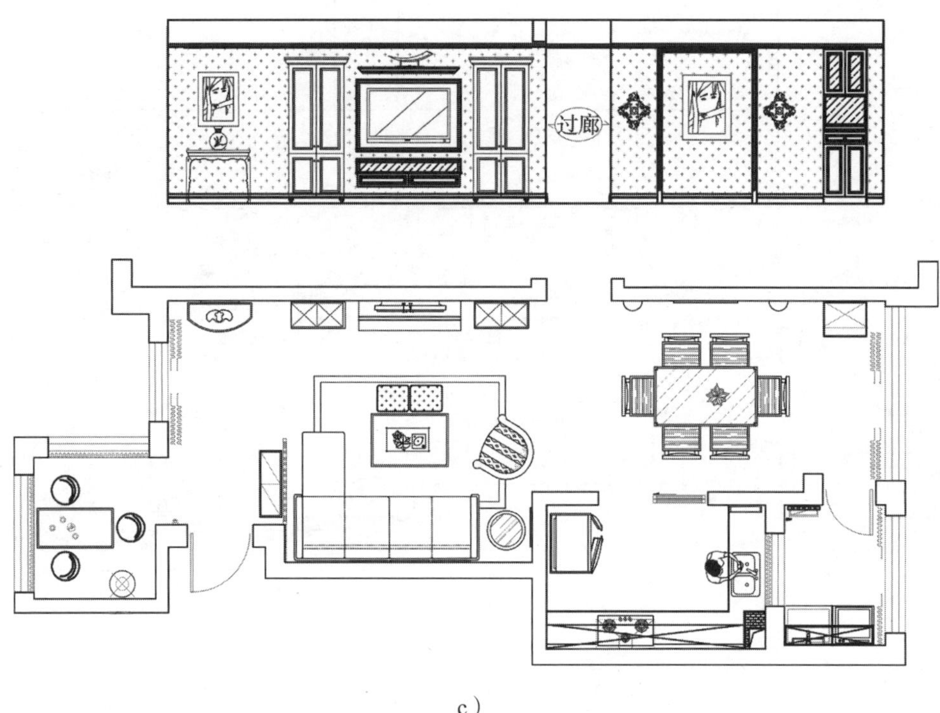

c）

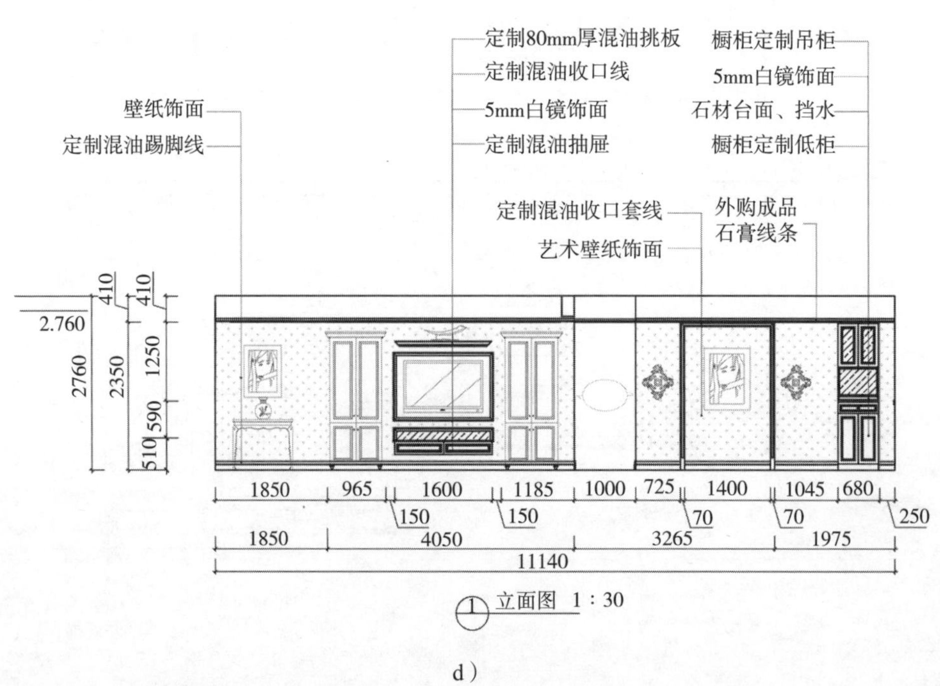

d）

图 2-81 立面图绘制的步骤（续）

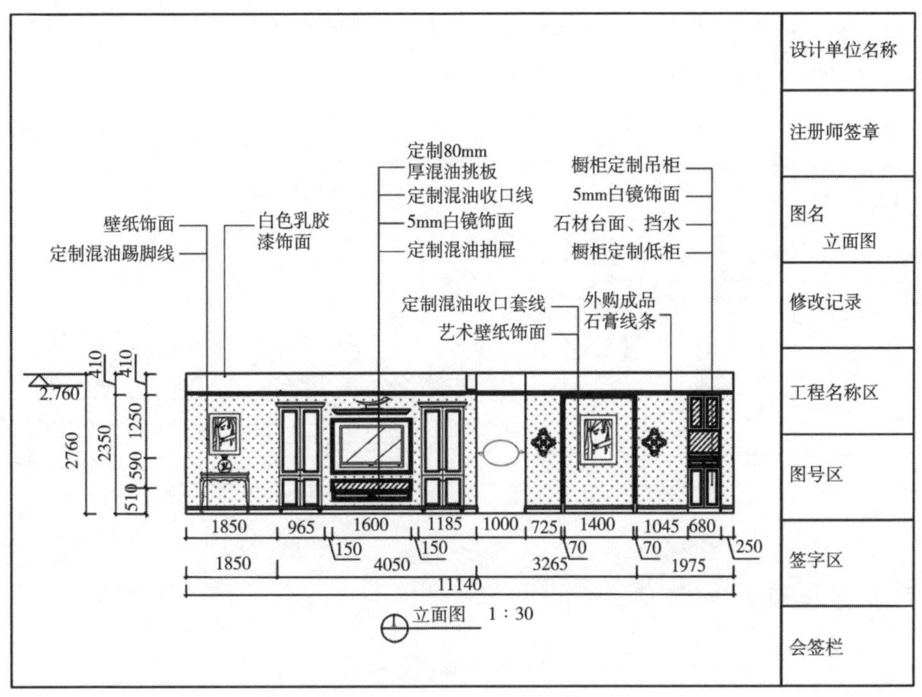

e）

图 2-81　立面图绘制的步骤（续）

2.3.3　设计详图的绘制

详图反映局部设计细节，是指导施工工艺做法的重要依据。详图主要包括大样图和节点图，大样图是把平面图、立面图、剖面图中的某些部分单独放大，画出来的更大图样，故称为大样图；节点图是用来表示平、立、剖面图中装修构配件、装修剖面节点的详细构造。

1. 详图的内容

1）地面详图。较复杂的地面构造通常要画施工详图，并标注相应的材料、尺寸、工艺做法（图 2-82）。

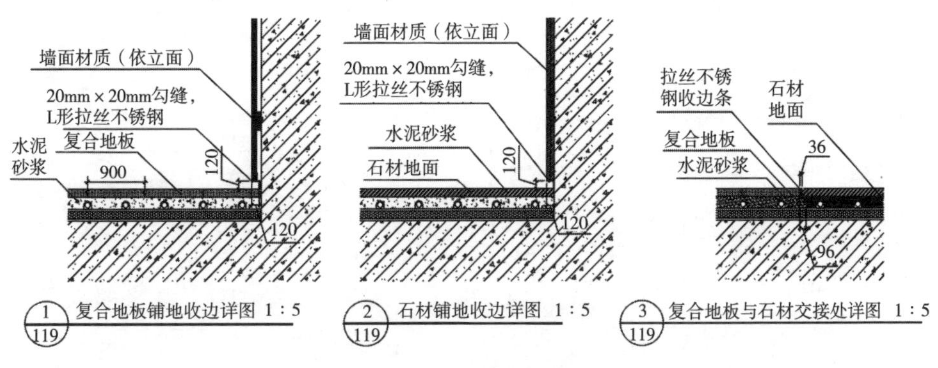

图 2-82　地面铺地详图

2）墙面构造装修详图。一般进行特殊处理的墙面需要绘制施工详图。墙面施工详图应包括立面图、剖面图、大样图（图 2-83）。

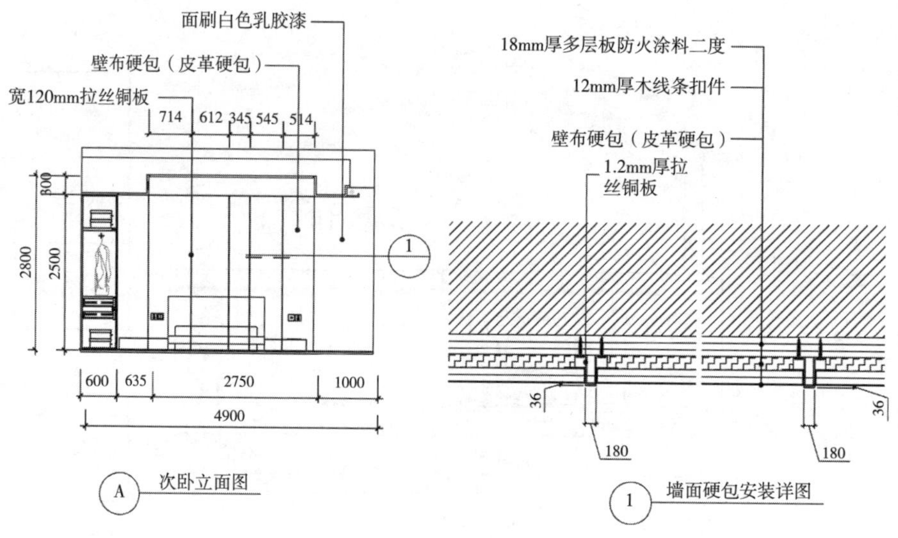

图 2-83　墙面硬包详图

3）家具详图。需要绘制详图的家具主要指的是展台、展柜、服务台、大衣柜等需要现场施工的家具（图 2-84）。

4）柱子详图。柱子详图主要反映柱子的构造、做法，应绘制柱子的立面图、纵横剖面图、大样图（图 2-85）。如柱面、柱头造型复杂，还应附示意图。

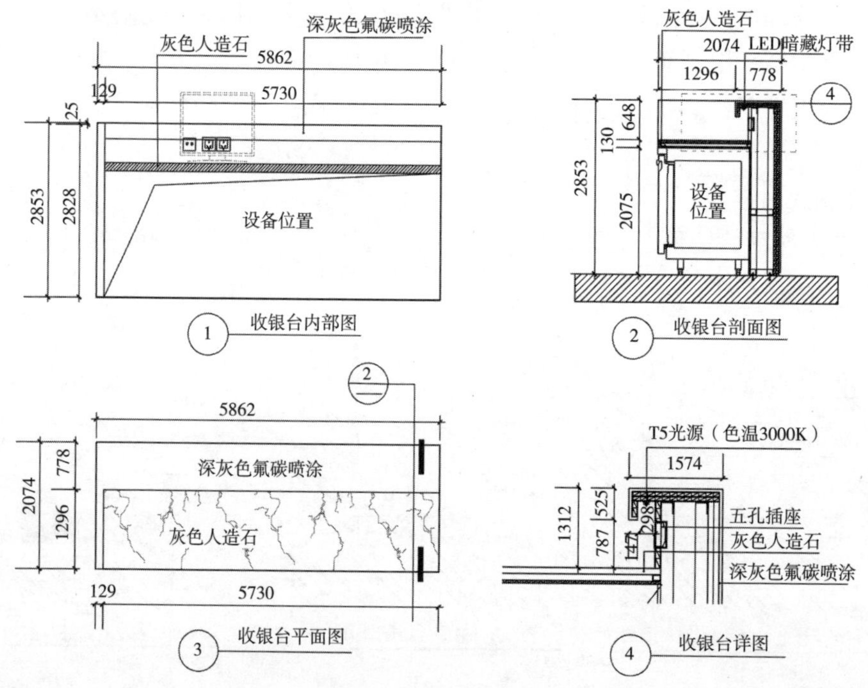

图 2-84　收银台详图

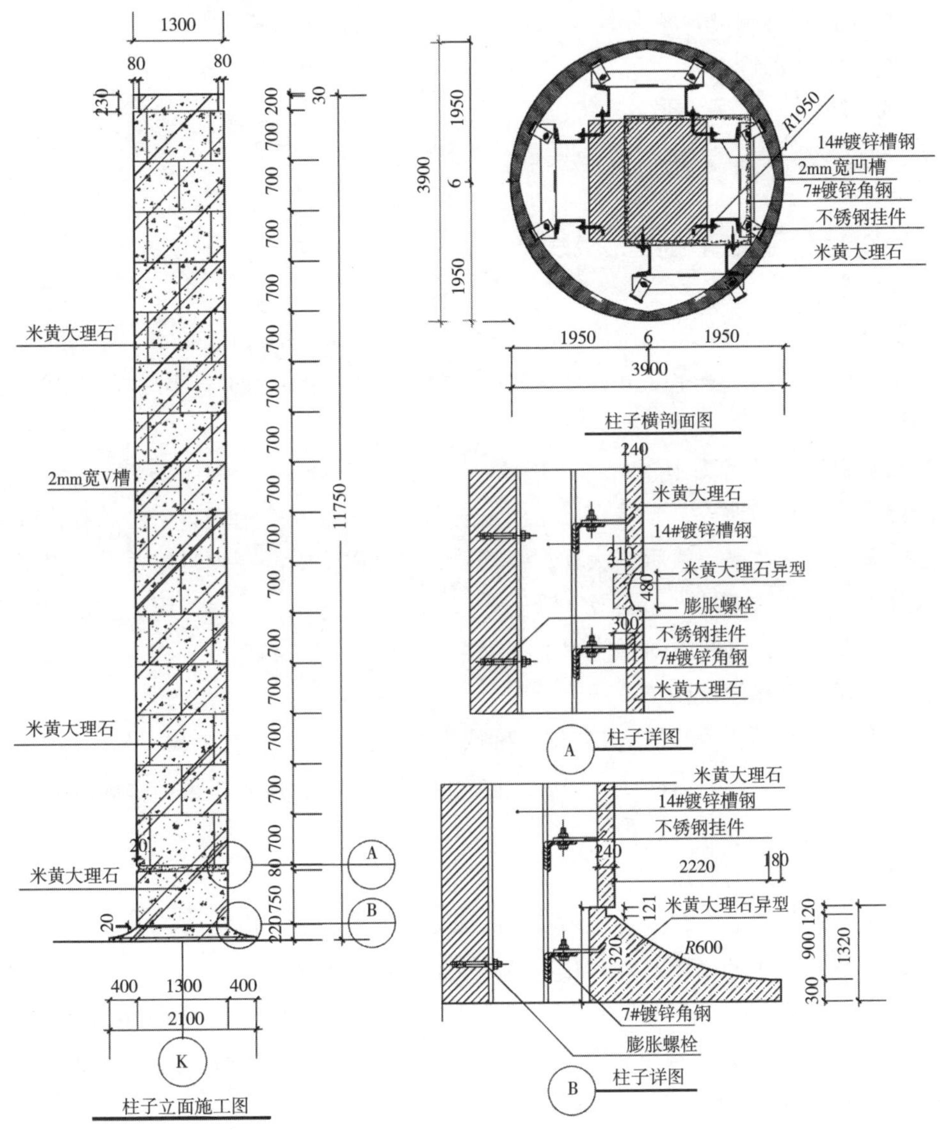

图 2-85　柱子详图

2. 详图绘制的注意事项

1）绘制室内设计详图时，应绘制清晰的构造图样，标注详细尺寸，注明具体材料与施工做法，以指导生产和施工。

2）室内详图应按施工需要选择合适的比例，宜选用 1∶1、1∶2、1∶5、1∶10、1∶20、1∶25、1∶30、1∶50 等。

3）室内详图应注明图样名称、比例，并在与之对应的室内平面图或立面图中标注索引符号，索引符号下方的图号应为索引出处的图纸图号。

4）室内详图的线宽可选用 b、$0.25b$ 两种线宽组。

3. 详图的绘制步骤

1）绘制详图的轮廓线、断面符号。

2）绘制固定的构件、断面形状造型，如门窗、墙柱、踢脚线等。

3）填充材质图例。

4）标注尺寸、文字说明。

5）加宽轮廓线或剖切线，绘制图框、标题栏。

2.4 建筑室内设计制图的绘制程序

建筑室内设计制图先绘制平面图，然后是天花图、地面图、立面图、详图的绘制。

通常是使用制图工具手绘和计算机绘图两种方式。对于制图工具手绘设计制图来说，在绘制过程中，应掌握以下绘图程序。

1. 设计制图的准备工作

选择光线适宜的地方，光线宜从左向右射向桌面，桌面应稍倾斜于绘图者，以便于提高绘图者的工作效率。然后，认真领会相关资料，以明确绘制内容与要求。根据绘制内容与要求准备相关工具，如图板、铅笔、橡皮、尺规等工具。尽量用纸胶带固定绘图纸于图板的左下方，以便绘图者使用丁字尺。

2. 绘制设计图样的底图

绘制底图宜用颜色较淡的 2H 铅笔，确认无误后，加深线宽和上墨。确定图样比例，并确定图样的位置；先画出轴线、中心线以及主要轮廓线，按照先整体后局部的原则依次完成图样。

3. 加深设计图线的深度

先校对底图，确定比例、尺寸无误，可加宽、加深图线，以使图纸层次分明。

加深、加宽图线可选择 HB 铅笔。线宽可分为粗、中粗、中、细四个层次，根据不同的图幅和比例选择不同的线宽组。A1 图纸线宽宜用粗 0.6mm、中粗 0.4mm、中 0.3mm、细 0.15mm，A3 图纸线宽宜用粗 0.4mm、中粗 0.3mm、中 0.2mm、细 0.1mm，如图纸较简单，分 3 个线宽层次即可。

加深、加宽尺寸线、尺寸界线，书写尺寸数字、图名、图纸比例等内容。汉字字体宜用长仿宋体，写字前可用铅笔打出方框，方框高宽比为 3∶2。

使用针管笔或中性笔上墨，使用直尺辅助时，注意使用直尺的反面，以免针管笔或中性笔与直尺交接处漏墨，影响画面整洁。

绘制图框与标题栏，完成室内设计制图。

4. 建筑室内设计制图的注意事项

加深同类型图线的顺序，一般宜先曲线、后直线；加深同类型直线时，宜从上向下加深所有水平线，再由左向右加深所有的垂直线，最后加深所有的斜线。

在加宽图线的过程中，为使同类型的线宽粗细一致，同等宽度的线型一定要一次完成，以免由于反复修改导致同等线宽的线型宽窄不一。

仔细校对图样，修正错误，最后擦掉不需要的图线。

第 3 章　建筑室内设计表现的基础

3.1 建筑室内设计表现的绘画基础

建筑室内设计表现不同于设计制图，它要用专业绘画形式表达出设计造型与构思，因此，需要绘图者掌握扎实的绘画知识，否则不仅给表现技法的学习带来困难，而且难以提高室内设计表现的水平，这也是近年部分院校将设计素描等基础科目纳入设计艺术学考研初试科目的原因。绘画基础是学习表现技法的必修课，室内设计表现技法所需的绘画知识主要有以下几个方面。

3.1.1 设计素描

设计素描最早由包豪斯学校开创性地引入到设计基础教育，它有别于常规素描的训练，不是一味强调纯熟的素描技法，而是强调主观能动性的表现，强调造型能力的培养，强调对于形体要素的观察、认识、理解能力，强调对于形式要素的领悟能力，以及创造性造型的想象力，对此可以从以下几个方面展开训练。

1. 线性结构素描训练

线性结构素描主要研究物体内部的构造关系，包括研究内部构造与外部特征之间的整合规律、形体结构与空间结构之间的关系和规律、用线概括形体结构的表现能力。由于线性结构素描侧重于对形体结构本身的研究，应注意观察形体的空间位置，不仅要表现看得见的结构，还要表现看不见的一面，科学反映出表现对象的结构以及层次关系。如图 3-1 所示的透视线性结构素描，清晰表现了几何体的内外形体结构、空间层次。

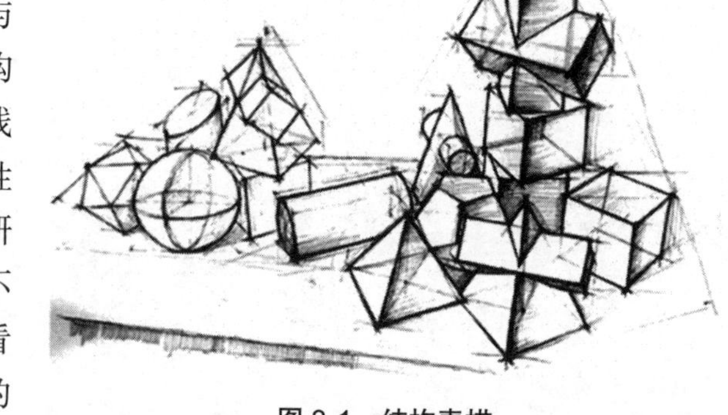

图 3-1　结构素描

在训练过程中，应先理解空间形体结构、层次、透视关系，再通过辅助线或形体的平面图、立面图、侧视图等，将形体结构推敲出来。需要注意的是，线性素描表现的本质是形体的空间结构关系和层次关系，应排除光影、色调等因素的影响。同时，应做到不仅能写生表现出形体，还能默写出的程度，从而掌握形体变化的规律（图 3-2）。

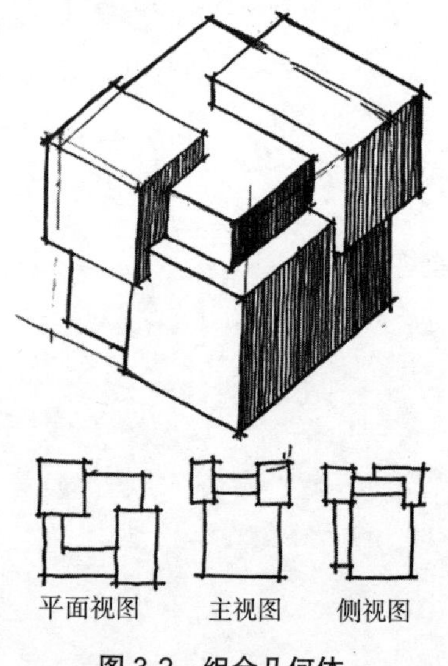

图 3-2　组合几何体

2. 表现设计素描训练

表现设计素描基于结构设计素描的研究，不仅要传达形体的结构关系，而且要突出、集中表现事物的本质特征，包括结构因素的表现、光与影的表现、体量感的表观、材质感的表现、色彩色调的表现等。这种设计素描表现方式被用于设计的各个领域，如工业设计、雕塑设计、室内设计、建筑设计等。

在训练过程中，应先从多角度去感受和领悟现实形象，然后通过视觉表达的基本语汇，进行艺术概括和艺术提炼，创造出符合人们审美要求的、具有感染力的视觉形象。

图 3-3 通过夸张、变形与取舍，表现出亭与塔的建筑本质，同时整体画面富有强烈的视觉冲击力。

图 3-4 通过个性张扬的造型语汇和表现手段，鲜明而生动地传达出表现主题——老房子的破败感，构建出具有表现力的画面。

图 3-3　亭与塔（炭笔，邓旭）

图 3-4　老房子（炭笔，邓旭）

3.1.2　设计色彩

室内设计表现图离不开色彩，室内家具、结构等表现对象的材质、肌理、色泽也都需要通过色彩传达出来，由此可见，色彩的表现力在很大程度上决定了一张表现图的成败，这就要求我们对色彩的属性、色彩的要素、色彩的情感等知识进行系统的了解，以有效提高色彩表现力。下面就色彩的三要素、色彩的构成、色彩的空间感受、色彩的透视感展开介绍。

1. 色彩的三要素

色彩是光通过反射进入眼睛而产生的视觉感，没有光就没有色彩，光的物理性质是人们理解色彩的基础。将自然界中被三棱镜分解出来的颜色进行归纳，可组成一个首尾相连的色相环（图 3-5）。其中，红、黄、蓝是色相环中的三原色，三原色是调配世间万种颜色的基础，是无法调出的三种颜色。三原色分别相加又可得到绿、橙、紫三种颜色，称为间色或第二次色。两个间色如红与绿、黄和紫相混合得到的颜色为复色，也称为第三次色，复色次数越多，纯度就越低，颜色就越灰。

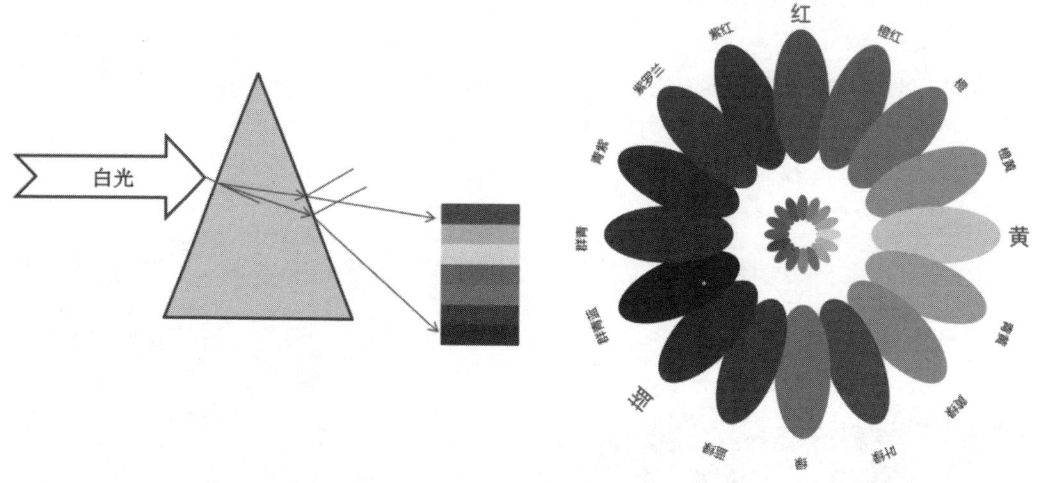

图 3-5　三棱镜分解色和色相环

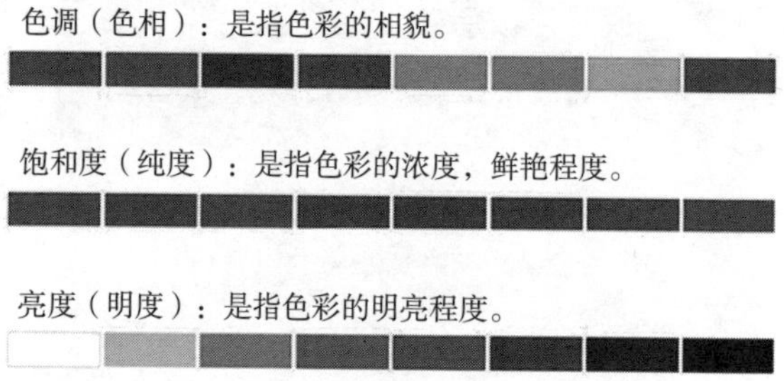

色彩又分为有彩色和无彩色。无彩色是黑色和白色以及不同比例混合而成的灰色。有彩色是指可见光谱中红、橙、黄、绿、青、蓝、紫七种基本色。彩色具有三个特征——色相、纯度、明度，也就是常说的色彩三要素，如图 3-6 所示。

色调（色相）：是指色彩的相貌。

饱和度（纯度）：是指色彩的浓度，鲜艳程度。

亮度（明度）：是指色彩的明亮程度。

图 3-6　色彩的色相、纯度、明度

1）色相，是指色彩所属的颜色相貌、色彩的显著特征。

2）纯度，是指颜色、色彩的鲜艳度和饱和度。纯度也称为彩度。

3）明度，是指色彩的明亮程度。明度最高的色彩是白色，最低的是黑色。

2. 色彩的构成

构成色彩的因素主要是光源色、固有色和环境色，如图 3-7 所示。

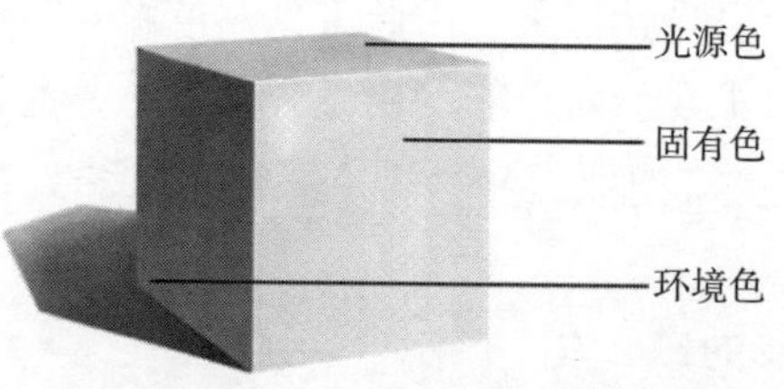

图 3-7　色彩的构成——光源色、固有色、环境色

1）光源色，是指光源本身的颜色。光源分为自然光源和人工光源，例如太阳光、各类灯光等。光源色对画面具有较大的影响，比如展厅、橱柜、

舞台一般会设置特定的光源，以突出氛围，这时的光源对画面的整体色彩具有决定性作用。

2）固有色，是指物体本身的颜色，如红花、绿叶，但因受光源色和环境色的影响，很难观察到绝对的固有色。任何材质都有其固有的颜色，在表现时应注意归纳和概括，如过于突出固有色，会使画面产生乱、碎的问题。

3）环境色，是指周围环境对物体影响所造成的颜色变化。在绘制表现效果图的过程中，环境色的影响主要来自各大界面和体积较大的物体，根据表现对象的具体情况，环境色对界面的影响可以加强也可以减弱。

3. 色彩的空间感受

（1）暖色系搭配——缩小空间　暖色系是指色环中的红色、橙色、黄色等，我们看到这些颜色就想到温暖的阳光、火、热血，产生温热、热烈、欢快的心理效应，故将这一类色称为暖色。暖色系的室内空间宜给以温暖、亲切、膨胀、拉近距离的感觉，能缩小空旷的空间（图 3-8）。

（2）冷色系搭配——放大空间　冷色系是指色环中的青、绿、蓝等，我们看到一类色彩时常联想到冰、水、海洋、蓝天，会产生冷静、寒冷、放松的心理感受，通常就把这类色界定为冷色。冷色易产生后退感，具有放大空间的效果，如图 3-9 所示。

图 3-8　暖色系客厅——缩小、拉近空间

图 3-9　冷色系工作室——放大空间

（3）中性色搭配——平静　中性色是指黑、白、灰、米色、棕色等，我们看到这些颜色时会联想到大自然的土地，会产生回归、放松、平静的心理感受，因此这类色彩也称为大地色。中性色是居室空间中最常用、最不易出错的色系（图 3-10）。

（4）强烈对比色搭配——兴奋　强烈对比色是指色环中垂直对应的颜色，也称为互补色。蓝与橙，红与绿，黄与紫等，这些颜色视觉对比强烈，反差大，在室内空间中能起到增强动感的效果。但最好避免大面积使用强烈对比色，否则会使空间混乱无序，可小面积局部使用，或降低纯度与明度使用（图 3-11）。

图 3-10　米灰色系——平静、放松

图 3-11　红与绿强对比色搭配——动感

4. 透视与色彩

我们生活在大气之中，当光线穿过大气层时，由于空气中的气体、尘埃等微小颗粒的作用，色光发生散射，随着空间距离加大，散射现象越明显，表现在色彩上，就反映出以下几个方面的色彩透视变化（图 3-12）：

1）近处的物体色彩纯度高，远处的物体色彩纯度低。

2）近处的物体色彩对比强，远处的物体色彩对比弱。

3）近处的物体色彩偏暖，远处的物体色彩偏冷。

4）近处的物体明暗对比强，远处的物体明暗对比弱。

图 3-12　色彩的透视

3.1.3　设计光影

各种形体和空间都离不开光，有了光，才会产生明暗和投影的变化（图 3-13）。明暗变化受光环境的影响会产生远近效果不一的变化，我们可以主观地通过光的影响来处理空间的层次变化，也可以通过物体颜色的“浅—深—浅”这种模式来拉开空间的前后关系，使画面产生空间感和立体感，即真实感。正确认识形体受光后的光影变化规律，认识明暗变化的规律，对于塑造画面空间感、表现质感、发挥素描和色彩的表现力有至关重要的作用。

图 3-13　光之教堂

下面对明暗与投影的规律进行简单概括和归纳（图 3-14）。

1）亮面和高光。物体被光照的面称为亮面，由于照射角度不同，受光面又分亮面与灰面，此外。我们还可以观察到亮面的最亮处——高光的存在。

2）暗面。光线照射不到的面称为背光面（即暗面）。

3）反光面与明暗交界线。暗部则受地面及周围环境光的反射而形成了反光面，在亮面与暗面的交界处往往是物体的最暗部分，也称明暗交界线。

4）影子。影子则是物体受光所投射而形成的。

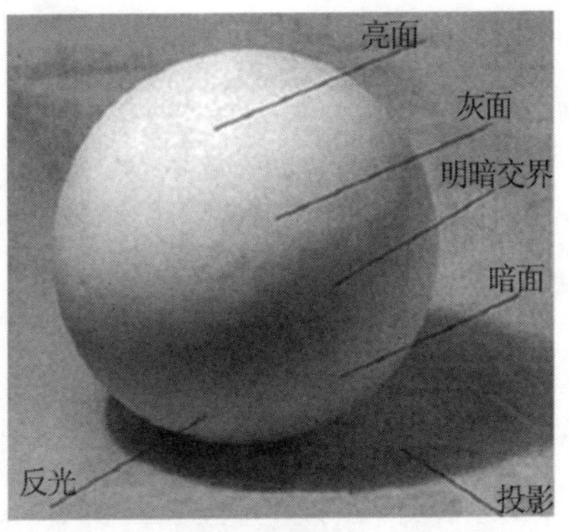

图 3-14　明暗规律（五大调子）

3.2　建筑室内设计表现的透视

透视是指通过一层透明的平面去研究后面物体的视觉科学。“透视”一词来源于拉丁文“Perspclre”（看透），故有人解释为“透而视之”。如同人们站在窗前，看到窗外的景物，这些景物被描画在玻璃上，虽然玻璃上的景物是二维的画面，但看起来具有真实感、空间感，这种存在透视效果的图形就是透视图。

我们把所看到的三维物象转换成具有立体感的二维画面，即研究在平面上展示立体造型的规律，称为透视学，它是视觉艺术中一门逻辑性很强的学科。严格地按透视规律绘图，可获得准确、完整的画面形态，传达设计形态、构造及空间关系，通过透视能表现秩序营造形态的立体感和空间感（图 3-15）。刚开始学习透视时，会因看到繁多的专业术语、字母等望而却步，事实上，透视步骤看似枯燥复杂，但只要能够在理解的基础上按照步骤动手绘制一遍，基本能够理解室内空间的透视原理。

有一点我们需要明确，学习透视原理的目的是通过严谨的透视作图训练来获得感性的透视感觉，靠透视感觉训练提高准确表达透视的能力后，我们提倡徒手画透视。

图 3-15　透视图

3.2.1 一点透视

透视有两个体系："一点透视"（西方）和"散点透视"（东方）。还可分为一点透视、两点透视和三点透视。

一点透视是指物体的两组线，一组平行于画面，另一组向纵深发展的线垂直于画面，聚集于一个消失点，也称平行透视（图 3-16）。一点透视表现范围广，纵深感强，适合表现庄重、严肃的室内空间。缺点是比较呆板，与真实效果有一定距离。

图 3-16 一点透视空间

学习一点透视法之前，我们先来对透视术语进行了解（图 3-17）：

1）画面（*PP*）：假设图纸为一透明平面。

2）地面（*GP*）：建筑物所在的地平面。

3）地平线（*GL*）：地面和画面的交线。

4）视点（*E*）：人眼所在的点。

5）视平面（*HP*）：人眼高度所在的水平面。

6）视平线（*HL*）：视平面和画面的交线。

7）视高（*H*）：视点到地面的距离。

8）视距（*D*）：视点到画面的垂直距离。

9）视中心点（*CV*）：过视点作画面的垂线，该垂线和视平线的交点。

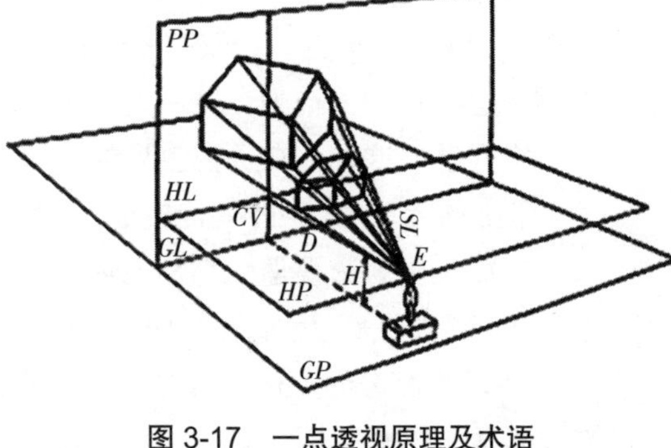

图 3-17 一点透视原理及术语

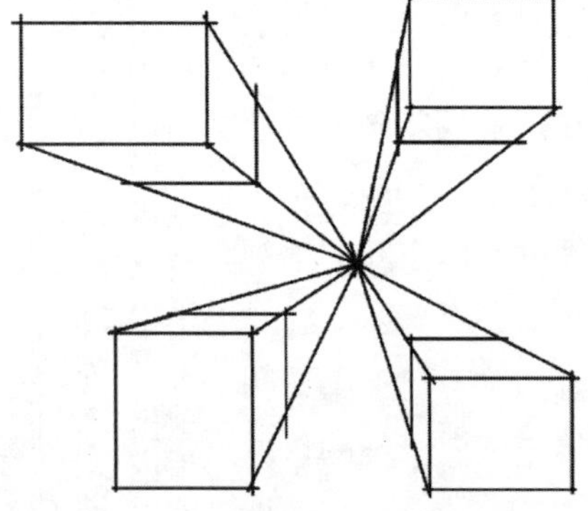

图 3-18 几何体的一点透视

10）视线（*SL*）：视点和物体上各点的连线。

一点透视运用普遍，相对简单，其基本规律可以归纳为"横平，竖直，一点消失"，即三个方向的线——水平线、垂直线和消失于消失点的透视进深线（局部曲线、斜线例外），如图 3-18 所示。

3.2.2　两点透视

两点透视也称成角透视，在透视图中两轴与四面倾斜成相交角度，能展现空间四个界面，因此画面以斜线为主，显示较好的活泼性，适于表现动态、复杂的空间环境。

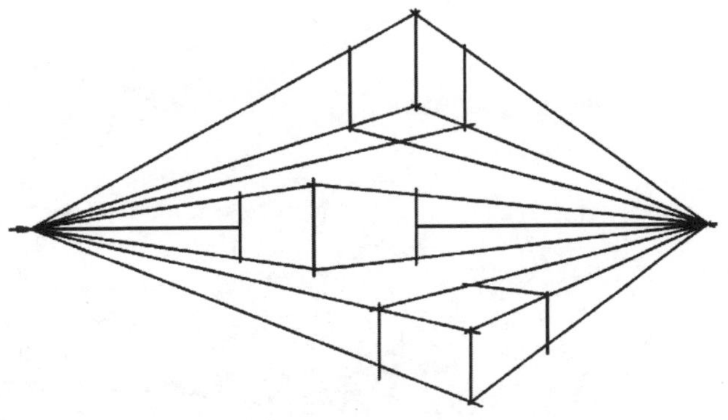

图 3-19　几何体的两点透视

两点透视的透视规律是：景物的主要坐标 x 轴、y 轴、z 轴中有两轴与画面成角，只有一轴与画面平行，透视图中透视线有两个方向灭点，绘制时垂直方向线不变，水平与纵深方向的线都趋向各自的灭点（图 3-19）。

两点透视画法如下：

已知：平面、立面和视点的位置（图 3-20）。求：立方体的透视图。

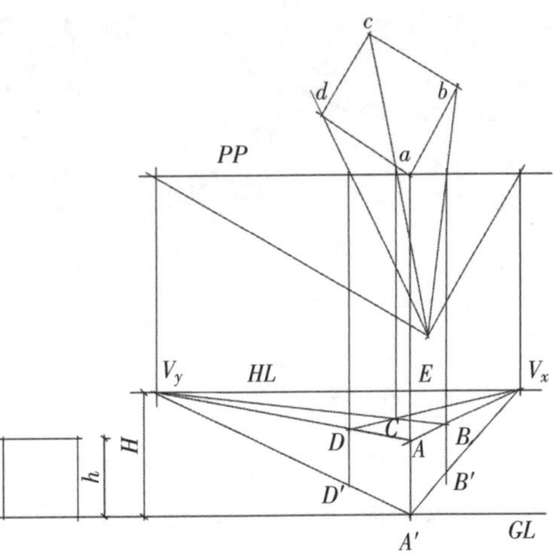

图 3-20　立方体的两点透视画法

作法如下：

1）根据已知条件，在图纸上画出 *HL*、*GL* 及其间距 *H*。

2）自视点 *E* 作 *ab*、*ad* 的平行线，与 *PP* 相交，自交点向下引垂线，求得 V_x、V_y 两消失点。

3）立方体的一垂边 *AA′* 在画面上，其透视等于实长。自 *E* 向 *a*、*b*、*c*、*d* 点连线，在画面 *PP* 上交点，由 *PP* 上的交点作垂线，引 *AA′* =*h*。

4）自 *A* 点、*A′* 点分别向 V_x、V_y 连线求得 *BB′*、*DD′*。

5）自 *D* 点、*B* 点分别向 V_x、V_y 连线求出 *C* 点，即可求出立方体透视图。

两点透视的构成，较一点透视复杂，需大量的练习才能掌握。以下是两点透视的表现图（图 3-21、图 3-22），供大家临摹练习。

图 3-21　两点透视大厅

图 3-22 两点透视卧室

3.2.3 三点透视

三点透视是在画面中有三个消失点的透视。常用于室外鸟瞰图绘制，或高层建筑的表现。这种透视的形成就像是我们在高大的建筑物下向上看，越往上越小，或者我们从高处向下看建筑物，越往下越小，这是三点透视的视觉效果，会呈现长、宽、高三个不同空间的消失点（图 3-23）。

图 3-23 三点透视的建筑

3.2.4 轴测图

轴测图常用于建筑室内的整体展示。轴测图是轴测投影图的简称，它将平面投影图、正立面投影图、侧立面投影图三者通过一个图形表现出来，直接反映物体的三个面，是一种简单的立体图，如图 3-24 所示。其画面的效果虽然是立体的，但是不属于透视图，没有近大远小的透视规律，例如，空间中互相平行的直线在轴测图中仍为相互平行关系。

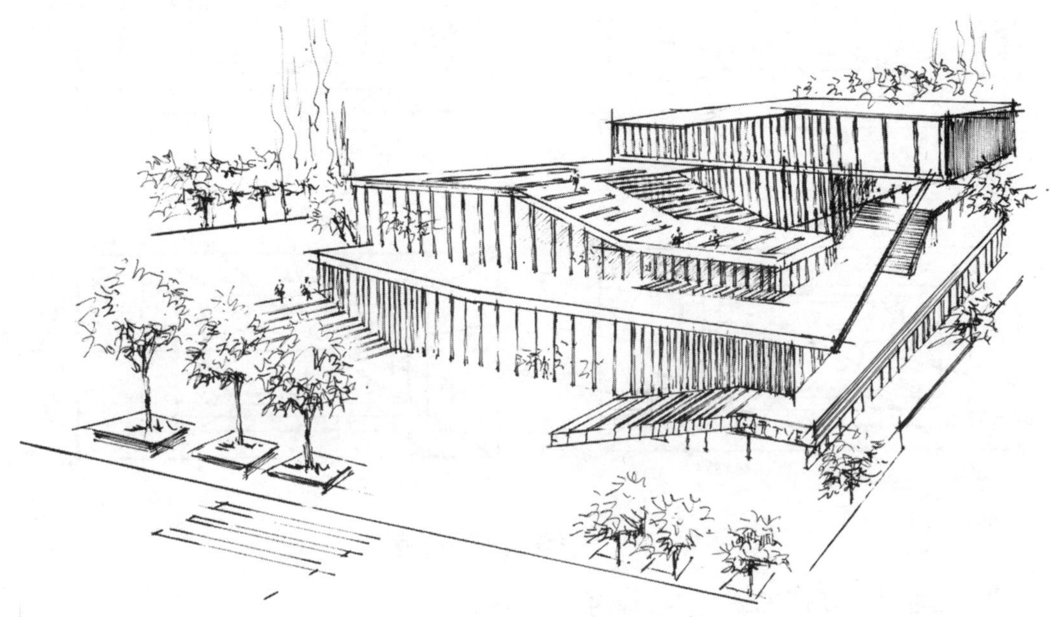

图 3-24　轴测图

3.2.5　透视绘制的步骤及快速成图

1. 一点透视绘制的步骤及快速成图

我们以一个房间的室内空间为例，已知该房间的平面图与立面图，要求通过一点透视的简易作图方法，画出一点透视图。

作法如下：

1）按比例尺寸，求出透视格。如图 3-25 所示，先按实际比例尺寸确定 *ABCD*，宽和高分别为 6m 和 3m。

2）确定视高 *H*，视点的高度一般设在 1.5m 左右。

3）灭点 *VP* 及 *M* 点（量点）根据画面的构图任意定，灭点 *VP* 和 *A*、*B*、*C*、*D* 四点相连，如图 3-25a 所示。

4）从 *M* 点引到 *AB* 的尺寸格的连线（*AB* 为真宽），以在 *Aa* 为进深，进深为 4m，沿 *Aa* 上的交点向右作水平线，如图 3-25b 所示。

5）利用 *VP* 连接墙壁天井的尺寸分割线，如图 3-25c 所示。

6）室内空间透视方格完成，如图 3-25d 所示。

一点透视是室内设计表现中的重要表现技巧，是室内设计师必须熟练掌握的技巧，只有充分练习方能灵活运用，并为二点透视的学习打下基础。

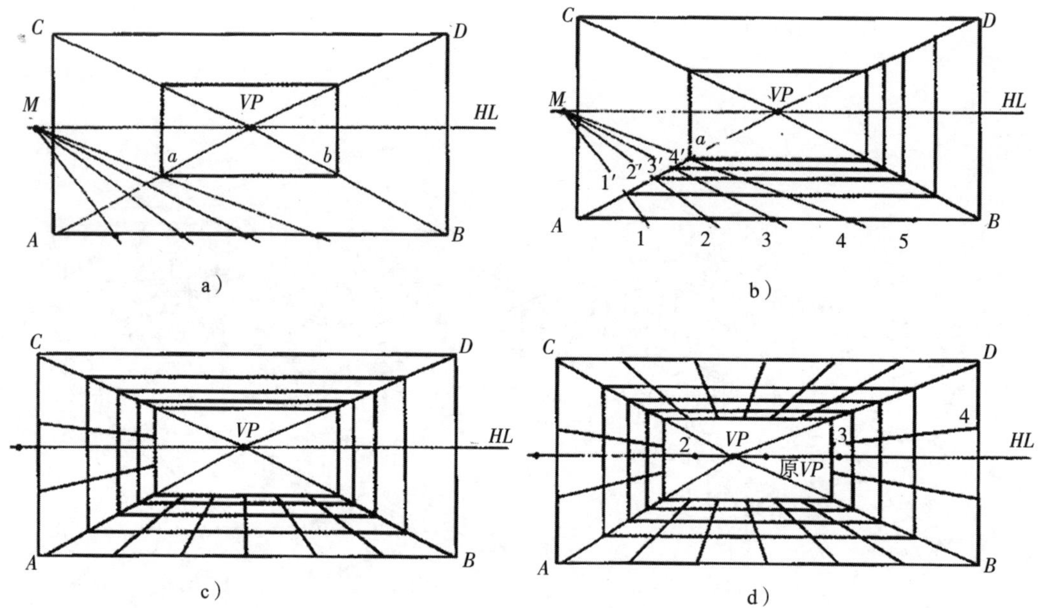

图 3-25　一点透视网格画法步骤

2. 二点透视绘制的步骤及快速成图

1）确定画面中的视平线高度（可自由定，一般在 1.5m 左右），在视平线中的某个位置上根据立面图的尺寸画出墙角的实际高线（可根据画面大小决定比例尺度）与视平线交叉，并标注真实的尺寸，在实际高线底部与视平线平行地画出房间的长宽和两边真实的比例尺度，并标上真实尺寸，如图 3-26a 所示。

2）根据左右宽度在视平线上确定测点 M_1、M_2，如图 3-26a 所示，然后将宽度加一倍或一倍以上定灭点 VP_1、VP_2（灭点不能太近，否则容易产生变形现象）。过高度线向灭点引线做透视图，如图 3-26b 所示。

3）由测点 M_1、M_2 分别引线过宽度线定出地角线，如图 3-26c 所示，再由地角线各点向灭点引线画出地面透视网格，如图 3-26d 所示。

4）将地角线各点向上至天角线作垂线。由灭点向墙角线各点做左右墙分割线，用同样的方法画出天花线，如图 3-26d 所示。

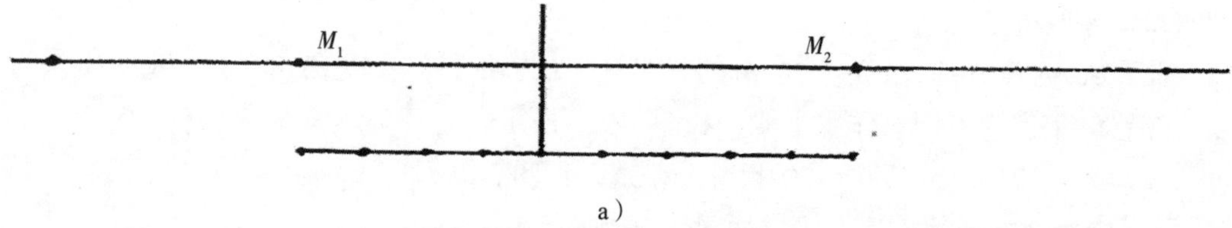

图 3-26　两点透视画法步骤

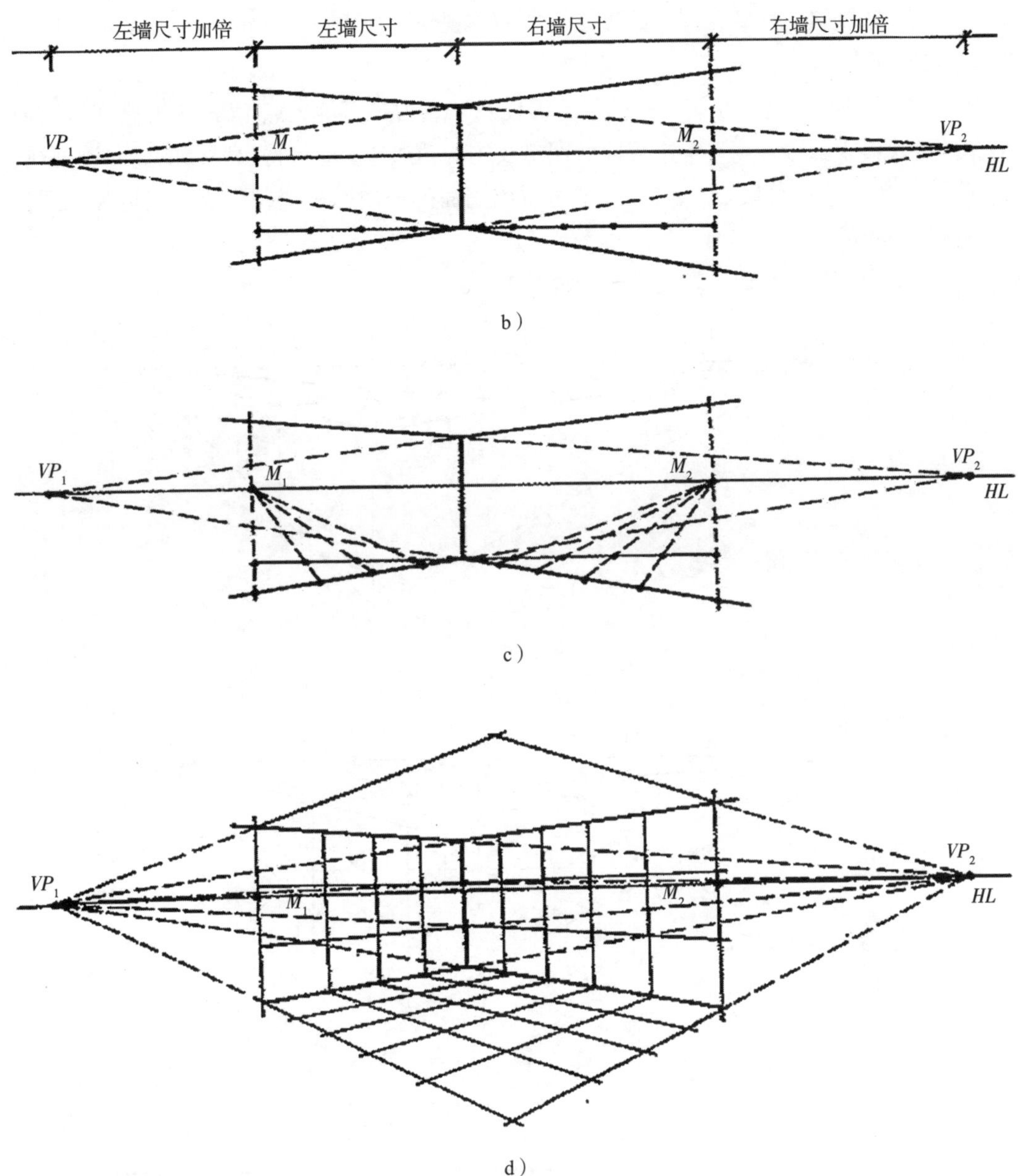

b）

c）

d）

图 3-26　两点透视画法步骤（续）

3. 三点透视绘制的步骤及快速成图

1）先画出两点透视空间。三点透视较两点透视多了一个消失点，因此，我们可以先画一个两点透视的空间，如图 3-27a 所示。

2）确定空间的高、宽、深。将室内空间内墙角线 *AB* 设为 3m（假设净高 3m），然后三等分，再沿 *B* 点作水平线，用来做尺寸参考线，以同比例划分出长度，每段长 1m，宽和深分别为 4m、6m，如图 3-27b 所示。

3）画地面透视格。过消失点 VP_1 连接分段点 1″、2″、3″、4″，过 VP_2 连接，

1′、2′、3′、4′、5′、6′即可绘制地面透视格，得出一个 4m × 6m × 3m 的空间，如图 3-27c 所示。

4）画第三消失点。在该空间的下方做任意一点为第三消失点 VP_3，VP_3 宜在最前面墙角的延长线上，然后用 VP_3 连接地面网格线的墙角边线，即可得出墙面的竖向透视线，再用 VP_1、VP_2 连接分段点 1、2、3，即可得出墙面的横向透视线，完成三点透视空间，如图 3-27d 所示。

5）用同样的方法画出室内柜子。如图 3-27e 所示。

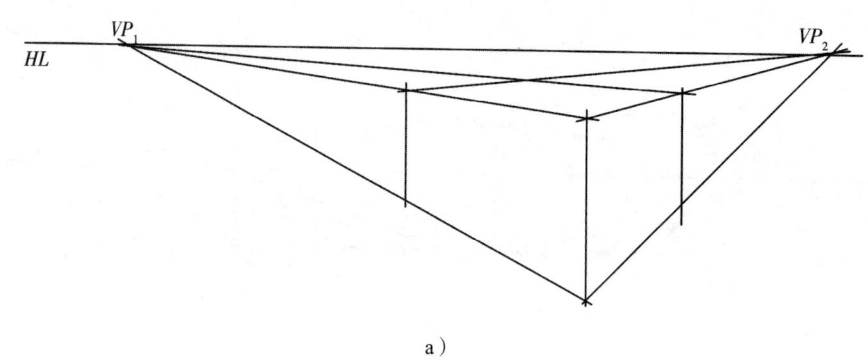

a）

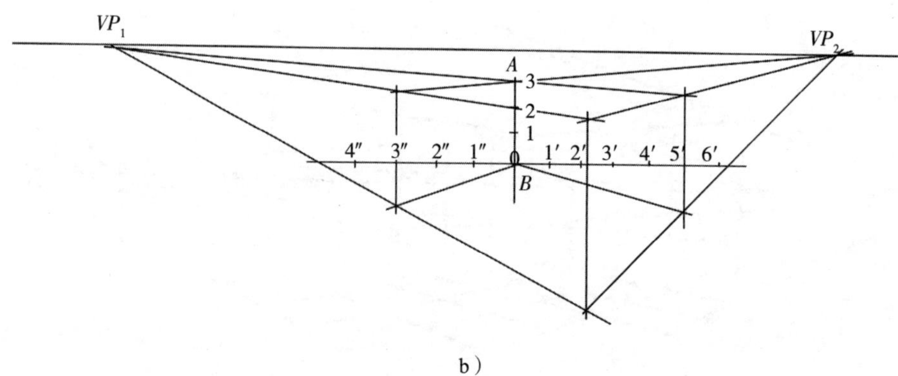

b）

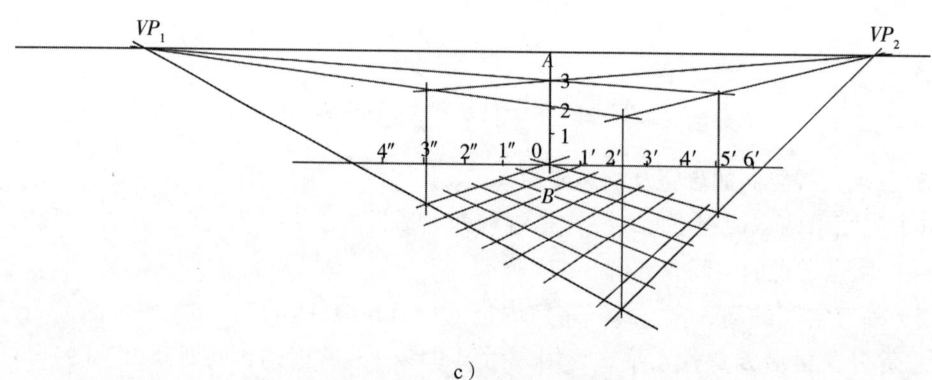

c）

图 3-27　三点透视绘制步骤

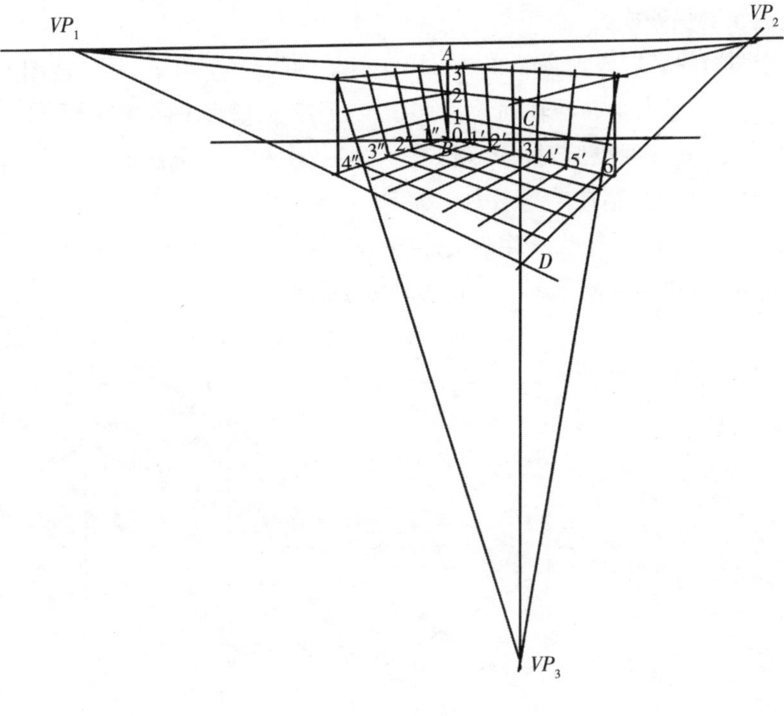

d）

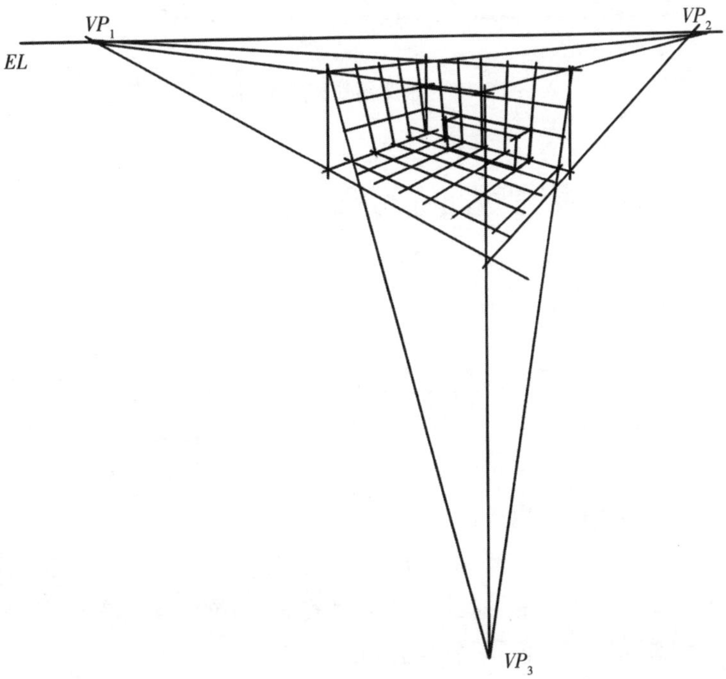

VP_1　VP_2

EL

VP_3

e）

图 3-27　三点透视绘制步骤（续）

4. 轴测图绘制快速成图

轴测图作图简便，形成视觉效果快，以正等轴测图绘制为例，快速成图步骤如下：

1）先确定三轴及夹角，使轴间角为 120° ，且 Z 轴垂直（图 3-28）。

2）沿轴量尺寸。按照绘制对象的宽、深、高，依次在轴测坐标轴上量取相应的长度，其中 AB 为真高，然后绘制在轴测图中。

3）画 Z 轴、X 轴的平行线，并依次连接。

4）用同样的方法绘制家具，完成正等轴测图。

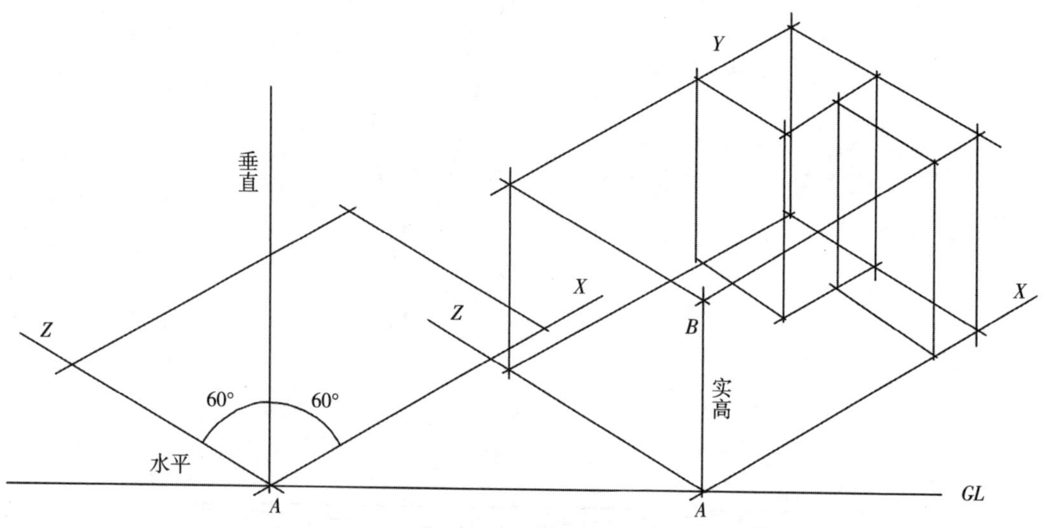

图 3-28　轴测图快速成图画法

3.3　建筑室内设计表现的训练方法

3.3.1　临摹

临摹要以优秀的表现作品作为自己的学习范本，学习范本中的构图、透视关系处理、线条的运用、色彩的搭配等，它是一种快速提高表现技法的捷径。千万不可低估临摹的训练，从古至今，有很多名家通过临摹获得成功，如张大千曾用大量临摹古人名作，其仿作甚至超越真迹，也由此迈出了他绘画的第一步。

临摹练习时，可以由简入难，循序渐进，这也有助于大家树立信心。建议先从线稿临摹开始，选择线条清晰明朗、主体突出、透视关系简单的一点透视作品作为临摹对象，然后再逐渐过渡到画面丰富、色彩明快的作品。

作临摹练习时，可先从“摹”入手，即应用硫酸纸或拷贝纸覆盖在临摹对象上，用钢笔画出线稿，然后再复印到打印纸上，要求线条流畅、细致、准确、完整，忠于原创，不添加或减少任一物体，然后再按临摹对象着色。“临”是指在观摩优秀作品后，自己在理解的基础上绘制出临摹对象。

临摹训练过程中，应把握以下学习重点：先理解空间结构关系，尤其是空间结构与局部细节之间的穿插，在理解的基础上动笔；然后观察临摹对象的疏密关系处理，学习如何突出画面的视觉中心，形成强烈的画面对比效果；此外，光影在营造空间真实感和生动效果时都有至关重要的作用，应学习空间中的光影处理手法。

3.3.2　默写

默写训练是指对默写对象充分理解后，然后脱离默写对象再把它绘制出来。默写能够检验临摹学习的效果，并且对下一步的独立创作具有至关重要的作用。可以尝试默写一些优秀的作品。需要注意的是，默写应在理解的基础上记忆，记忆图片的核心和精髓——空间关系、光影处理手法、疏密节奏，且要多次练习才能达到理想的效果。

3.3.3　写生

写生是直接以活的东西或景物为对象进行绘图的方式。古往今来，东西方设计师都非常重视写生，例如，现代建筑主义大师柯布西耶的著作《柯布西耶旅程》，用写生的方式记录了四年旅程中的所见所闻，包括建筑、室内、场景等内容。写生不仅能够收集素材、记录生活、学习设计构造，还可以提高设计师的整体素质，包括观察能力、审美能力、画面概括与取舍、表现技法等，此外，经常写生还可以使设计师思维活跃、想象力丰富。写生常用的工具为钢笔、水彩、马克笔等，它们携带方便，且表现力强（图 3-29、图 3-30）。

图 3-29　对写生对象要有所取舍

图 3-30　写生不同于照相机，它概括提炼过程中饱含了作者最强烈的感受，捕捉的是最本质、最传神的画面，也是最能打动人的那部分

写生练习中，初学者会被眼前复杂的景象难住，束手无策，不知从哪下手。应先整体观察写生对象，抓住画面重点和整体框架，不被与主题无关的细节和局部所干扰，也就是说要学会适当的取舍，把场景中的主体物突出，然后画面中的远景、中景、近景的层次都为主体物服务，就像写作文一样，所有的论据都为了支撑论点。认真观察后，做到胸有成竹，才能从容绘制，一气呵成（图 3-31）。

图 3-31　商店写生

第 4 章　建筑室内设计的钢笔表现

4.1　钢笔表现的特点

在建筑室内设计领域，钢笔表现十分普遍，因为它便于晒图复印，又特别适合收集记录素材，具有速度快、效率高、线条清晰明快的特点，其次，钢笔表现还是一种艺术性极强的黑白画（图4-1）。但是钢笔表现也有其缺点，例如钢笔线条不易修改，只能微调，因此，要求绘图者先整体把握作品内涵，做到眼、手、脑三合一，才能果断下笔、一气呵成。

图4-1　鄂西土家族吊脚楼（钢笔，辛艺峰）

4.2　钢笔表现的工具

1. 钢笔表现用笔

钢笔、针管笔、签字笔（中性笔）都是常用的钢笔表现工具。

（1）钢笔　钢笔画表现图时运笔自如，挺拔、轻快流畅，线条也均匀富有弹性。随着钢笔点、线的浓淡、疏密变化能够营造出室内空间的层次和氛围。为适应绘图需要，应准备粗细两只钢笔，以丰富钢笔的线条变化。目前市面上钢笔有灌墨水钢笔和一次性墨水钢笔两种。

（2）针管笔　针管笔的线条流畅、均匀，有灌墨水针管笔和一次性针管笔可以选择，建议初学者可以根据绘图需要准备中粗、细两种规格的一次性针管笔（图4-2）。

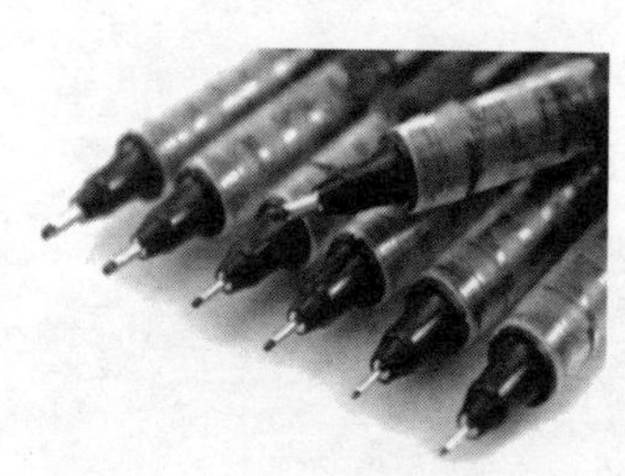

图4-2　一次性针管笔

（3）签字笔（中性笔）　签字笔携带方便，价格便宜、线条均匀，室内设计表现常见规格有 0.38mm、0.5mm 两种，目前大多数人用签字笔代替钢笔，用来绘制室内设计草图或钢笔线稿。

2. 钢笔表现墨水

钢笔和针管笔一般使用碳素墨水，其特点是书写流利、颜色乌黑亮泽、醒目。有沉淀或杂质的墨水容易堵塞钢笔和针管笔，是不宜用于绘图的。

3. 钢笔表现纸张

钢笔表现用纸要求表面细密、坚韧、不宜有粗糙纹理，以免纸面挂笔尖。太光滑的纸因吸水能力差也不宜选用，建议选择绘图纸、复印纸、速写纸等。

钢笔表现一般宜用白纸，能够强调黑白对比效果，使画面清新明朗。色纸也可用来作画，不同颜色的纸张可以创造不同的意境，呈现出优雅和谐的视觉效果。然而，色纸的明度不应太低，否则将会失去钢笔画明快、爽朗的特色。

4. 钢笔表现所用其他附件

钢笔表现中常用其他辅助工具包括铅笔、橡皮、刀片等，铅笔和橡皮用于钢笔表现前的草稿，刀片主要用来局部修改钢笔线条或在深色调子上刮出反光。

4.3　钢笔表现的线条组织

钢笔表现图中，其轮廓和深浅明暗几乎都依靠线条来表现，因此，线条的组织对于钢笔表现来说至关重要。也是基于上述道理，钢笔线条看似简单，实则千变万化，其变化包括线条的曲直、快慢、虚实、轻重等。例如，同样一个立方体，我们可以用斜线、竖线、横线甚至是点的形式来表现。掌握线条的组织方法对钢笔表现效果影响特别大，如图 4-3 所示。以下将按照钢笔表现循序渐进的学习过程，依次阐述每个阶段的线条训练重点。

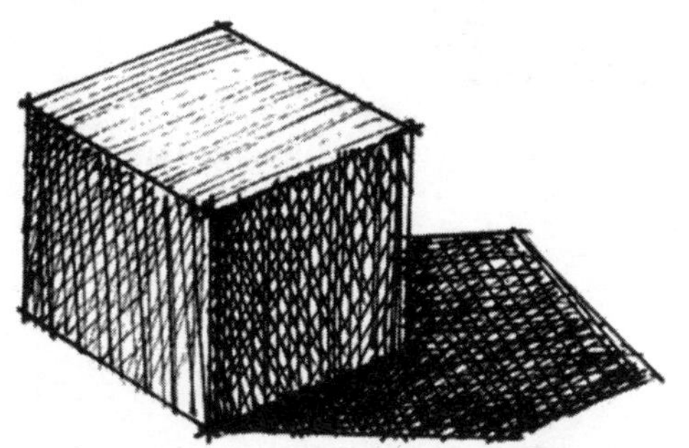
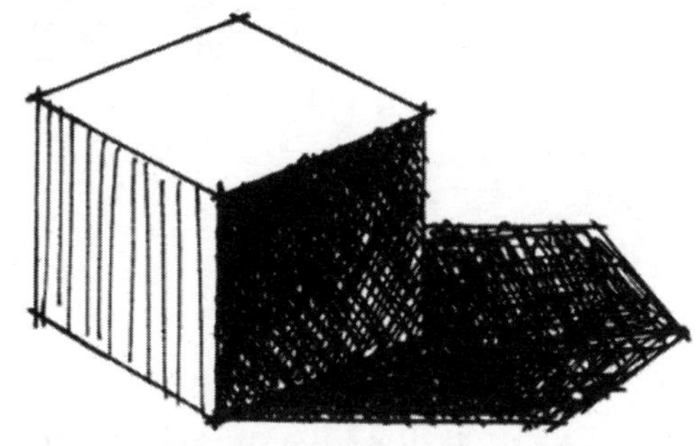

图 4-3　不同线条表现的立方体

4.3.1　线条的运笔

刚开始练习线条时，线条的运笔是重点，应注意运笔的轻重。运笔力度要均匀，运行速度应较为缓慢，用手臂带动手腕用力，在练习中认真揣摩曲、直、快、慢、虚、实等线条的特点，循序渐进，逐步提高。不同线条的运笔与画线窍门（图 4-4）如下：

1）直线是建筑室内表现中最为常用的，大多形体都是由直线概括而成的，因此，掌握好直线运笔方法很重要。直线又分为慢直线和快直线，慢直线行笔缓慢，有利于刻画细节；快直线运笔快速、有力，但不宜画准，需要大量练习才能掌握。

2）建筑室内表现要求“直线”应是视觉上的垂直或水平，甚至是曲中有直，画长直线时可分为多段，并在线段之间空开一小节距离，达到视觉上的“直”就可以了。

3）曲线的运笔技法难度高，在练习中，可先用铅笔起稿，注意曲线也应符合透视规律。

4）室内设计中的绿植，枝叶茂密，需要用抖线、曲线和乱线来概括，这种线运笔相对随意，可根据形体体积感的需要来表达线条。

5）线条应肯定果断，不能收笔时有“回线”。

6）忌来回重复线条。

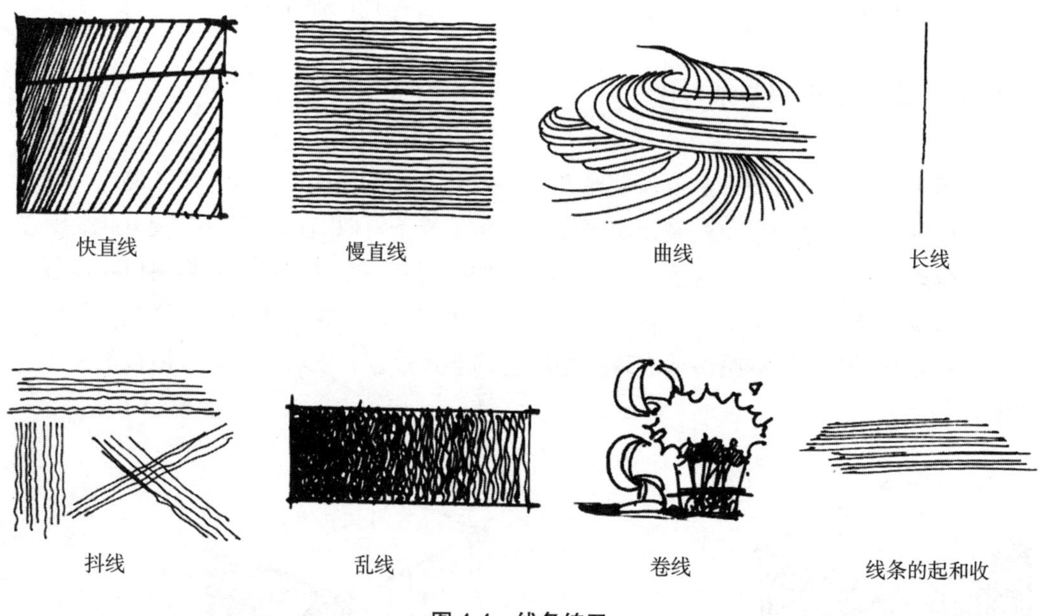

图 4-4　线条练习

4.3.2　线条的组合

基于对不同线条的练习，我们就可以接着线条组合练习了。利用线条的不同组合来表现不同的对象，更是钢笔画的特点。例如，室内表现中的沙发、柜子等家具，有的线条柔和、有的坚硬，质感也不同，如果只用一种线条来组织画面，必然不能充分表达它们各自的特点，应根据具体的绘制对象区别对待。线条的组合练习，对后期学习线条的明暗也是大有帮助的。以下是不同线条的组合效果（图 4-5）。

图 4-5　线条组合练习图

4.3.3　线条的光影与明暗

钢笔表现图利用线条与明暗结合，不仅靠线条表达轮廓，还靠线条的组织来表达光影和明暗，这是设计表现的一种常见表现方法。

图 4-6　钢笔表现信阳师范学院门楼的光源与明暗
（钢笔，2017 年 5 月，马振龙）

在钢笔表现图中，形体因光影而产生明暗。通常用黑、白、灰三个层次表现明暗即可，通过线条的疏密可组成不同深浅的色调，线条越密，色调越暗，反之，则色调越亮，如图 4-6 所示。需要注意的是，钢笔线条不同于铅笔素描，除了黑、白以外，灰色调的线条也应线条分明、清晰可见。另外，由于室内光影与明暗变化复杂，给钢笔明暗表现带来一定的困难，因此，一般主要用线条表现轮廓，再用马克笔或淡彩反映明暗和材质的质感及色彩。

4.4 钢笔表现的细部表达

4.4.1 材料与质感

在室内钢笔表现中，对于不同的材料和质感的表现，钢笔画都有相应的线条表达方法可供大家参考，下面以建筑室内局部的表现为例，看一看不同材料和质感的表达方法（图 4-7）。

光面地砖一般以垂直线条表现反光效果，或以 S 线组合垂直线条来表现地面物体的倒影及退晕效果。

窗帘、床单等织物宜用曲线来表现柔软的质感，暗面的线条可以较粗，受光面的线条较细、较疏，在明暗交界的地方应加一些装饰性的线条表现过渡面（图 4-7）。

干挂石材的墙面，一般有装饰性的石纹，宜用折线或曲线概括性表达，否则就会显得单调和呆板。

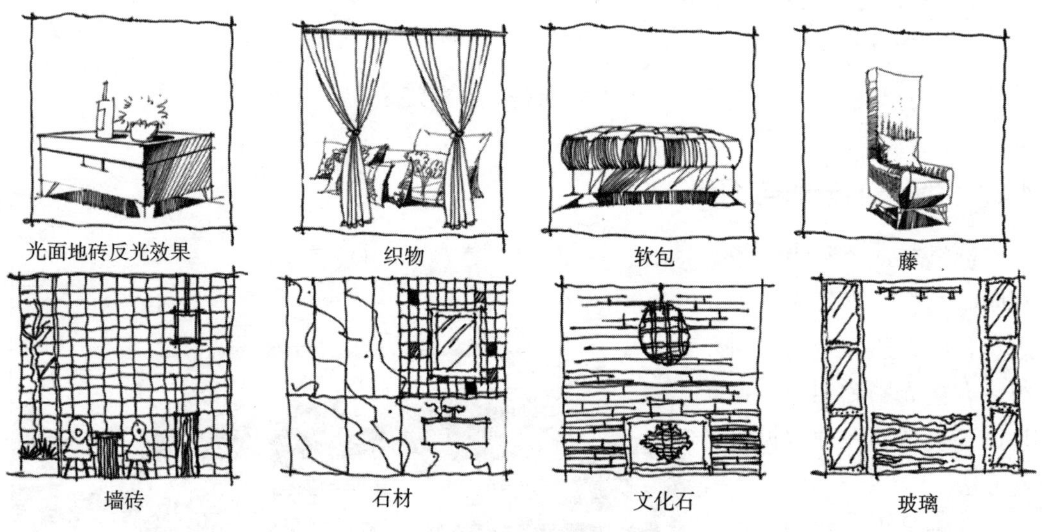

图 4-7 钢笔表现材料与质感

4.4.2 室内的家具和配景

沙发、床、椅子、柜子等是我们再熟悉不过的家具了，占据表现图的大比重面积。其绘制的效果直接影响室内空间表现的成败。

由于家具单体的结构、材质特征复杂，其表现方法也各不相同，具体如下：

1. 沙发和椅类的表现

沙发和椅类家具是室内表现图中的重要组成部分（图 4-8），其结构呈现明显的几何形，需要我们解析和概括。先将沙发、椅概括为一个大的几何块，再对几何块做加减法，以细化沙发扶手、靠背、椅腿等结构，尤其要注意椅子四条腿的透视，表现时可借助透视辅助线定好具体位置。这种办法对于表现复杂的家具单体是非常有效和必要的。

图 4-8　钢笔表现沙发和椅类家具

2. 桌子、柜子的表现

桌子、柜子的表现应注意透视、比例是否正确，重点是长宽高比例关系和形体透视（图 4-9）。

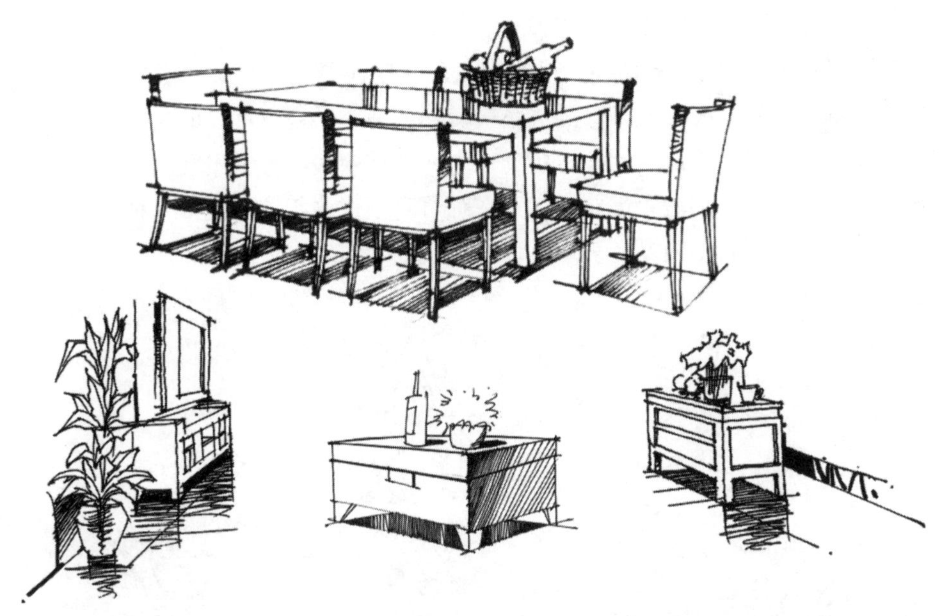

图 4-9　钢笔表现桌、柜类家具

3. 床的表现

在表现床体时，先找好透视角度，从整体外轮廓入手，然后再用几何体“加减法”

将局部的床屏、床体、床头柜等结构细化出来，最后用自由活泼的曲线、弧线表现床上布料的质感和柔软，布料的纹样不需画得过于详细，用线稿概括其主要特征即可（图4-10）。

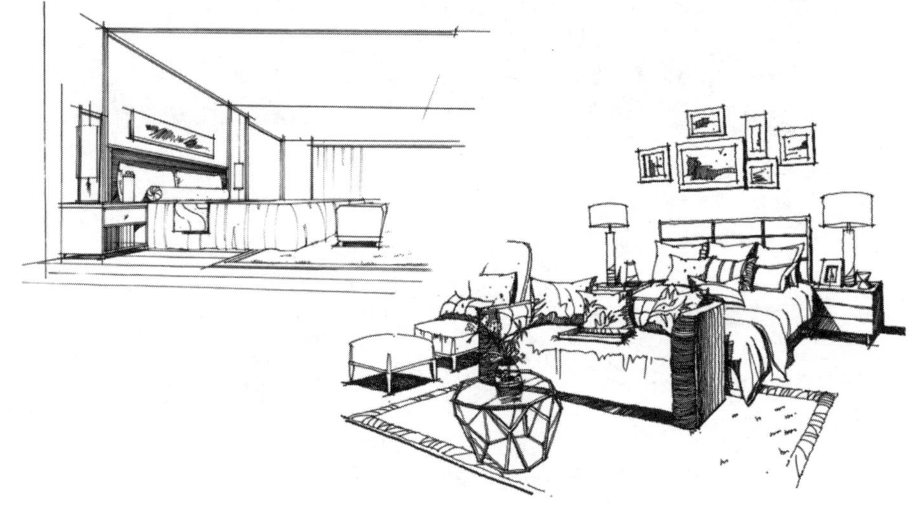

图 4-10　钢笔表现床类家具

4. 室内配景的表现

灯具与灯光、绿植、软装陈设等相关配景的表现能烘托室内氛围，让画面生机勃勃。建议初学者记忆几套常用的表现方式。

（1）植物　建筑室内的植物，用钢笔表现时应注意远近与虚实、主次的关系。近处的树应详细，树枝、树叶及其穿插关系应交代清楚，反之，远处的树应概括处理，以表现出虚实对比、空间层次。此外，植物在室内表现中多以配景出现，宜对植物进行抽象和概括以满足整体画面效果需要。大家在练习时，建议归纳、概括几种常用室内植物的钢笔表现方法，以备室内设计表现时程式化表现（图 4-11、图 4-12）。

图 4-11　盆栽绿植

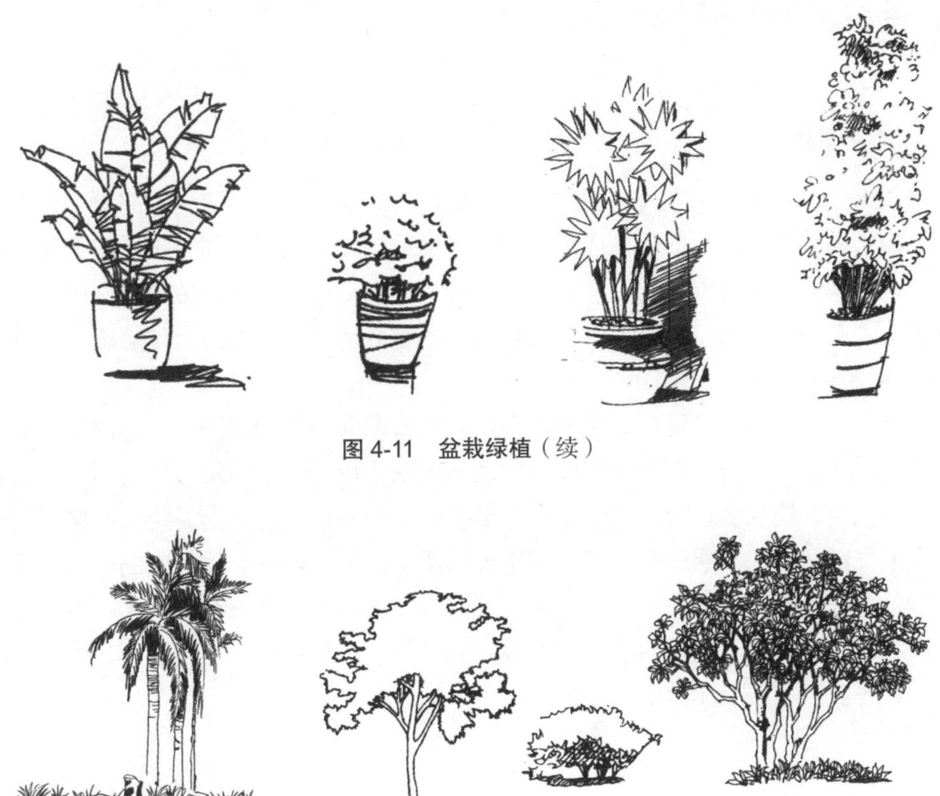

图 4-11　盆栽绿植（续）

图 4-12　灌木与乔木

（2）软装陈设　室内空间中的陈设软装常以插花、干枝、装饰画、花瓶等形式出现，起到烘托空间、衬托主体的作用。可通过收集一些时尚的素材进行写生和临摹来积累一定资料，这对表现效果能起到事半功倍的作用（图 4-13）。

图 4-13　软装陈设

4.5 钢笔表现的作图步骤

4.5.1 构图原则

构图是指艺术家为了表现作品的主题思想和美感效果，在一定的空间里，安排和处理人、物的关系和位置，把个别或局部的形象组成整体的艺术。构图是一门重要的理论体系，在表现图中具有重要意义，直接决定观者的视觉效果。中国传统绘画中称构图为“章法”“布局”，构图的原则就是“章法”，也就是对称与均衡、和谐统一与对比。

1. 对称与均衡

对称与均衡都强调稳定。对称的构图形式是指画面中的物体上下对称或左右对称，这种构图形式往往会使画面显得庄严、生硬。均衡是指画面中所绘形体的面积、数量发生了对比，但在视觉上达到了“量”同而形不同，是一种动态均衡。均衡的构图能给人以稳定不失灵活的艺术感染力，室内钢笔表现图受空间和表现对象的限制，使用均衡构图较多。此外，室内钢笔表现的构图要点是强调视觉中心、强化设计意图，可根据不同的视高、视距、视角产生不同的构图感觉，视高、视距与视角的准确选择是画好室内钢笔画的重要前提（图 4-14、图 4-15）。

图 4-14 对称式构图（钢笔，2017 年 12 月，姚莎莎）

图 4-15　均衡式构图（钢笔，2017 年 9 月马振龙）

2. 和谐统一与对比

和谐统一是弱化各个元素间的差别，强调各要素间的相似之处，使主要元素与次要元素相互协调统一，从而使画面和谐完美。巧妙的对比则刚好相反，可以增强画面的视觉冲击力，更能突出画面主题。钢笔表现构图的对比形式美法则包括：横起竖破、竖起横破、疏与密、黑与白等（图 4-16）。

图 4-16　对比式（横起竖破）构图（钢笔，2017 年 10 月，马振龙）

上述原则是构图的基本规律，但绘制过程中不能墨守陈规，要有创新意识，打破约束，创作出新的艺术构图形式。

4.5.2 绘图要领

1）一幅图的表现范围有限，不能完全展示全部空间，需要我们整体考虑，重点突出视觉中心，并深入刻画视觉中心（图 4-17）。

2）构图应结合表现对象的内容和氛围，并根据构图原则来决定。

3）线条的组织应从画面和空间的需要出发，对线的疏密进行组织、取舍。例如，现代风格空间的线条宜用快直线以强化简洁、现代、流畅的视觉效果；欧式风格空间的线条适合用多变的曲线、折线、慢线，以增强画面的富丽、豪华感。

4）采用线条与明暗结合表现室内时，应简洁概括，注意远近、虚实，以增强空间层次感。

图 4-17 一般来说视觉中心位于画面正中，或中心偏左或中心偏右，可将重点表现内容放在该区域。上图以画面中心左侧的沙发背景墙为表现重点

4.5.3 作图步骤

1. 客厅表现的步骤

步骤 1：确定好构图和视点后，就可以进行绘制。考虑构图，铅笔起草透视框，对于初学者可借助尺规辅助，如图 4-18a 所示。

步骤 2：接着定位家具、地面、天花等，并将家具概括为几何体，如图 4-18b 所示。

步骤 3：进一步勾勒出室内家具，注意视觉中心，如图 4-18c 所示。

步骤 4：进一步完善家具，注意用线应整体统一，宜徒手绘制以使线条生动灵活，如图 4-18d 所示。

步骤 5：调整整体画面，突出视觉中心，概括画面光影与明暗关系，处理疏密、远近、主次关系，使画面整体统一，如图 4-18e 所示。

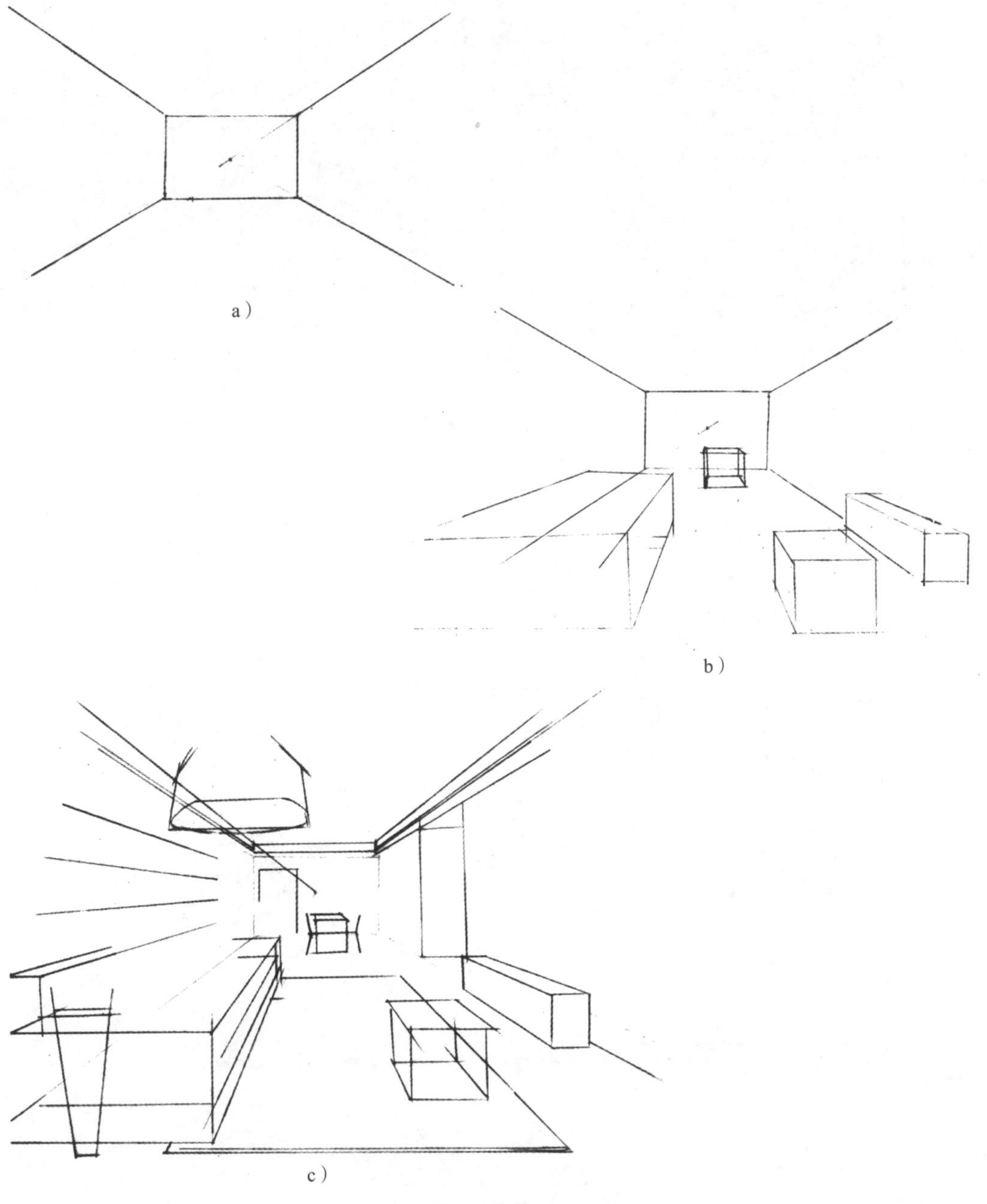

a）

b）

c）

图 4-18　钢笔表现客厅的步骤

d）

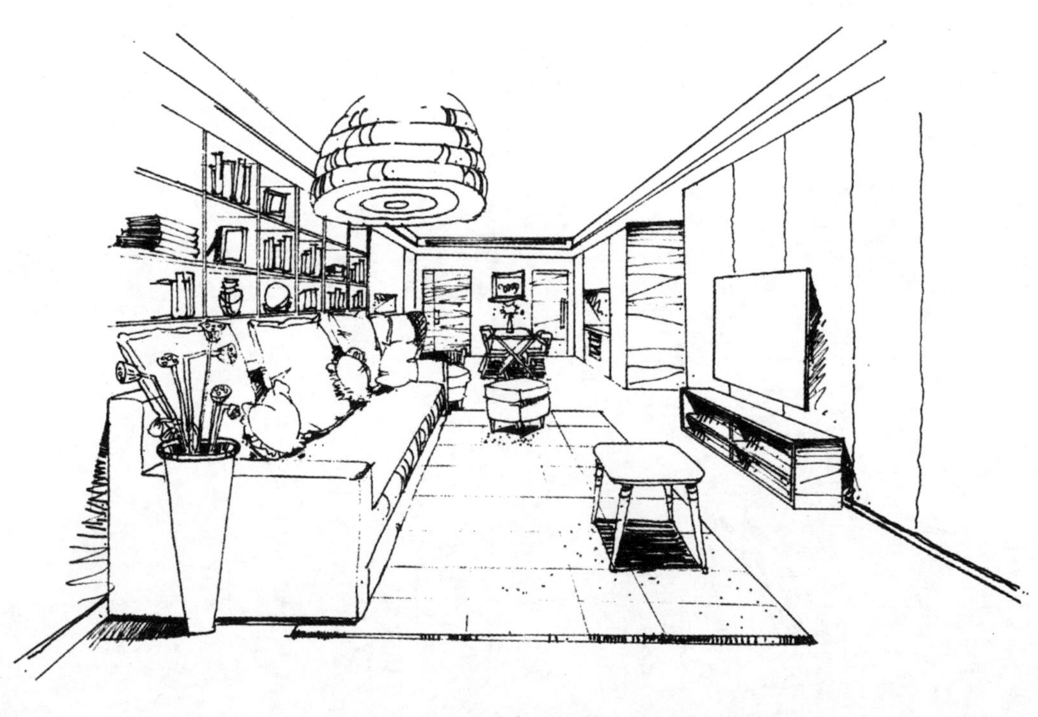

e）

图 4-18　钢笔表现客厅的步骤（续）

2. 会堂表现的步骤

步骤 1：构图，定位桌、椅等家具（图 4-19a）。

步骤 2：完善天花结构（图 4-19b）。

步骤 3：绘制家具（图 4-19c）。

步骤 4：丰富地毯、灯具等细节，并概括光影与明暗关系（图 4-19d）。

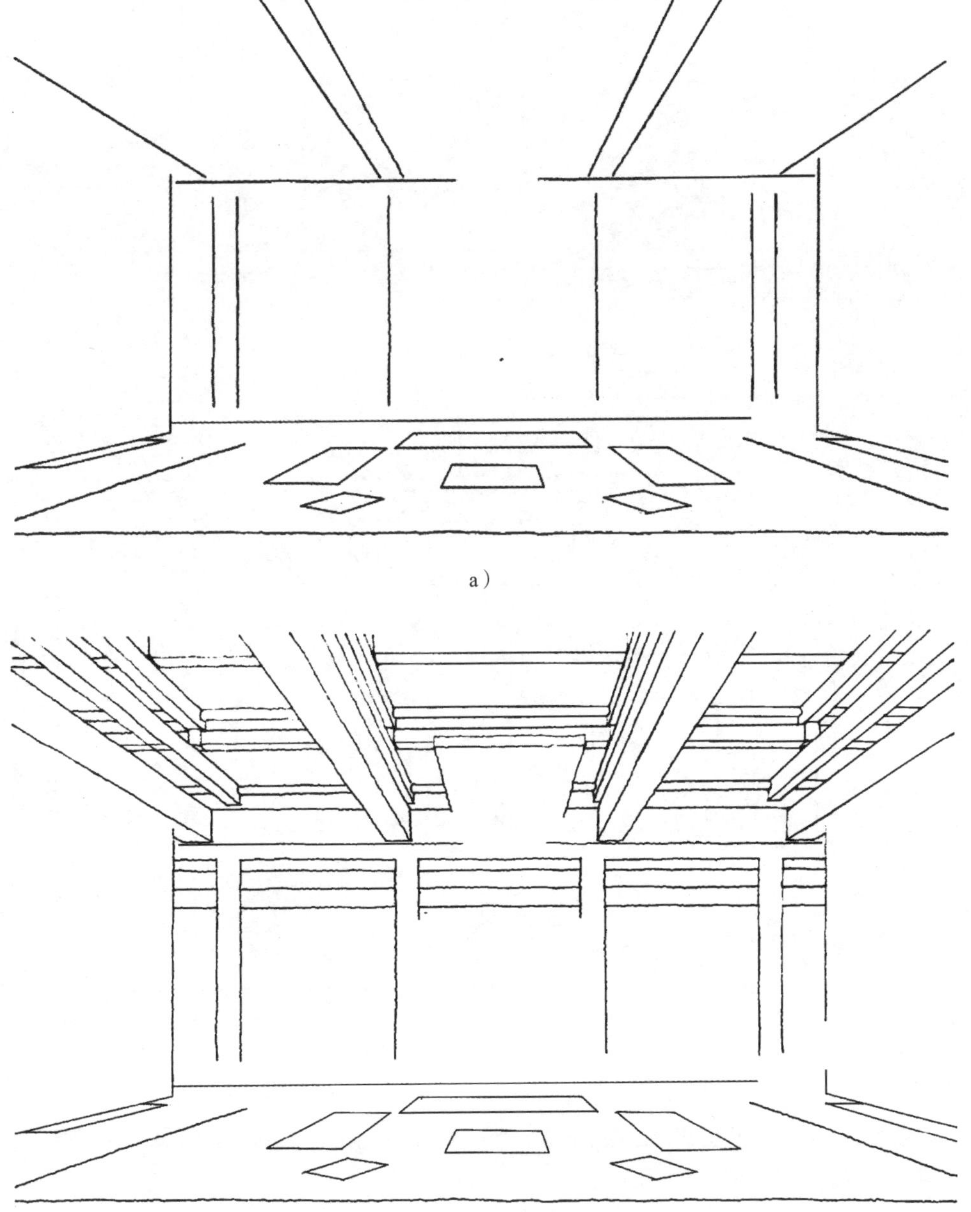

a）

b）

图 4-19　钢笔表现会堂的步骤（钢笔，2017 年 10 月，马振龙）

c）

d）

图 4-19　钢笔表现会堂的步骤（钢笔，2017 年 10 月，马振龙）（续）

第 5 章　建筑室内设计的水彩渲染

水彩渲染表现是建筑室内表现中常用的技法之一。水彩渲染是指用水调和水彩颜料，在画纸上一层一层地染色，通过色彩的浓、淡、深、浅来表现形体、光影和质感的方法。由于水彩渲染需要层层深入，作图费时间，因此，水彩渲染使用频率较低，但近年来，人们对水彩表现方法展开了新的尝试，由文弱写实转向大胆豪放，更倾向于表现和烘托氛围，这不仅缩短了时间，更使水彩呈现出清新、自然、富有张力的画面效果。

5.1 水彩渲染的特点

1. 色彩透明淡雅

水彩渲染的表现力强，真实生动，其色泽细腻淡雅、流畅明快、清新通透，较适合表现亮色调或中性色调的建筑室内空间。

2. 以水为媒

水彩渲染离不开水，用水调和作画，调和出透明水色，因此，掌握水分是水彩渲染的成败关键。

3. 笔触灵活

水彩的明度范围变化小，深色或暗色不易画得饱和，颜色容易灰暗、沉闷，因此笔触应该轻隐，反之，亮部笔触则应明显。

4. 不易改

水彩不同于水粉，前者色彩透明，着色后不易修改，后者具有覆盖性，易于修改。

5. 作图费时间

由于水彩渲染需层层叠加，且需要足够的耐心等待水彩干，因此作图花费时间较多。

5.2 水彩渲染的工具

1. 水彩渲染用色

水彩渲染用色通常有盒装 12 色、18 色以及散装颜料，对于建筑室内水彩渲染来说一盒 18 色水彩颜料就够用了（图 5-1）。

2. 水彩渲染用笔

水彩用笔分为平头和圆头两种，可选择大、中、小三种规格的画笔备用。渲染大面积的墙面或地面时宜用大号水彩笔，以确保画面均匀；局部图可用中号水彩笔；细部刻画建议用衣纹笔，这种笔笔尖极细又富弹性，非常好用。

3. 水彩渲染用纸

水彩渲染用纸比较讲究，一般分为中粗、粗糙两种，建筑室内水彩渲染通常选择中粗的画纸，要求既具有一定的吸水性又不能太光滑。

4. 水彩渲染用水

水彩渲染过程中应准备两杯水，小杯水供调色用，大杯水供洗笔用。

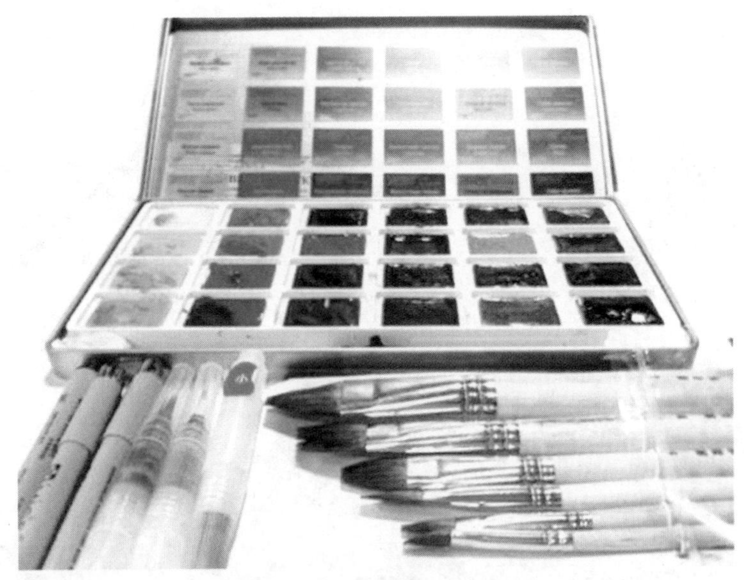

图 5-1　水彩工具

5. 水彩渲染所用其他附件

（1）调色盘　水彩渲染所用调色盘可以选择塑料盘，既方便又实惠。

（2）海绵　水彩渲染过程中，如某一处画得不理想，可以用水清洗掉，因此，还应准备海绵供洗图用。此外，海绵具有吸水性，在水彩渲染中，还可用海绵吸取多余水分。

（3）喷壶　喷壶的主要作用有两方面：

1）湿润颜料。水彩渲染过程中，应确保颜料湿润，一些干的快的颜料，可用喷壶喷洒进行湿润。

2）消除笔触。两色相结时，应在湿润的状态下衔接，因为，湿润的笔触衔接更自然。

5.3　水彩渲染的步骤

5.3.1　水彩渲染的方法

1. 湿画法

湿画法是水彩表现技法的常用方法。它是一种将画纸用大号水彩笔刷湿，趁湿画颜色的方法（图 5-2）。其优点是色彩相互自然渗化，形成水色交融、色彩润泽、和谐整体的画面效果。缺点是水分、颜色和时间不易把握。水分和颜色应适中、均匀，否则容易出现不必要的水渍；时间把握要恰如其分，过早会出现过度渗化导致颜色边界模糊，过晚则会太干导致颜色衔接生硬不自然。湿画法适合于大面积渲染，如建筑室内的外墙、天花、地面、墙面（图 5-3）。

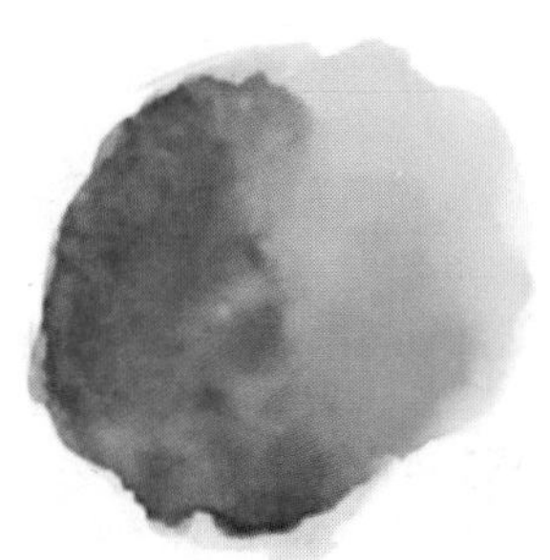
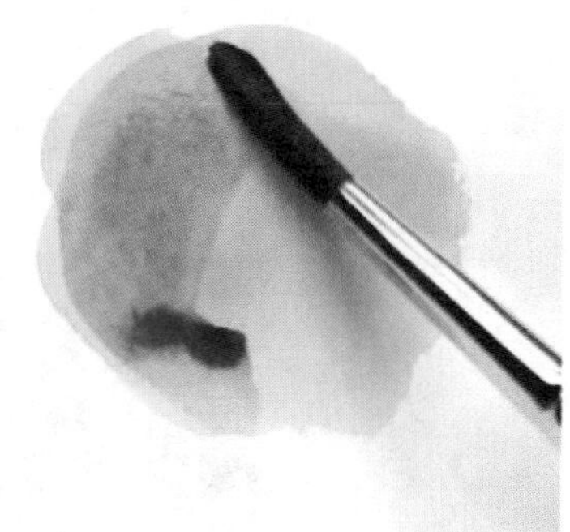

图 5-2　湿画法

图 5-3　用湿画法表现客厅室内效果图（水彩，2017 年 10 月，丁家文）

2. 干画法

水彩干画法又叫叠加法，并非不用水，只是水分较少，颜色较厚，是水彩表现中最常用的方法（图 5-4）。它是一种多层画法，利用水彩色透明的特性，由浅到深层层叠加。干画法的特点表现为层次分明、笔触清晰，一种颜色干后，再叠加另一种颜色，层层加深，有利于表达清晰的形体结构和丰富的空间层次，其形体塑造较湿画法更加严谨和准确，适合表现室内空间中的局部和细节，此外，干画法还有利于室内空间明度层次的丰富变化（图 5-5）。

干画法着色时，首先应注意水彩具有透明的特点，注意底色与叠加色重叠后的色彩效果，如对比色相叠易变脏，此外，叠色层数不宜过多，否则会造成画面沉闷、灰脏，失去水彩的透明感；其次，色彩与色彩衔接时，应待邻近色干后再结色，以使形体轮廓清晰、明快。

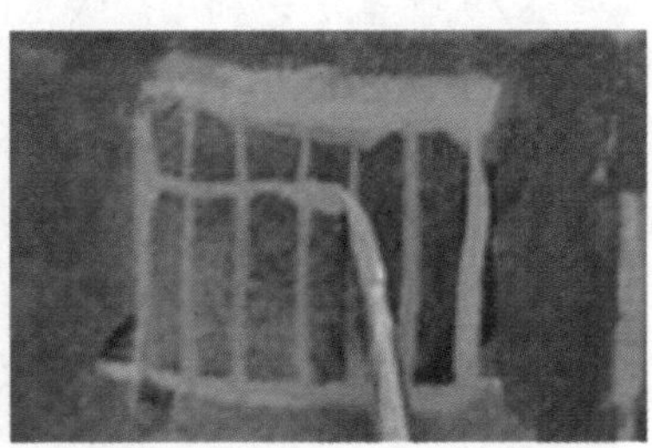

图 5-4　干画法

图 5-5　用干画法表现餐厅效果图（水彩，2017 年 8 月，谷梦恩）

3. 特殊画法

水彩除了上述干湿画法外，还有特殊画法，如刀刮法、蜡笔法、喷水法、撒盐法等，通过这些特殊工具的使用，画面会呈现特殊的效果，其中刀刮法和撒盐法在室内设计表现中常用。

（1）刀刮法　利用刮刀在干透或未干的画面上刮出不同深浅程度的线条，露出白底，能达到提亮的效果，使画面富有肌理感和细节感。例如，在水彩未干的时候，用刮刀将水彩刮除，刻画出麦秆或树枝（图 5-6）。

（2）撒盐法　利用盐吸水的原理，用细食盐撒在快干但未干的画面上，细食盐将水分和颜料吸干，这样在盐晶体的周围就会形成颜色比较浅的区域，从而产生斑驳的肌理效果。例如，绘制室内光影效果强烈的墙面时，可用撒盐法渲染墙面营造光影参差不一的效果（图 5-6、图 5-7）。

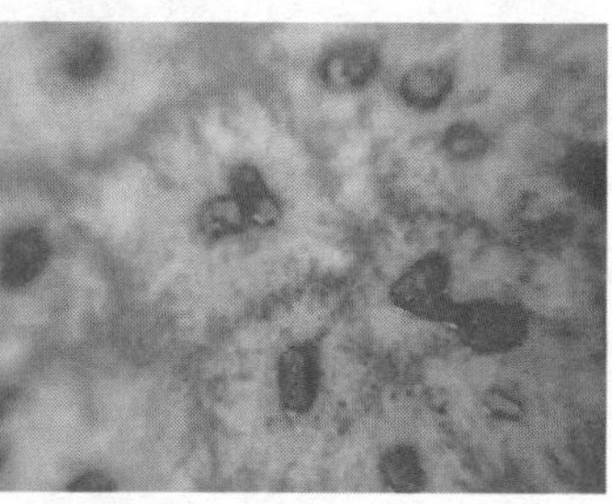

图 5-6　刀刮法和撒盐法

图 5-7　用撒盐法表现的西岸龙美术馆（水彩，2017 年 10 月，丁家文）

5.3.2　水彩渲染的要领

1. 先浅后深

水彩颜色具有透明的特性，因此，渲染次数不宜过多，且应先浅后深，浅了可以加深，但深了就不易再改浅，建议先画明度高的背景及墙体，后画明度低的家具与陈设。

2. 趁湿画退晕

光影及明暗变化较柔和的部位可用退晕的方法进行表现，退晕又分为单色退晕和复色退晕。单色退晕较简单，可以是由浅到深，也可以由深到浅，即将图板倾斜放置，着色后趁湿用稍深的颜色在下方或上方平涂，这种画法会有均匀的由浅到深的退晕，由深到浅的退晕则在着色后逐渐加入清水使之变浅。

3. 分层加重暗色

浓重的颜色不易画匀，为确保均匀着色，可进行平涂，且应分几遍来画，每一遍着色都应淡薄，经过多遍着色后，即可使色调均匀加深变浓。

4. 干画法刻画细节

整体完成后，可利用水彩干画法对近景和视觉中心部位进行细致刻画，因为干画法更适合刻画局部和细节。

5.3.3　水彩渲染的步骤

通过上述水彩渲染要领，我们对于水彩渲染也有了初步的认识，接着就可以动手绘制室内水彩渲染表现了，其步骤如下：

步骤 1：裱纸。因水彩渲染需用水调色，所以将纸裱在图板上以免纸面干后膨胀鼓包。如使用较厚的专业水彩纸也可不裱纸直接画。

步骤 2：透视线稿。用较软的铅笔（4B）起草稿，再用较硬的铅笔（HB）绘制线稿，也可以用钢笔描绘线稿（图 5-8a）。由于水彩对纸面要求苛刻，应尽量避免橡皮涂擦，否则纸面易起毛，着色时容易出现斑痕。

步骤 3：找大面、铺浅色。从墙、地、天花等大块面入手，先铺浅色，浅色不易画深，否则不易修改。然后大胆铺色、一气呵成。最后，将色彩界限清晰保留，浅色部分留白即可，如图 5-8b 所示。

步骤 4：找小面、铺中间色和深色。这一步骤应区分出空间层次，表现光影感，分块进行渲染。渲染时可用退晕法，按照上浅下深、前浅后深（也有可能前深后浅）、前暖后冷的原则进行渲染，以强调形体的光感，其高光处留白即可，如图 5-8c 所示。

步骤 5：画阴影。画阴影是最能反映空间真实感和立体感的一步。阴影的渲染也要有退晕变化——上下退晕、左右退晕，如图 5-8d 所示，否则就会呆板、失真。

步骤 6：强调质感。例如玻璃质感，可在玻璃面上绘制倒影，并用刮刀刮出反光，以表现玻璃的生动效果。

步骤 7：画面调整。这一步应刻画并突出视觉中心，处理好画面整体层次、主次关系、前后虚实关系。

a）

b）

图 5-8 水彩渲染的步骤（水彩，2010，孙宝珍）

c）

d）

图 5-8　水彩渲染的步骤（水彩，2010，孙宝珍）（续）

第 6 章　建筑室内设计的水粉表现

6.1　水粉表现的特点

水粉表现是水彩的不透明画法，也是建筑室内表现常用的表现形式。由于水粉表现的颜料色彩鲜明、可厚可薄、便于修改，其特点表现为色彩艳丽、饱和、厚重、结实、覆盖力强，能够精确地表现出空间形态和质感，因此，水粉技法更适合表达空间大、结构复杂的效果图。

6.2　水粉表现的工具

1. 水粉表现用色

水粉离不开“粉”的介入，相比较水彩而言，水粉是一种不透明的颜料，加水只会改变它的覆盖力，而不能改变深浅，需要用白颜料调整深浅和纯度（暗部不宜加入白色，反光除外）。因此，白颜料的使用量较大。其他常用的水粉颜色有大红、玫瑰红、朱红、青莲、群青、普兰、深绿、浅绿、柠檬黄、土黄、橘黄、赭石、黑等（图 6-1）。

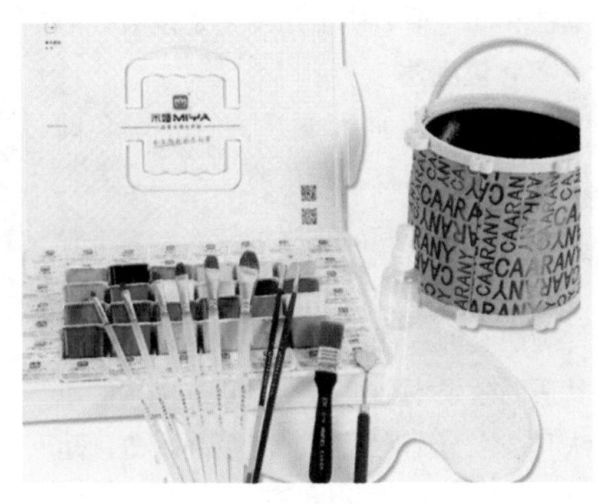

图 6-1　水粉表现的工具

2. 水粉表现用笔

用水粉表现时最好用水粉笔，其笔头偏硬一些，有利于水粉的厚涂。常见的水粉笔有羊毫、狼毫等，狼毫的弹力较好，更适合水粉颜料的浓度。建议准备大、中、小三个规格的水粉笔各一支，此外，还应准备一支衣纹笔或勾线笔用来刻画细部。

3. 水粉表现用纸

水粉表现用纸不受限制，可使用绘图纸、素描纸、打印纸、有色纸等。

4. 水粉表现用水

水粉颜料盒的颜色较多，换色时需洗笔，否则容易污染其他颜色，因此，需要准备一小桶水用来洗笔、换色。

5. 水粉表现用的界尺

界尺也叫凹尺，是一种带有凹槽的尺子，它是建筑室内水粉效果图表现的重要工具，可用于辅助绘线、完善画面效果。熟练掌握界尺的用法是画好效果图的关键，要求以拿筷子的方式，同时握住水粉笔与一支笔杆，这支笔杆要嵌入凹槽以辅助水粉笔绘制直线，如图 6-2 所示。

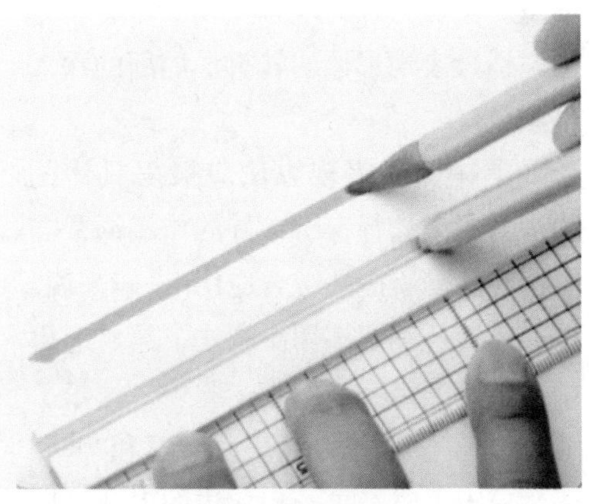

图 6-2　界尺的使用方法

6. 水粉表现所用其他附件

除上述水粉表现工具以外，还应准备调色盘、洗笔用的水桶、擦笔用的抹布。

6.3 水粉表现的步骤

6.3.1 水粉表现的方法

水粉表现可以分为两种画法：湿画法和干画法。从字面上看，水粉的画法与水彩的画法相同，但事实上用水量是区分二者的重点。

1. 湿画法

湿画法又叫薄画法，就是调色时用水把颜色稀释，颜色薄、透明是其最大的特点。湿画法宜用平涂、渲染等技法，呈现由明到暗的自然过渡效果。这种画法类似水彩的画法，但因颜料含粉其透明效果不如水彩，因此，采用湿画法时，水分不宜过多，应控制水分，运笔应果断、快速，以免产生过多的水渍。湿画法颜色薄、色调柔和、浑浊、遮盖力弱，因此，适合用于室内表现中的暗部或用于铺大色调（图 6-3）。

图 6-3　用湿画法铺大色调

2. 干画法

水粉的干画法相比较湿画法而言，用水较少，但也不能过少，否则，会使颜色调不开而导致画面上的颜料干裂，无法长期保存图样。干画法运笔应肯定有力、笔触清晰，不宜用平涂法。

干画法的表现特点为色彩饱和、厚重、覆盖力强，笔触生硬、富有表现力。适合表现形体的转折、局部的深入刻画。

上述两种表现方法应根据具体的表现对象来选择，一幅好的作品通常需要湿画法和干画法综合应用。一般来说，第一遍铺色调时多用湿画法，第二遍再结合干画法进一步深入。此外，远景、背景、暗部多用湿画法表现“虚”和“薄”，待颜色未干时，再画出周边的形体，以使色彩能自然过渡；然后，用干画法表现近景的“实”和“厚”，以达到拉开空间层次、强化虚实对比的效果（图 6-4）。

图 6-4　用干画法深入刻画

6.3.2　水粉表现的要领

1. 水粉表现的颜色衔接

水粉因其颜料特性，会出现颜色干湿变化差异大的现象，因此，水粉表现最好是一气呵成，趁着色彩未干时画好，也就是用湿画法来完成。这种方法既容易衔接色彩，又易于叠色，呈现颜色与颜色之间混合后的过渡色，使颜色衔接地自然、柔和。

此外，若水粉干后想用湿画法衔接色彩，可用喷壶喷洒清水打湿已干的颜色，待颜色润湿后，再用湿画法衔接色彩。

2. 水粉表现的用笔

黄庭坚说："凡学书，欲先学用笔。"国画和书法的基本技法包括用笔、用色和用水。水粉表现同样重视用笔，用笔是最基础也是最重要的部分，优秀的笔触能为整幅水粉表现打下良好的基础，同时也传达作者的情感。因此用笔应与形体结构相结合，如直立的柜体可用横向的笔触，以表现柜体的稳固、厚实；大片的墙面可用大笔快速铺，一气呵成，不要拖泥带水；桌椅等家具结构较复杂，可用小笔触；地面或玻璃的高光、反光处可用水粉笔快速扫，以呈现高光的亮度；室内陈设等细节宜用点、勾来表现。水粉训练过程中，最好从最基本的铺、摆入手，再逐渐过渡到扫、点、勾等。

3. 干湿画法结合

建筑室内水粉表现应以干画法为主，笔触明确、轮廓清楚，宜刻画近景和局部；湿画法为辅，宜画远景，以取得主次分明、虚实得当的理想画面效果。

6.3.3　水粉表现的步骤

步骤 1：起稿。构思，构图，用铅笔起线稿，并用钢笔线条描绘（图 6-5a）。

步骤 2：铺大块面。这一阶段的要求是定位色调，其色彩不仅要协调，而且要有感染力。先找画面中的大块面，如墙、天花、地面等，并确定冷暖、明度、纯度关系。天花和地面的透视感较强，在铺色时应充分注意到色彩的变化和退晕。为了便于退晕，可暂不考虑天花和地面上的灯具等细节，待处理完退晕后，再用铅笔勾出这些细节。

然后，画墙面上的窗帘、背景墙。绘制墙面、天花、地面时应借助界尺绘制结构线，用大号水粉笔表现着色，尽量一气呵成，减少笔触，以显得整体、果断（图 6-5b）。

步骤 3：铺家具、窗户的色调。待大块面干透后，先绘制家具、门、窗等大色调，再绘制装饰画、灯具等局部。用笔应肯定，颜色应干湿适中。水粉表现过程中靠线要比水彩难，稍不小心颜料就会出线，因此，着色时要格外细心，且必须借助界尺来绘制直线（图 6-5c）。

步骤 4：深入刻画家具、陈设等。要求用色彩和笔触充分塑造形体的结构和质感、空间和层次。使用小号或中号水粉笔，也可使用衣纹笔。可先画中间色（也可先画深色），水分要适中，然后画背光的暗部，画室内形体的暗部要考虑环境色的影响。接着画受光的亮部，亮部可适当留白，以呈现形体的质感和光感。最后画投影和高光。投影和高光的表现也要考虑透视，形体近处的投影颜色较深、实，反之则淡一些；近处的高光亮一些，远处的高光要弱一些。需要注意的是，高光的处理忌衔接生硬，建议用干笔“扫”出高光（图 6-5d）。

步骤 5：增加配景、调整色调。要求根据表现对象，增加相应的配景，如绿植、陈设、日用品等，以烘托室内空间氛围。此外，注意整体画面的色调与用笔，色彩关系和谐、远虚近实、用笔张弛有度，这也是优秀水粉表现图的衡量标准。

a）

b）

图 6-5　水粉表现步骤（水粉，2010 年，孙宝珍）

c）

d）

图 6-5　水粉表现步骤（水粉，2010 年，孙宝珍）（续）

第 7 章　建筑室内设计的马克笔表现

7.1　马克笔表现的特点

马克笔绘图快速、省力，表现力强，适用于城市规划、建筑设计、景观设计、室内设计、工业设计等设计专业，是设计表现的理想方式，也是近年最受设计师青睐的表现方式之一。

7.2　马克笔表现的工具

马克笔色彩丰富、品种多样，从灰色到纯色，有 200 多色可选，一般准备 30 色左右完全够用。由于马克笔不能调色，选色时应配套成体系（图 7-1），便于过渡和搭配。纯色系使用频率低，建议用彩铅补充代替。马克笔笔头一头宽，一头细。各种品牌的笔头有些不一样，内置颜料有油性和水性之分。水性马克笔从色彩感觉和使用上都不如油性马克笔。油性马克笔色彩比较柔和，笔触自然，有一定的渗透力，室内效果图中使用最多的还是油性马克笔。

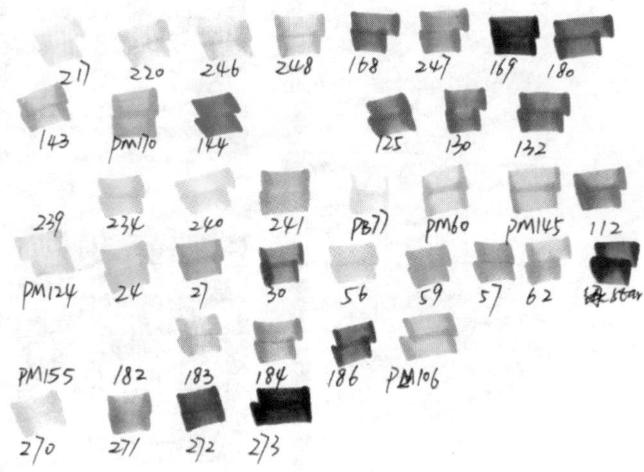

图 7-1　按色系制作的马克笔色卡

马克笔对纸张的要求相对宽松，如素描纸、打印纸、卡纸、色纸、绘图纸、硫酸纸等都可采用，不同的纸张绘图效果截然不同，建议初学者使用打印纸和绘图纸。此外，由于马克笔具有一定的渗透力，绘制过程中会洇纸，因此，马克笔运笔应快速、果断，以免笔在纸上停留时间过长而造成洇纸。

高光笔用来添加玻璃、金属等材质的高光，是常用的表现工具。也可使用普通的涂改液代替高光笔。

7.3　马克笔表现的细部

室内材质和陈设是室内设计中重要组成部分，其细部刻画能起到突出重点、增加细节、主次分明、生动真实的作用。以下对室内设计的常用材质和陈设单体等进行系统地介绍，以便初学者能从局部练习，树立自信，从而全面掌握马克笔的基本技法和表现规律。

1. 木材及木质家具的表现

木材纹理天然、肌理温润，让人感觉亲切，是室内设计中最理想的家具材料。室内设计中常用的木材有黑胡桃、柚木、橡木、松木、白橡木等，以及近年颇受欢迎的人工木材。其工艺又分为哑光和光面，绘画时应注意重点表现木纹和质感。哑光木材的反光处理应更柔和，强调其固有色，光面木材反光的笔触较明显。先平涂木材底色，再徒手添加木纹肌理，以提高效果图的真实感。此外，手绘表现的木质材料主要以地板、家具、墙面为主，它们同为木材界面但表现截然不同，如图 7-2~ 图 7-5 所示。

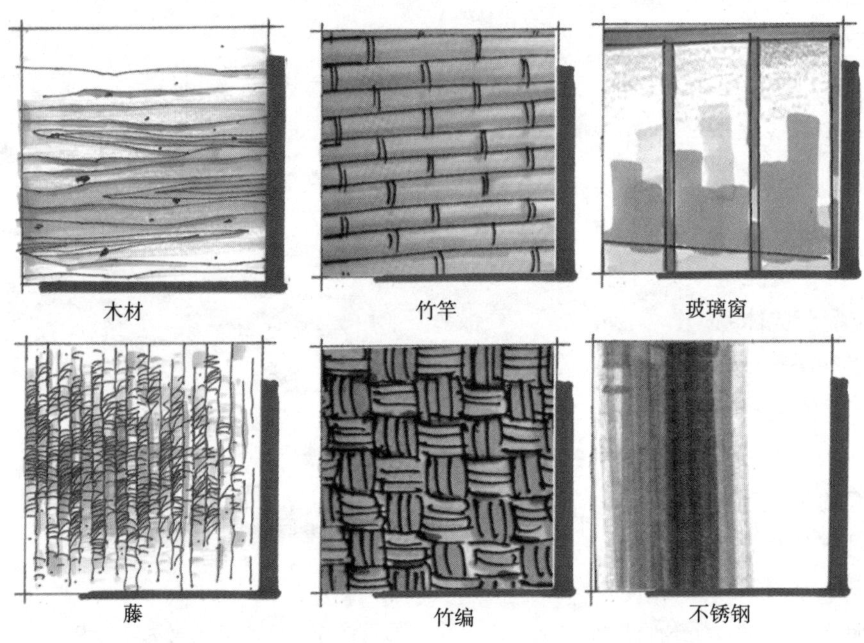

图 7-2　木材、竹竿、藤、竹编、玻璃窗、不锈钢的表现

图 7-3　木地板的表现

图 7-4　木质家具的表现

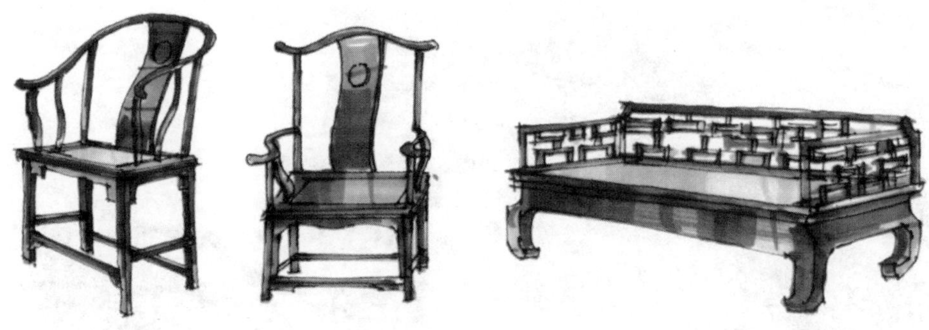

图 7-5　中式木家具的表现

2. 布艺及布艺家具的表现

布料是室内设计表现图中不可或缺的一部分，其缤纷的色彩、柔软的肌理、丰富的图案，能调节出理想的室内氛围。布艺沙发、抱枕、床品、窗帘、台布等，因其柔软、不宜塑形的特性，需要先将其分解并归纳为几何形，再用曲线、曲面来绘制其形体，并配合使用彩铅，以强调其明暗和体积感（图 7-6、图 7-7）。

3. 玻璃的表现

玻璃具有透明、通透、反光的特点，是现代建筑室内设计中的常用材质。表现该材质时应注意其三大特征——投影、反光和透明。在表现投影和反光时可用黑色中性笔绘制斜线或垂直线表现玻璃的倒影、反光和平滑感；用淡绿或淡蓝色马克笔表现玻璃反光出的环境色；绘制玻璃背后的物体以表现其透明的特征。但玻璃背后的物体因反光、折射等因素的影响，形体受到干扰，应概括表现，否则画面会陷入局部，而缺少整体感（图 7-8）。

图 7-6　布艺及床、窗帘、抱枕的表现

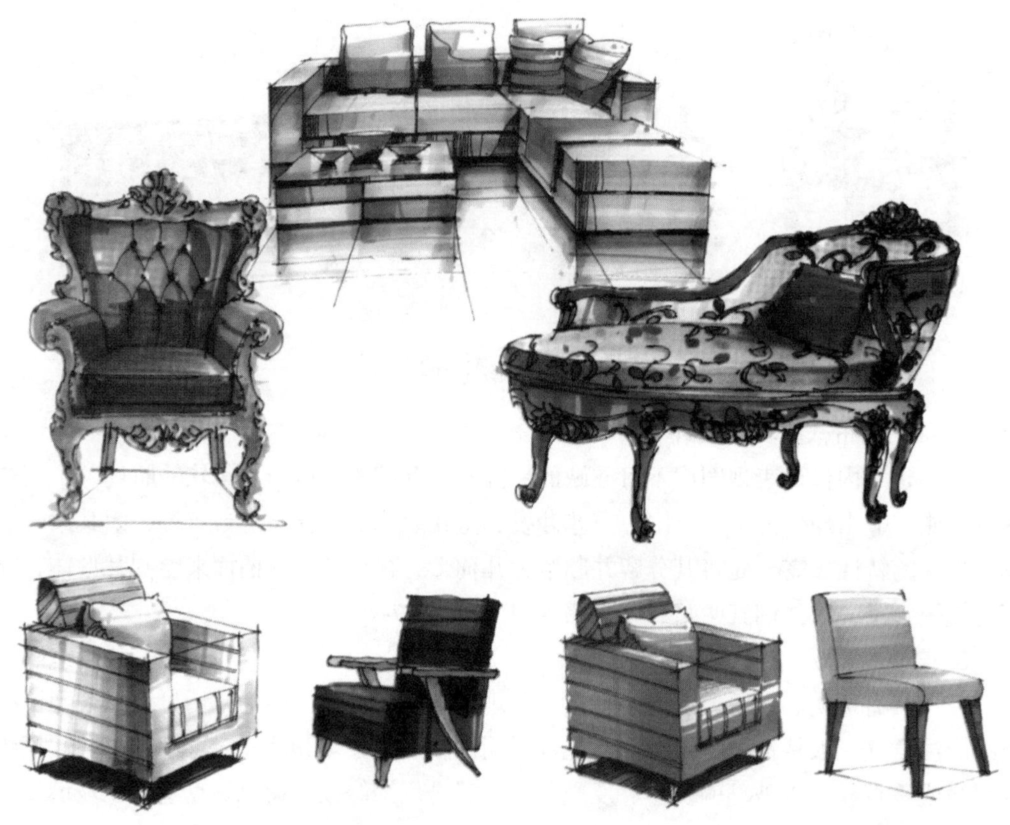

图 7-7　布艺、软包家具的表现

图 7-8　玻璃的表现

4. 金属的表现

金属材料包括钢材、不锈钢等，表面处理主要有抛光和亚光两种。抛光金属具有很强的反射性能，具有明显的高光和明暗交界线。亚光面的金属材料反射光的能力比较弱，高光和明暗交界线不明显。以不锈钢柱子为例，绘制时先平涂固有色，如灰蓝色、灰色、黄色等固有色，待颜色未干，快速接一笔环境色，最后全部干后，用高光笔点涂法，添加高光（图 7-9）。

5. 抛光石材的表现

室内设计表现中使用的石材多为抛光石材，如抛光大理石、花岗岩、瓷砖、人造石等。石材质地坚硬、光洁平滑、色彩丰富，常用于地面或墙面，应配合石材的石纹或瓷砖的网格来表现（图 7-9）。

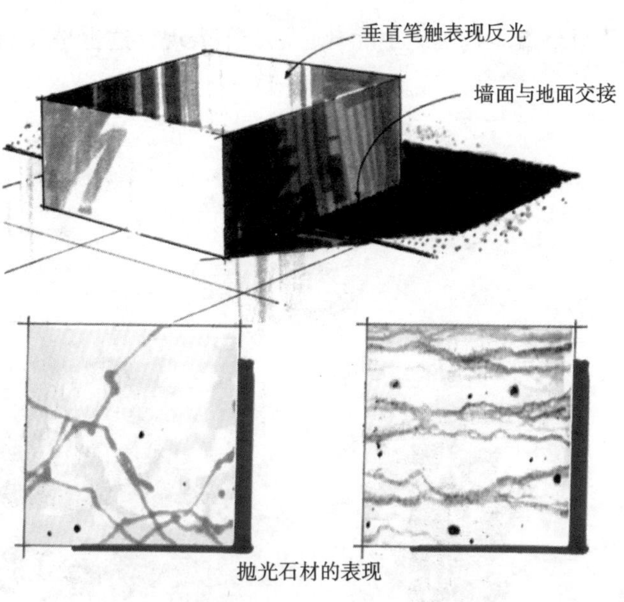

图 7-9　不锈钢、抛光石材的表现

6. 墙的表现

墙面在室内设计表现图中占据面积较大，可分为白墙、砖墙、清水模、花岗岩、马赛克等。白墙的表现以白色为主，也可以留白，或用浅色的暖灰或冷灰配合灯光烘托氛围；砖墙可用冷灰色和砖红色来表现，然后再用比石材固有色暗的彩铅绘出砖缝；清水模可用冷灰色彩铅刻画出混凝土的粗糙，再用冷灰色马克笔强调光感变化（图 7-10）。

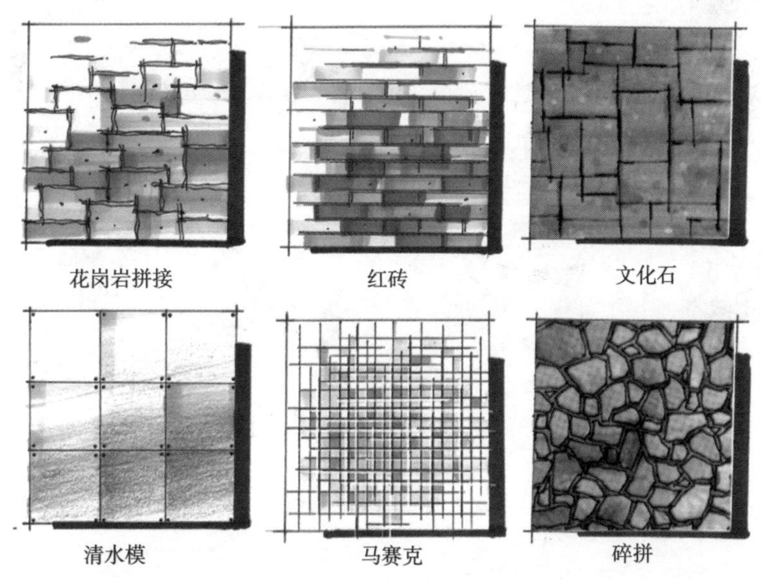

图 7-10　花岗岩、红砖、文化石、清水模、马赛克、碎拼的表现

7. 植物及配景的表现

植物和配景能活跃室内氛围，包括插花、花瓶、相框、工艺品、人物、灯具等内容（图

7-11、图 7-12）。小配景通常徒手表现，这也是我们灵活运用线条和积累素材的捷径。

图 7-11　绿植表现

图 7-12　配景表现

7.4　马克笔表现的步骤

7.4.1　家居室内的表现步骤

1. 暖色调客厅表现步骤

步骤 1：绘制线稿，铺浅色调。用钢笔绘制线稿，线条丰富肌理，并画出投影，然后铺浅色大块（图 7-13a）。

步骤 2：铺家具固有色，注意色彩对比。观察家具固有色，快速铺上大色块，亮部先留白，保持透气感。快速用淡紫色、木色、黄色和淡蓝色先铺一遍颜色（图 7-13b）。

步骤 3：深化色彩。进一步上色，注意近实远虚，近处的物体用三或四个明暗调子，远处用两个明暗调子概括即可（图 7-13c）。

步骤 4：整体调整画面。刻画细节，添加植物、配景（图 7-13d）。

a）

b）

图 7-13　暖色调客厅表现步骤（马克笔，2018 年 1 月）

c）

d）

图 7-13 暖色调客厅表现步骤（马克笔，2018 年 1 月）（续）

2. 暖色调复式客厅表现步骤

步骤 1：绘制线稿。选好视点和画面表现重点，注意透视形式和画面构图，根据表现空间的特点，可适当把进深画得大一点，注意把投影的位置画出来（图 7-14a）。

步骤 2：铺大色调，先浅后深。上色前要明确客厅的设计风格及主色调，注意先上浅色后上深色。该案例为暖色，用暖灰色和淡蓝色先铺一遍颜色（图 7-14b）。

步骤 3：深化色彩。根据光影画出家具明暗和环境色（图 7-14c）。

步骤 4：进一步深入刻画。刻画家具及画面重点，注意材质的区分，逐渐加入重色（图 7-14d）。

步骤 5：整体调整画面。刻画细节，用彩铅表达出地板材质的效果，添加高光（图 7-14e）。

a）

b）

图 7-14　暖色调复式客厅表现步骤（马克笔，2018 年 1 月，闫佳欢）

c）

d）

图 7-14　暖色调复式客厅表现步骤（马克笔，2018 年 1 月，闫佳欢）（续）

e）

图 7-14　暖色调复式客厅表现步骤（马克笔，2018 年 1 月，闫佳欢）（续）

7.4.2　冷色调空间的表现步骤

步骤 1：绘制线稿。根据表现空间的特点，顶面造型为视角重点，因此，透视点适当画低一点，同时，用钢笔线条表现家具投影（图 7-15a）。

步骤 2：铺出大色调。用冷灰色、绿色、木色铺第一遍颜色。注意第一遍着色不易太多，画面多留白，以便于控制整体效果（图 7-15b）。

步骤 3：添加过渡色，目的是突出空间感。从视觉重点开始着色，强调固有色和细节，同时加强明暗。为活跃画面，可大胆使用少许亮色（图 7-15c）。

步骤 4：深入刻画。使用蓝色加深吊顶，整体用彩色表现出网吧的娱乐空间氛围（图 7-15d）。

步骤 5：刻画细节。可用彩铅画出材质的纹理，用高光笔在天花上画出灯光的感觉。调整画面氛围（图 7-15e）。

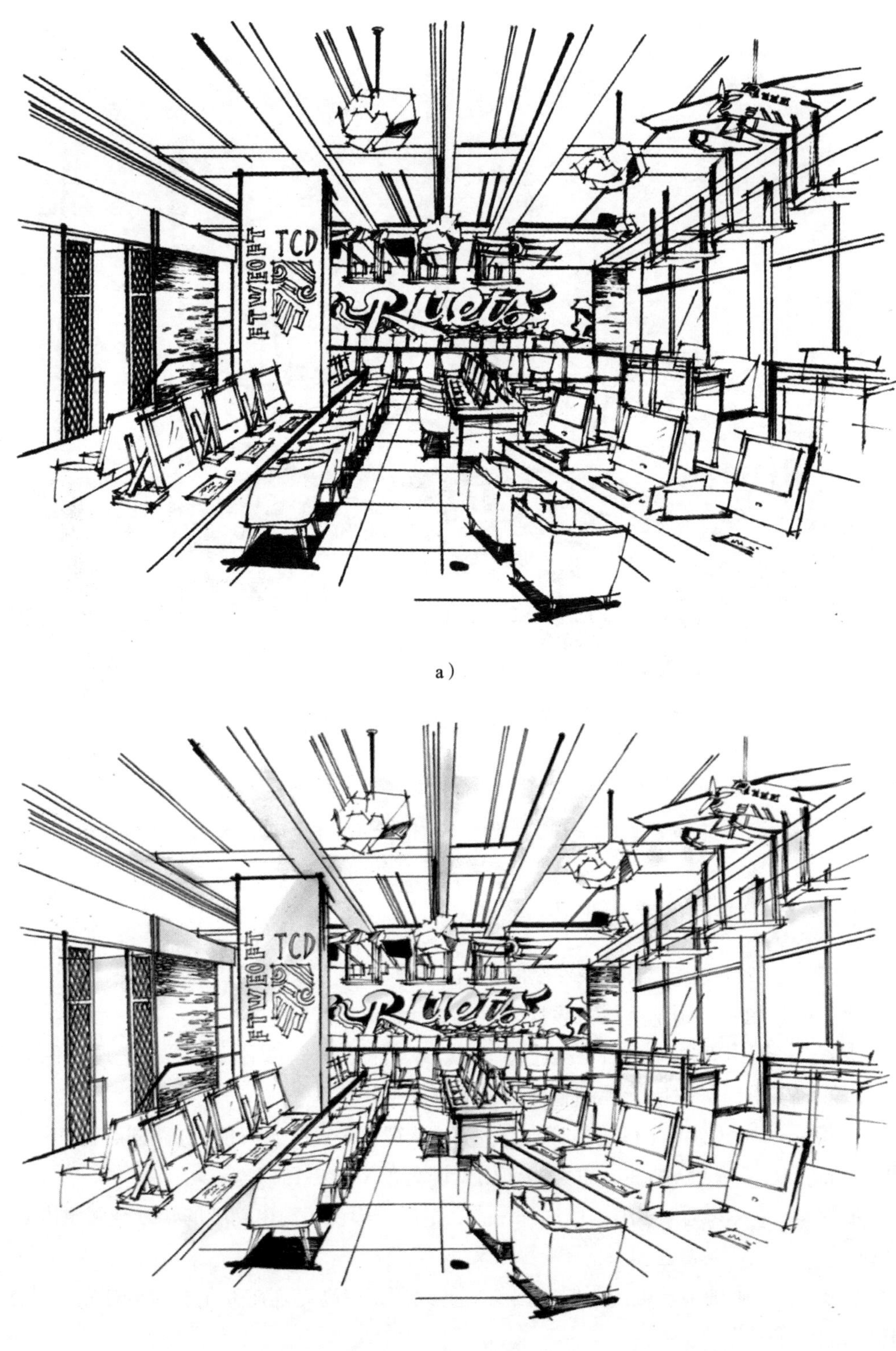

a）

b）

图 7-15　网咖表现步骤（马克笔，2018 年 1 月，闫佳欢）

c）

d）

图 7-15　网咖表现步骤（马克笔，2018 年 1 月，闫佳欢）（续）

e）

图 7-15　网咖表现步骤（马克笔，2018 年 1 月，闫佳欢）（续）

第 8 章　建筑室内设计的数字表现

8.1　数字表现的特点

数字表现是建筑室内设计专业中非常重要的内容，制作者可以利用软件和技术尽情地发挥想象力，创造和制作出富有真实感的效果图，其逼真、直观、精确的特点，为表现设计方案、设计施工提供了极大的方便。

8.2　数字表现的常用软件——3ds Max、V-Ray

建筑室内数字表现的常用软件为 3ds Max、V-Ray。3ds Max 软件主要用来建立模型，它能快捷直观地表现建筑室内设计的形态和室内空间环境、材质、色彩等，V-Ray 是 3ds Max 的渲染器插件，是目前 3ds Max 使用频率最高的渲染插件，尤其是室内外效果图制作中，V-Ray 可对三维模型精确地进行光照模拟和灵活方便的可视化设计，其渲染速度快、效果逼真，是一款功能强大的渲染软件。

3ds Max 加 V-Ray 的数字表现流程为：建模 - 摄像机 - 材质（3ds Max）、灯光 - 渲染（V-Ray）。

8.2.1　3ds max 工作界面与所有命令和工具的解释

为使大家快速熟悉 3ds Max 2016，更加了解各部分的名称与功能，我们将以 3ds Max 2016 为例，对软件的界面进行讲解。

双击桌面上的 3ds Max 2016 按钮即可打开 3ds Max 2016 中文版软件，如图 8-1 所示。

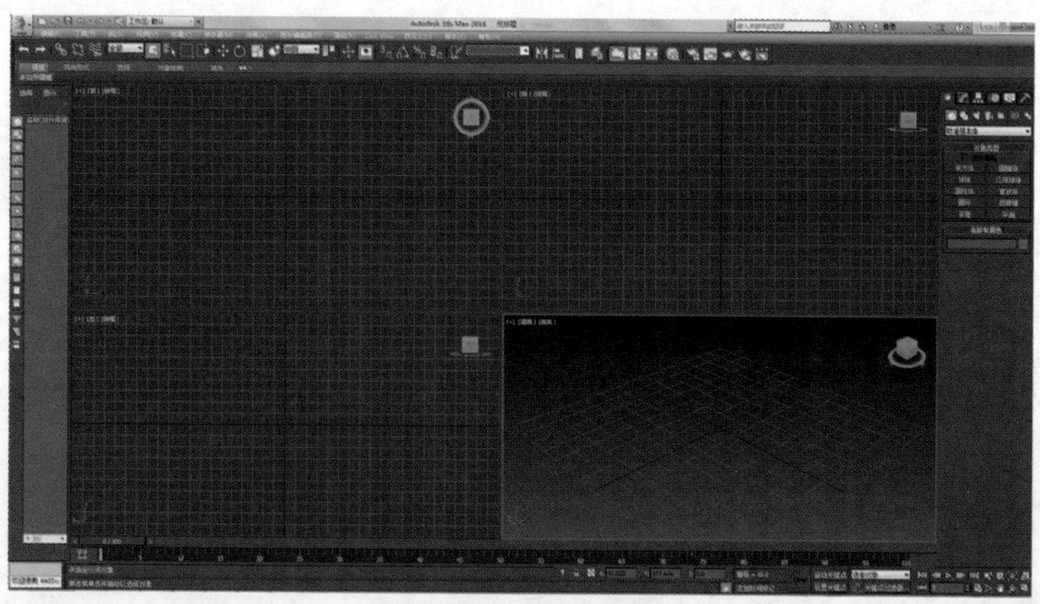

图 8-1　3ds Max 2016 界面

软件界面共分为 8 个部分，分别是标题栏、菜单栏、工具栏、视图区、命令面板、视图控制区、提示及状态栏、动画控制区。

1. 标题栏

标题栏位于 3ds Max 2016 界面的最上端，显示内容为当前打开文件的文件名、软件版本等信息，如图 8-1 所示。位于标题栏最左边的是 3ds Max 2016 的程序图标，单击它可打开一个下拉菜单，包括【打开】【保存】【另存为】等图标；其右侧分别是快速访问工具栏、软件名和文件名、信息中心；标题栏的最右边是 Windows 的三个基本控制按钮——最小化、还原（最大化）、关闭。

2. 菜单栏

菜单栏位于标题栏的下方，如图 8-2 所示。它与标准的 Windows 文件菜单模式及使用方法基本相同。菜单栏为用户提供了包括【编辑】【工具】等 12 个主菜单项，每项对应有下拉式菜单。

编辑(E)　工具(T)　组(G)　视图(V)　创建(C)　修改器(M)　动画(A)　图形编辑器(D)　渲染(R)　Civil View　自定义(U)　脚本(S)　帮助(H)

图 8-2　菜单栏

3. 工具栏

菜单栏下方为工具栏，工具栏为图标按钮，按钮的图案提示了功能。

4. 视图区

视图区是主要的工作区域，根据不同的视图共分为四个区域，分别为顶视图、前视图、左视图、透视图。如图 8-3 所示。可根据不同的需要调整视图大小比例。

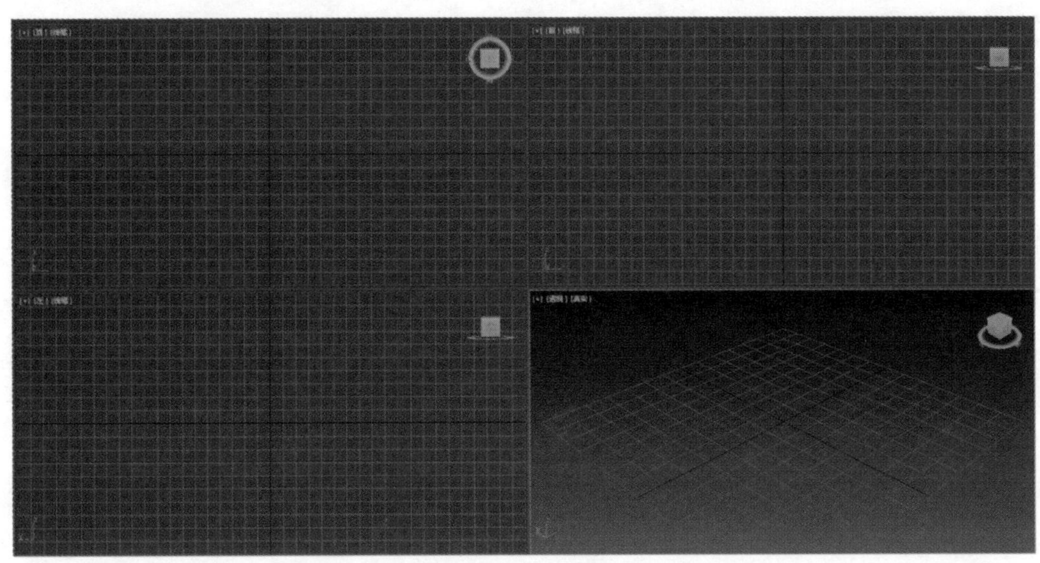

图 8-3　视图区

5. 命令面板

命令面板区位于屏幕右侧，如图 8-4 所示，从左至右依次是【创建】【修改】【层次】【运动】【显示】【工具】。【创建】命令用于创建模型、图形、灯光、摄影机及辅助体等。【修改】命令面板用于修改模型。【层次】用于设置层级的对象关系，包括父子连接、IK 设置等。【运动】命令主要是调节运动控制器。【显示】用于控制场景显示控制能力，包括对选定对象隐藏或显示。【工具】为独立运行，用于提供辅助程序。

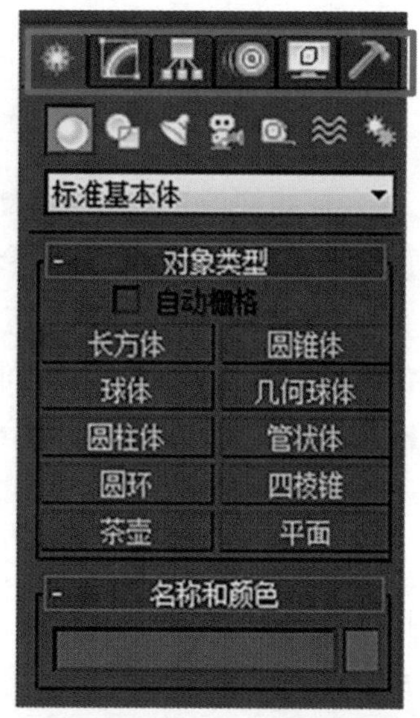

图 8-4　命令面板

6. 视图控制区

在屏幕右下角有八个图标按钮，如图 8-5 所示。它们是当前激活视图的控制工具，主要用于调整视图显示的大小和方位，如缩放、局部放大、满屏显示、旋转及平移等。

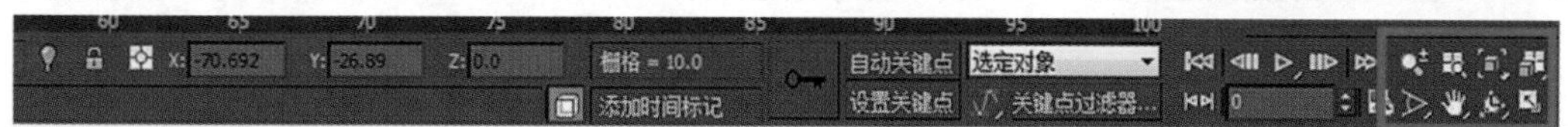

图 8-5　视图控制区

7. 提示及状态栏

提示及状态栏位于界面最下方，用于显示选定对象的类型、数量、坐标位置。如图 8-6 所示。在状态栏中输入坐标，通常用来精确调整对象的细节。

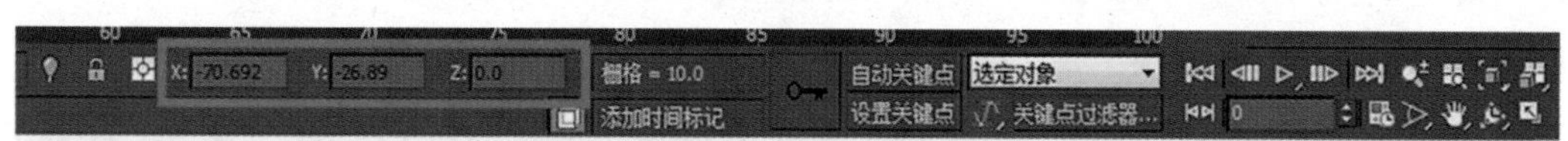

图 8-6　状态栏

8. 动画控制区

动画控制区位于屏幕的下方，此区域的按钮主要用于制作动画漫游时进行动画的记录、动画帧的选择、动画的播放及动画时间的控制，如图 8-7 所示。

图 8-7　动画控制区

8.2.2　认识 V-Ray 渲染器

V-Ray 是一款功能强大的渲染插件，主要用于室内设计、建筑设计、工业产品设计等渲染。V-Ray 以其自带的“材质”“灯光”“渲染”系统来进行全局光模拟计算，能创造出专业的照片级效果，其特点是真实、渲染速度快，本书案例使用的版本为 V-Ray 4.6 中文版。

8.3　室内设计效果图制作流程

室内设计效果图制作流程的内容，主要通过实际案例——“客厅室内建模”展开介绍。（提醒：本章节案例相关资料可在百度网盘中下载。下载链接如下：Http://pan.baidu.com/s/lc4ji3mg 密码：koil）。

首先将 CAD 图纸导入 3ds Max 2016，并进行调整，再用多边形建模方法创建客厅室内空间模型，然后创建室内天花、墙面等模型，如天花吊顶造型、筒灯、背景墙、门窗等模型，最后创建室内家电，并合并场景家电、陈设品等模型完成客厅室内建模。

8.3.1　建模前准备

1. 整理 CAD 图纸

1）双击打开 CAD 软件，整理 CAD 平面图。删除标注、字体、标高等内容，留墙体、窗户等线条，如图 8-8 所示。

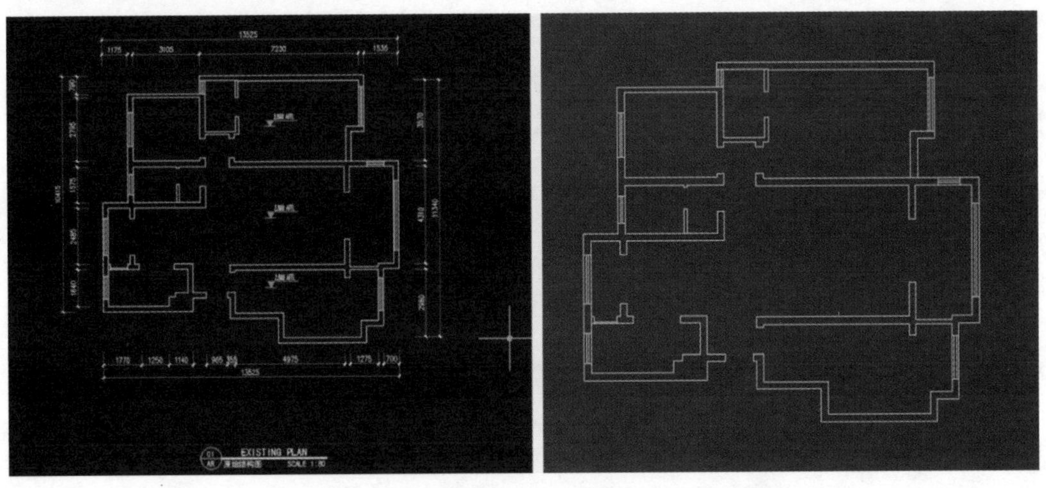

图 8-8　原始 CAD 平面图和整理后 CAD 平面图

2）将整理好的 CAD 平面图，写为“块”（快捷键为 <W>），插入单位为“毫米”，命名为 CAD 原始结构图，保存在桌面，如图 8-9 所示。

2. CAD 图纸导入 3ds Max 2016

1）打开 3ds Max 2016，设置单位为毫米。

双击 3ds Max 2016 软件图标打开，导图前将 3ds Max 2016 的单位设置为毫米。单击菜单栏中的【自定义】，选择【单位设置】，在对话框中将显示单位比例设置为“毫米”，同时，【系统单位设置】也设为“毫米”，如图 8-10 所示。

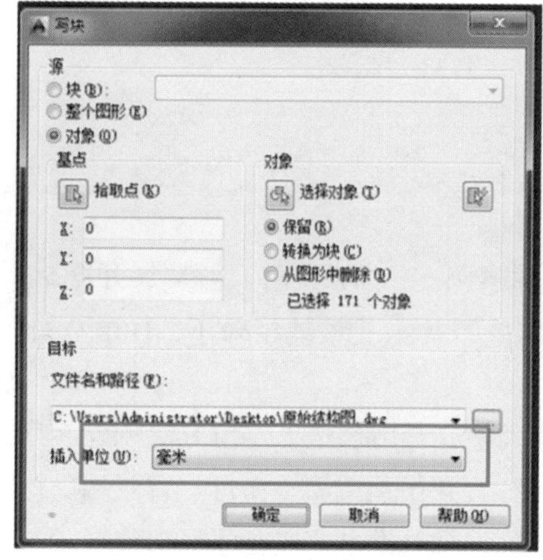

图 8-9　存块单位设为毫米

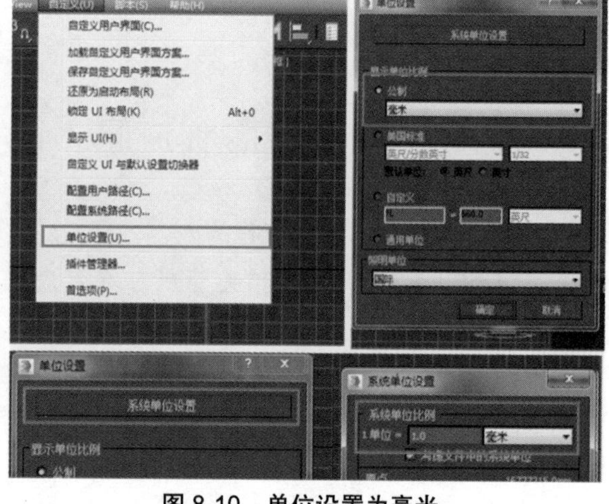

图 8-10　单位设置为毫米

2）导图。单击标题栏中最左侧的 3ds Max 2016 图标，在下拉菜单中找到【导入】选项，选择【将外部文件格式导入到 3ds Max 中】，选中要导入的文件（图 8-11）。

导入图纸时会弹出对话框，单击【确定】按钮。导入的平面图为建模提供参照，使我们清楚室内空间结构等内容，如图 8-12 所示。

图 8-11　CAD 导入 3ds Max

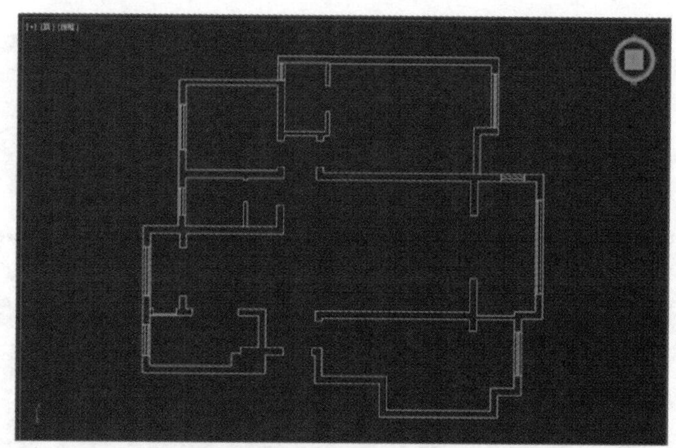

图 8-12　导入的室内空间结构

3）群组导入的平面图。在【顶视图】视口中框选平面图，单击菜单栏选择【组】/【成组】命令，并在其对话框中重新命名成组为"组 001"，单击【确定】按钮，如图 8-13 所示。然后，右键单击工具栏中的【选择并移动】按钮，弹出【移动变换输入】对话框，鼠标右击输入框旁的小箭头可将坐标归零（图 8-14）。坐标归零的目的是将平面图归位到坐标原点，以便于在视图中快速找到图纸。

按快捷键 <Z>，使当前物体最大化显示，最后，在顶视图视口中框选平面图，单击右键弹出快捷菜单，选择【冻结当前选择】命令，以便后续操作，如图 8-15 所示。

（提醒：3ds Max 2016 版本新增有高亮显示，如果要取消高亮显示，可进入菜单栏中的【自定义】，选择【首选项】，单击【视口】，取消勾选【选择 / 预览亮显】即可。）

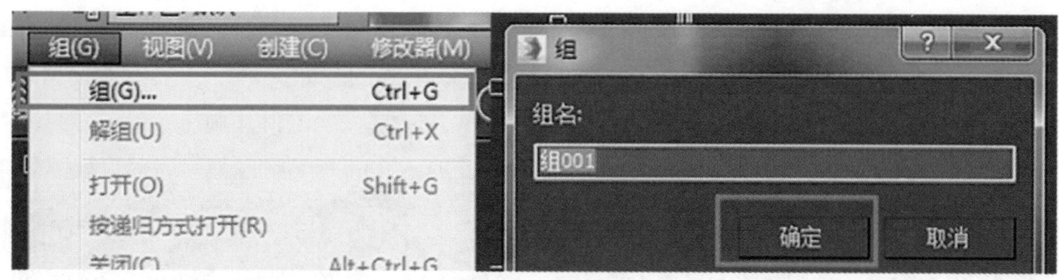

图 8-13　群组

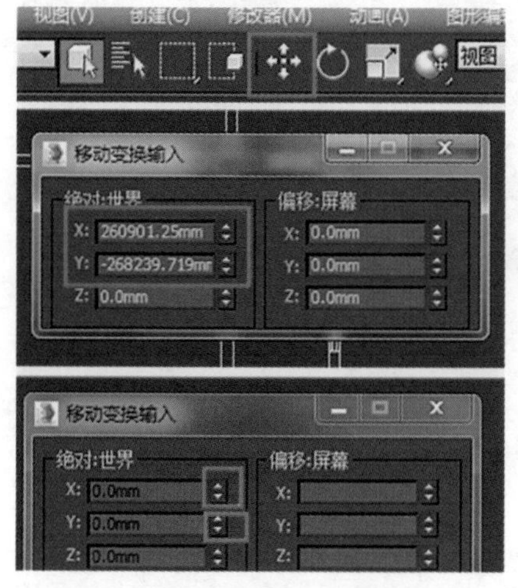

图 8-14　平面图归位到坐标原点

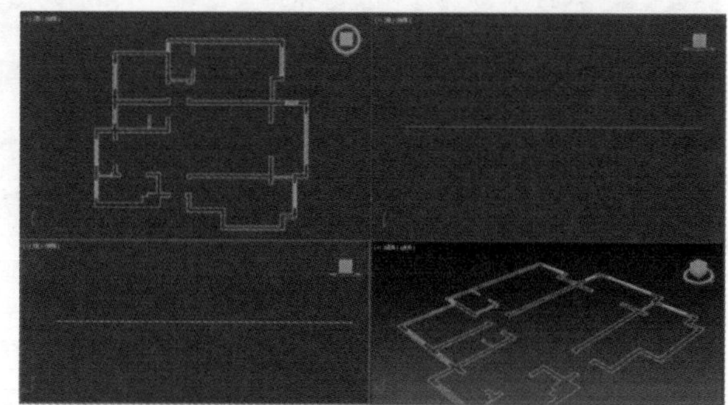

图 8-15　冻结当前选择，图形为灰色图

8.3.2　组建空间模型

1. 描绘平面图，并挤出墙体

1）切换到【顶视图】视口。为便于后续操作，按 <Alt+W> 键将顶视图最大化显示。

2）打开【捕捉】。单击工具栏中的【捕捉】按钮，选择捕捉模式为 2.5 维捕捉，单击右键弹出快捷菜单，选择【捕捉】命令，将捕捉方式选为【顶点】，同时，单击【选项】，勾选【捕捉到冻结对象】，如图 8-16 所示，勾选【启用轴约束】，其作用是每次移动时只能单独移动 x 轴或 y 轴。

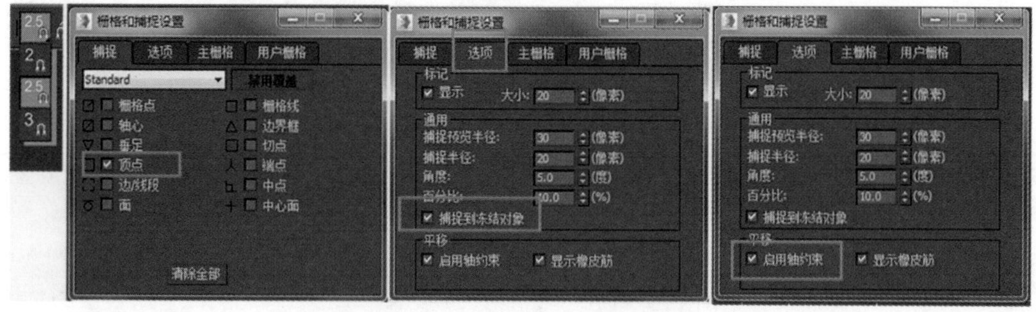

图 8-16　打开捕捉，启用轴约束

3）绘制平面图。执行【图形】/【线】命令，在顶视图中沿着客厅墙体的内部绘制封闭线形，如图 8-17 所示。需要注意的是，制作效果图的空间为客厅，只对客厅区域描图即可，另外，有门、窗的地方应设置“顶点”，以便后续编辑开洞。

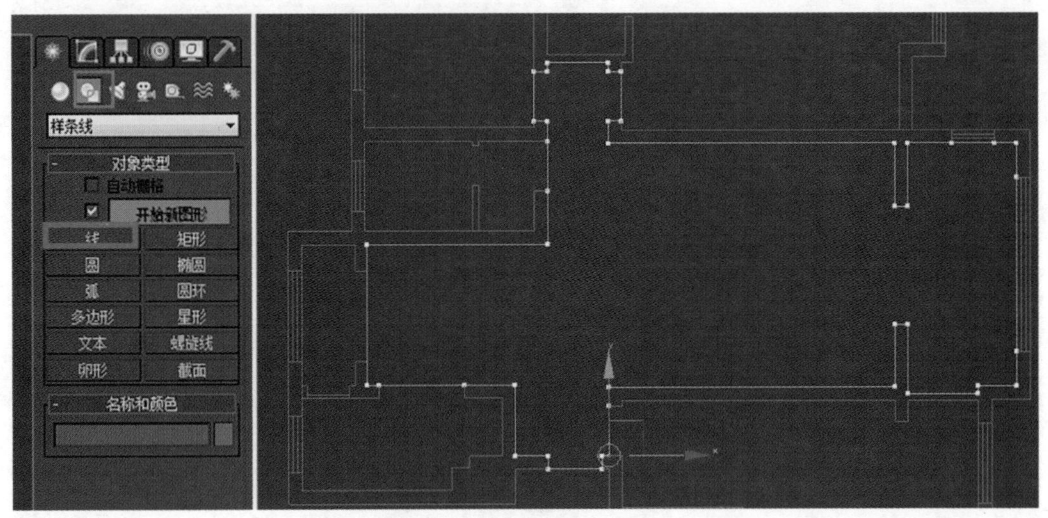

图 8-17　用【线】的命令绘制墙体内线

4）挤出墙体。选中绘制的封闭线，并执行【修改】/【挤出】命令（【修改】位于屏幕右侧的命令面板，【挤出】命令在【修改器列表】中的下拉菜单中），设置参数为“2900”，即室内净高为 2.9m，如图 8-18 所示。最后，按 <F4> 键显示墙体线框。按 <Alt+W> 键恢复四个视图视口。

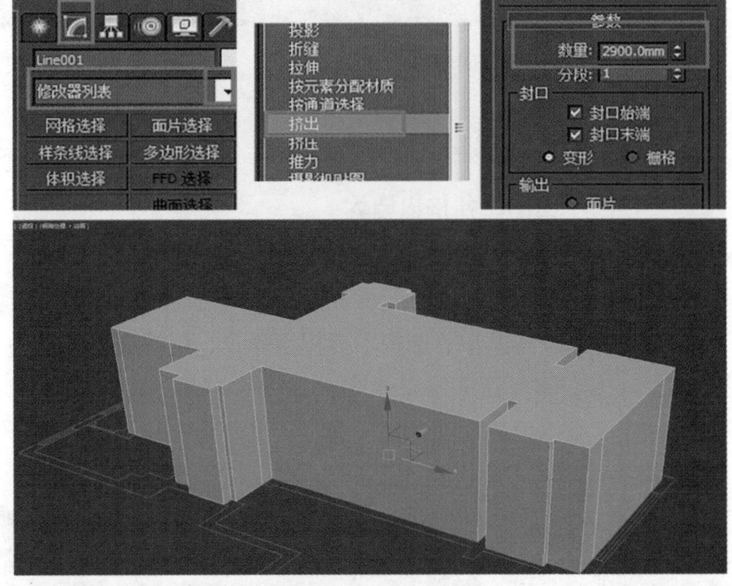

图 8-18　挤出墙体

5）将挤出后的线型转换为可编辑多边形。选中挤出的形体，单击右键弹出快捷菜单，选择【转换为可编辑多边形】命令，将其转换为可编辑多边形，同时，进入右侧命令面板，展开【可编辑多边形】，单击【多边形】子对象层级，单击选中天花，然后，将卷展栏往下拉，找到【分离】图标，将天花板分离出来，以便后续操作，如图 8-19 所示。用同样的方法分离出地面，如

图 8-20 所示。

最后，单击右键弹出快捷菜单，选择【顶层级】命令返回，如图 8-21 所示。

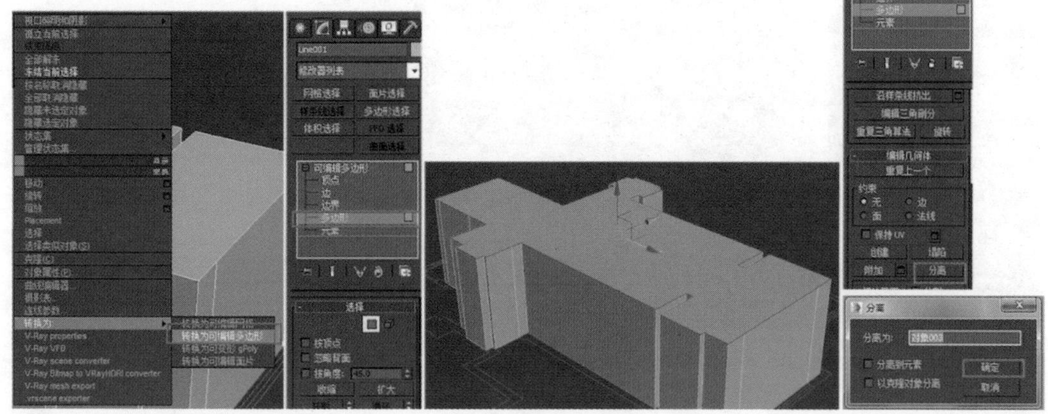

图 8-19　分离出天花

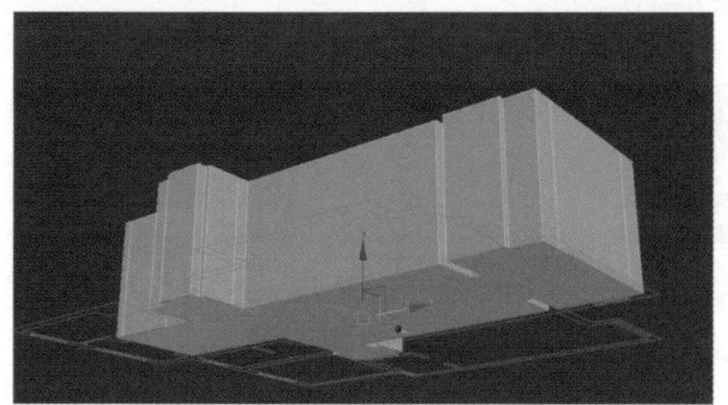

图 8-20　分离出地面

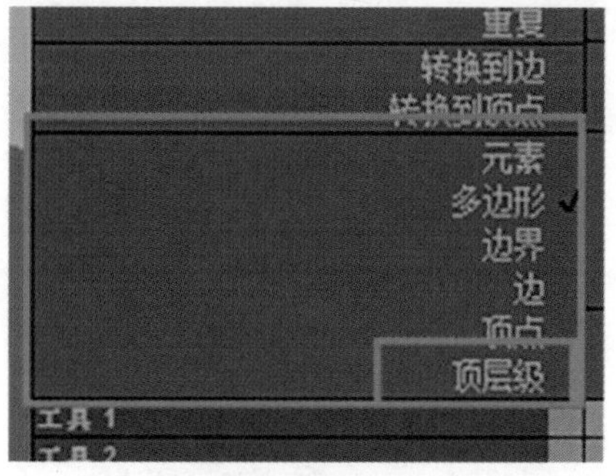

图 8-21　右键选择“顶层级”返回

6）翻转法线。进入右侧命令面板，展开【可编辑多边形】单击【多边形】子对象层级，按 <Ctrl+A> 键，即可全部选中多边形的面，单击右键弹出快捷菜单，选择【翻转】命令，将法线翻转过来，如图 8-22 所示。

7）消隐墙体。为便于观察室内空间，将墙体消隐，选中墙体，单击右键弹出快捷菜单，选择【对象属性】命令，在弹出的【对象属性】对话框内勾选【背面消隐】。翻转后和背面消除后，室内空间清晰可见，如图 8-23 所示。

8）保存文件。单击菜单栏左侧的【3ds Max 2016 图标】/【保存】，将文件命名为“客厅”保存。

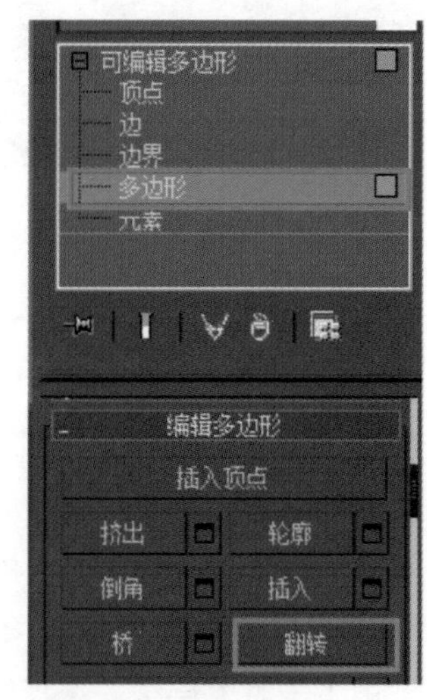

图 8-22　翻转法线

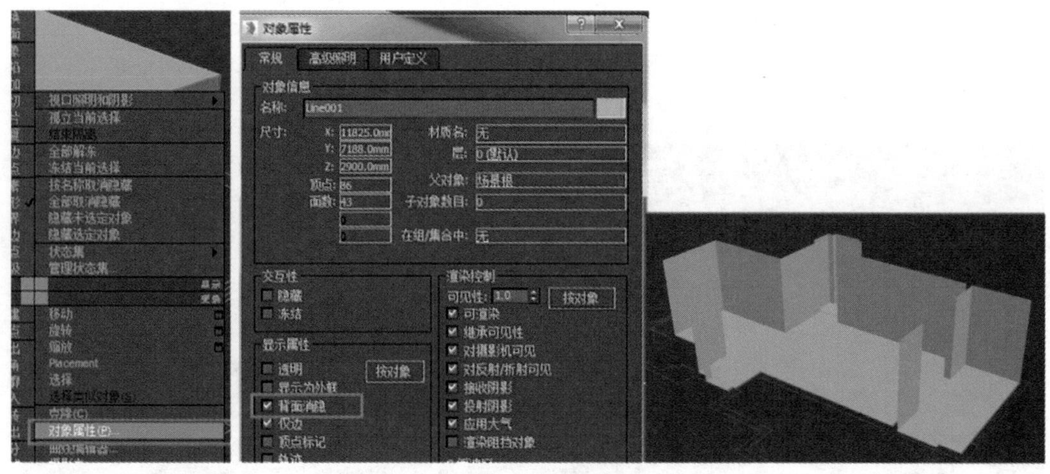

图 8-23　背面消隐

2. 创建阳台窗户

1）隐藏天花。为了便于观察窗户的创建，单击选中“天花”，单击右键弹出快捷菜单，选择【隐藏选择对象】命令，天花被隐藏（图 8-24）。

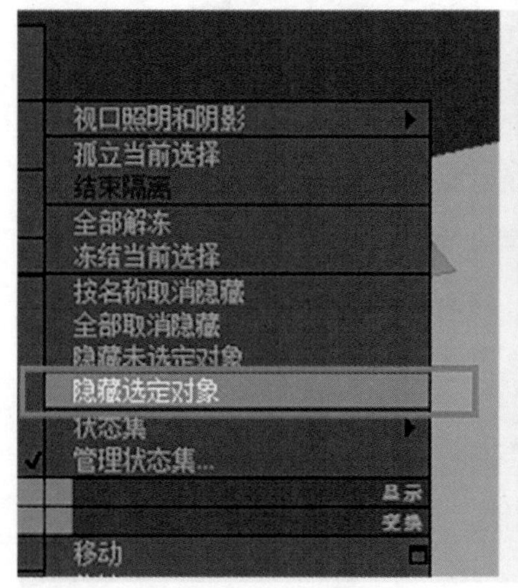

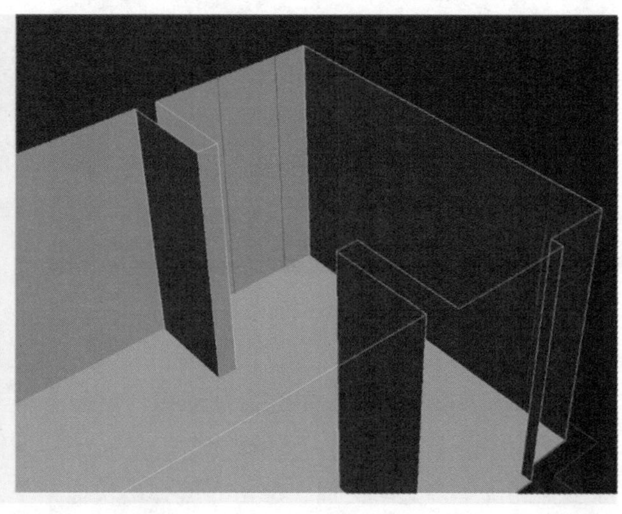

图 8-24　隐藏天花

2）显示线面。单击【透视】视口的左上角，选择【明暗处理】和【边面】，目的是能看到窗线和面（图 8-25）。

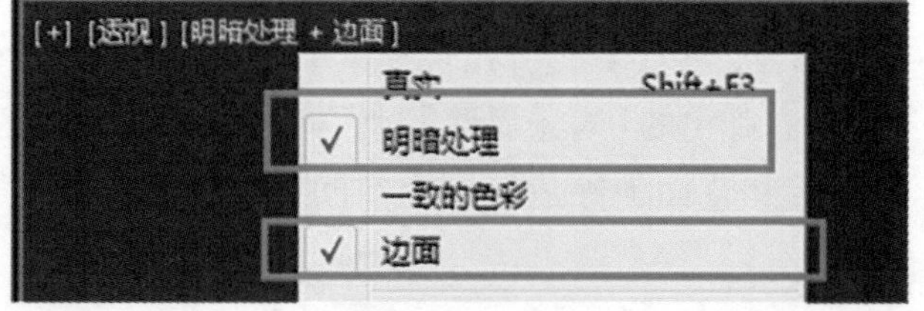

图 8-25　显示线面

3）窗线分段。按 <F3> 键采用线框显示，按快捷键 <2> 进入【边】子对象层级，选择窗位置下方的两个点，单击【编辑边】下面的【连接】右侧的小窗户按钮，设置参数为“2”，单击【对勾符号】按钮确定，如图 8-26 所示。

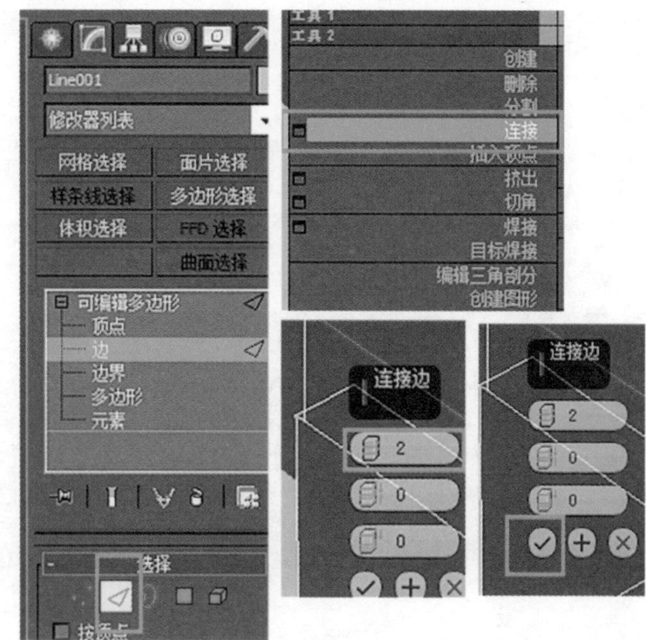

图 8-26　窗线分段

4）定位下端窗框距离地面的点。激活前视图视口，按快捷键 <s>，打开【捕捉】，把鼠标停留在“y”轴上，拖动下面的顶点到地面点，单击右键弹出快捷菜单，选择【选择并移动】命令，在 y 轴输入“400”，即窗下边缘距离地面 400mm 高（图 8-27）。

5）定位上端窗框位置。激活透视视口，选择上面两个顶点，选中后回到前视图视口，框选上面两个顶点，并拖动到最顶端，单击右键弹出快捷菜单，选择【选择并移动】命令，在 y 轴输入“–300”，按 <Enter> 键确认，即窗上边缘距离天花 300mm 高（图 8-28）。

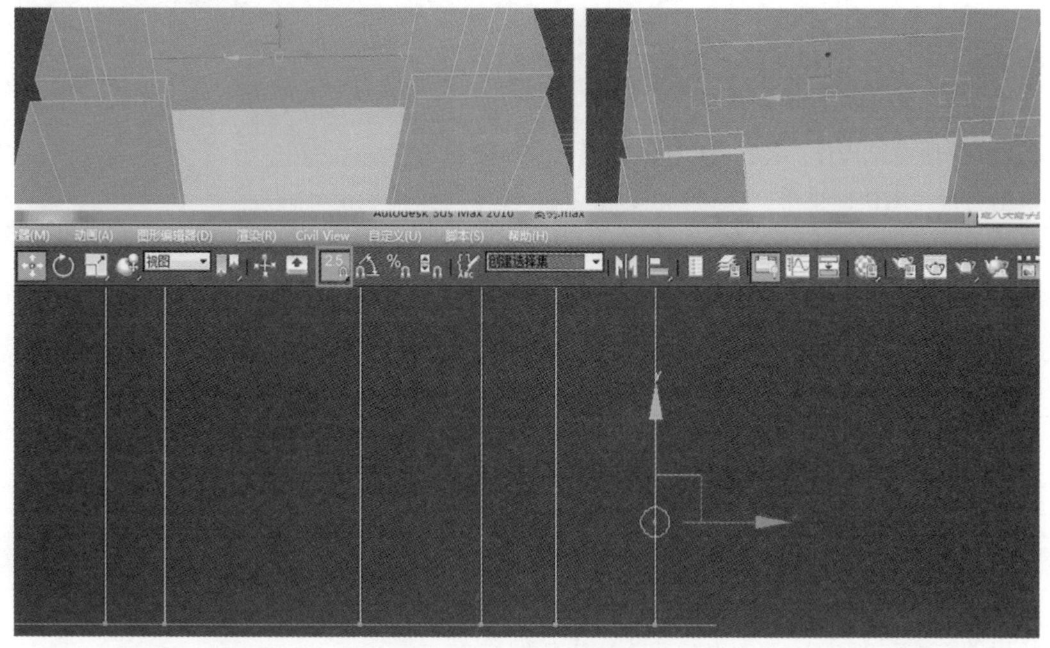
图 8-27　定位下端窗框线

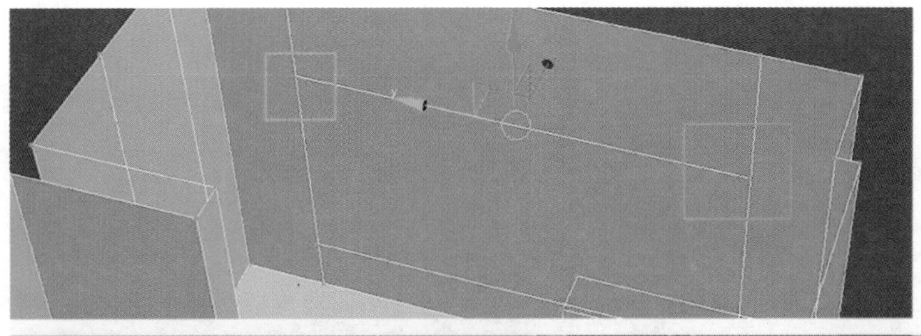

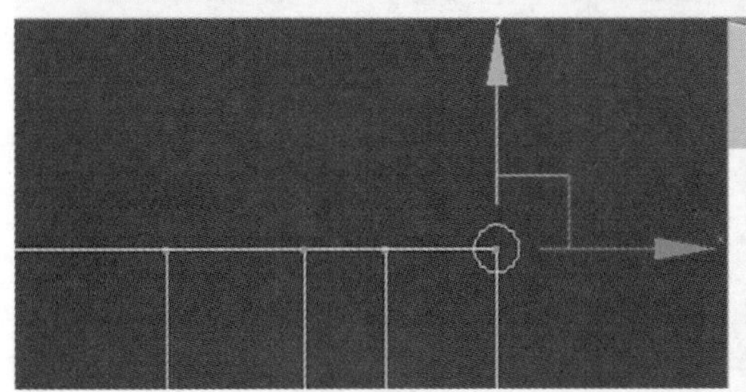

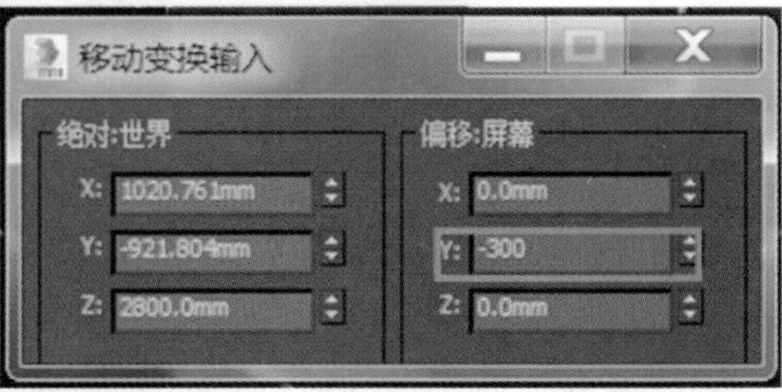

图 8-28　定位上端窗框线

6）挤出窗户。切换到【透视】视口，按快捷键<4>，进入【多边形】，单击右键弹出快捷菜单，再单击【挤出】命令的小窗户按钮，输入参数为“240”，然后执行修改面板中的【分离】命令，将窗户这个面分离出，以便后续操作。最后，单击右键弹出快捷菜单，选择【顶层级】命令返回（图 8-29）。

图 8-29　挤出窗户

7）制作窗框。选中分离出的窗户，按快捷键<4>，进入【多边形】，单击右键弹出快捷菜单，再单击【插入】命令的小窗户按钮，输入参数为“60”，即窗框宽为 60mm（图 8-30）。

按快捷键<2>，进入子层级【边】，选中左右两条边，为窗户分段，单击右键弹出快捷菜单，再单击【连接】旁边的小窗户按钮，在弹出的对话框中输入“1”，单击【√】按钮确定（图 8-31）。

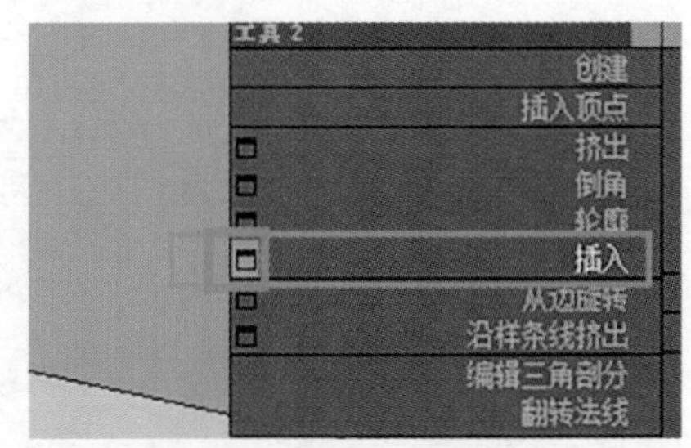

图 8-30　制作窗框

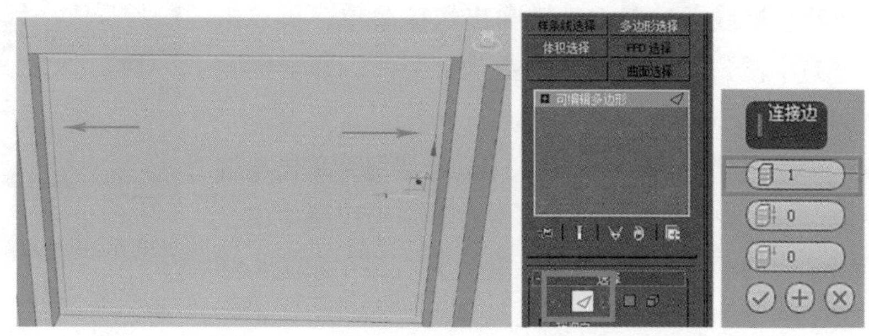

图 8-31　执行【连接】命令，为窗户分段

8）制作窗框横撑。打开三维捕捉，激活移动光标的“Z”轴，将中间的水平线条移动到上方，单击右键弹出快捷菜单，选择【选择并移动】命令，在 Z 轴输入“–500”，按 <Enter> 键确认，即中间的窗框距离上边缘窗框为 500mm（图 8-32）。

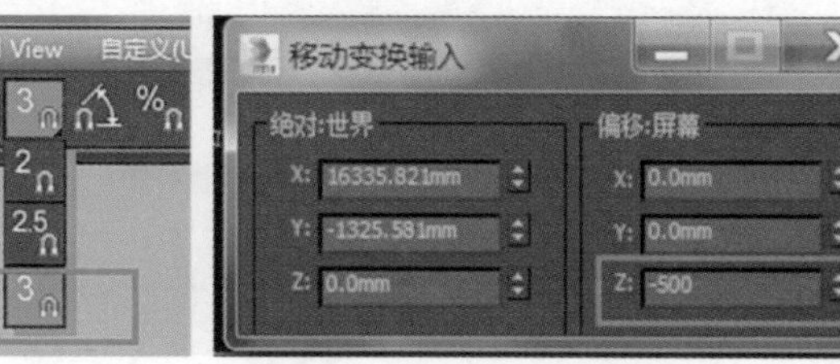

图 8-32　制作窗框横撑

9）制作窗框。同时选中上方、下方、中间的三条边，单击右键弹出快捷菜单，再单击【连接】旁边的小窗户按钮，把窗户分为左右两侧（图 8-33）。同时选中左右两侧的下方、中间的两侧共四条边，单击右键弹出快捷菜单，再单击【连接】旁边的小窗户按钮，把窗户下半部分均分为四扇（图 8-34）。

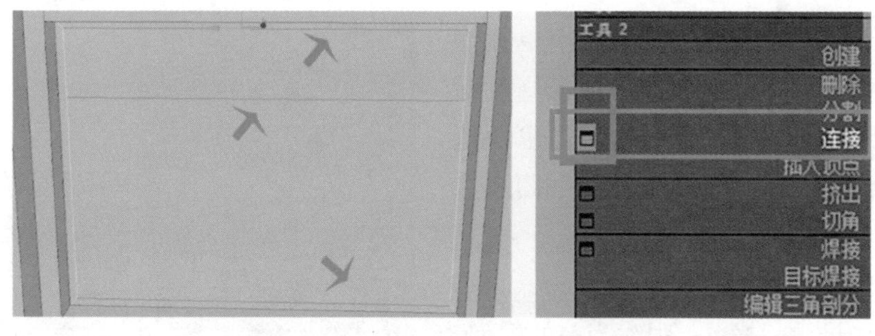

图 8-33　执行【连接】命令以均分窗户

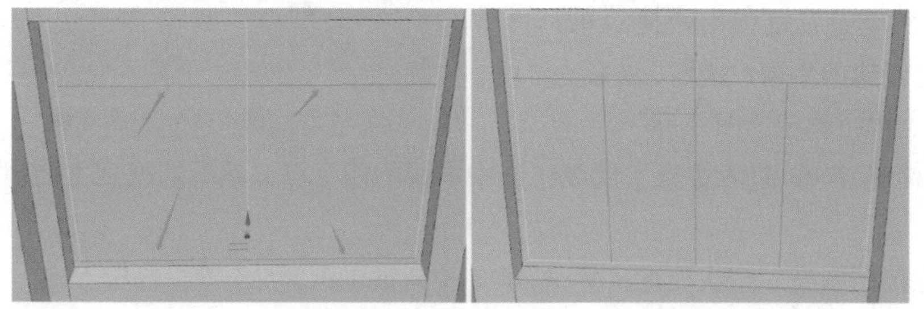

图 8-34　执行【连接】命令以四等分下半部分窗户

框选中间的窗框线条，单击右键弹出快捷菜单，再单击【切角】旁边的小窗户按钮，输入参数为“25”，即窗框宽为25mm（图8-35）。

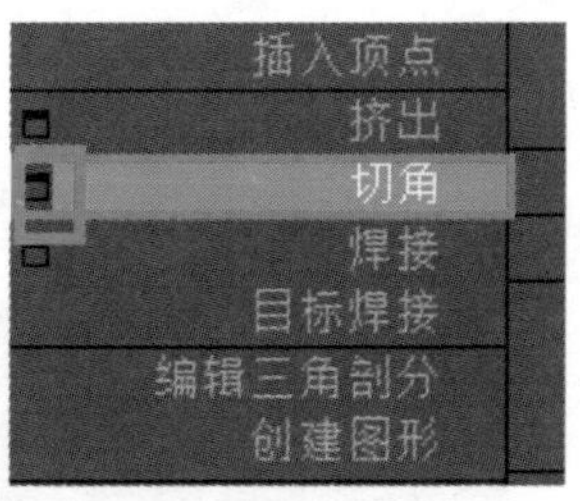

图8-35 切角

10）挤出玻璃。按快捷键<4>进入【面】层级，单击【选择对象】按钮，同时选中窗户的面。单击右键弹出快捷菜单，再单击【挤出】旁边的小窗户按钮，输入参数为“15”，如图8-36所示。

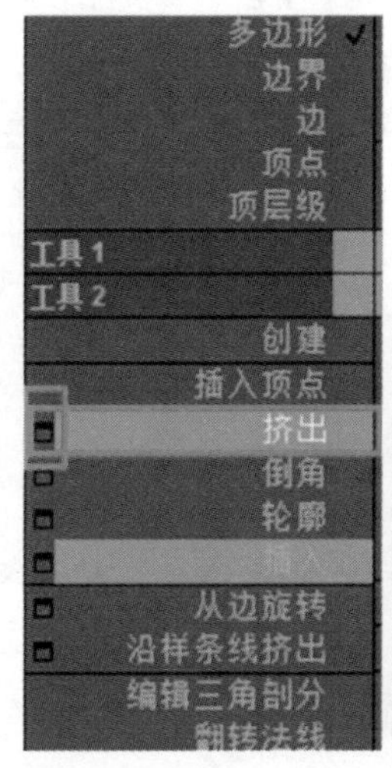

图8-36 挤出玻璃

11）分离出玻璃。为便于后期单独编辑玻璃材质，需分离出玻璃。单击修改面板中的【分离】按钮。单击右键弹出快捷菜单，选择【顶层级】命令返回，如图8-37所示。

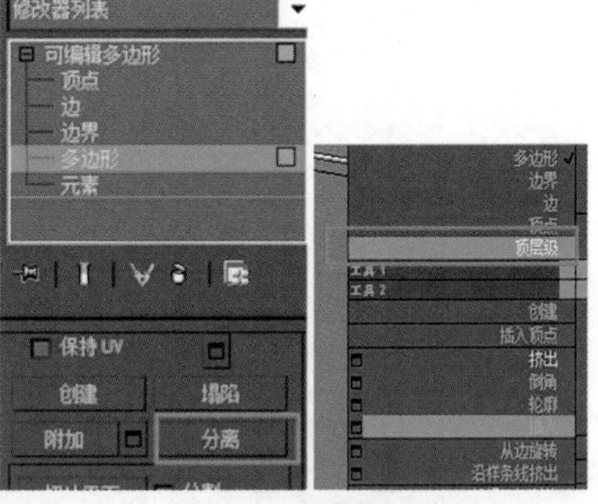

图8-37 分离玻璃

3. 制作推拉门门洞

1）制作推拉门横梁。观察当前的模型，需制作门洞上方的横梁。选中推拉门位置的四条边，单击右键弹出快捷菜单，再单击【连接】旁边的小窗户按钮，参数为“1”，单击【√】按钮确定（图8-38）。

按快捷键<1>，进入【点】层级，选中中间的四个点，然后切换到【前视图】视口（图8-39）。

2）定位门洞高。按快捷键<W>移动，【捕捉】调为2.5维，固定Y轴，移动四个点捕捉到地面，单击右键弹出快捷菜单，选择【选择并移动】命令，在Y轴中输入“2400”，即推拉门门洞高度为 2400mm（图 8-40）。

3）激活透视视口，按快捷键 <4> 进入【面】层级，选中门两边的墙面，如图 8-41 所示，在修改面板中单击【桥】，即桥接出推拉门上方的横梁，门洞制作完成。

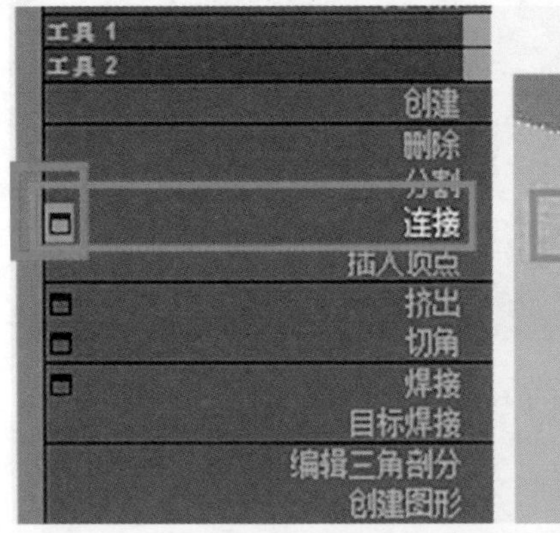

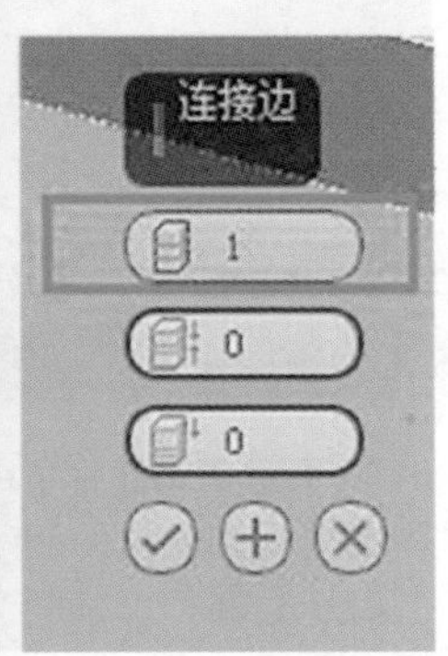

图 8-38　连接以均分推拉门

图 8-39　选中图中两点

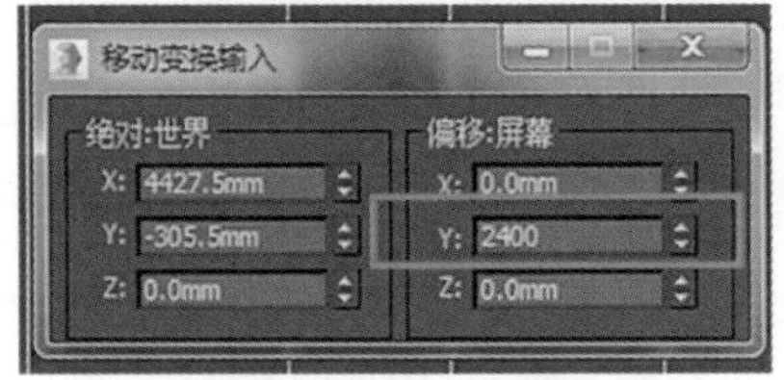

图 8-40　定位门洞高

图 8-41　选中门两边的墙面

4. 制作推拉门

1）挤出推拉门。切换到【顶视图】视口，按快捷键 <S> 打开【捕捉】，执行【矩形】命令，绘制矩形，再对该矩形执行【挤出】命令，数量为“2400”，即推拉门高 2400mm（图 8-42）。

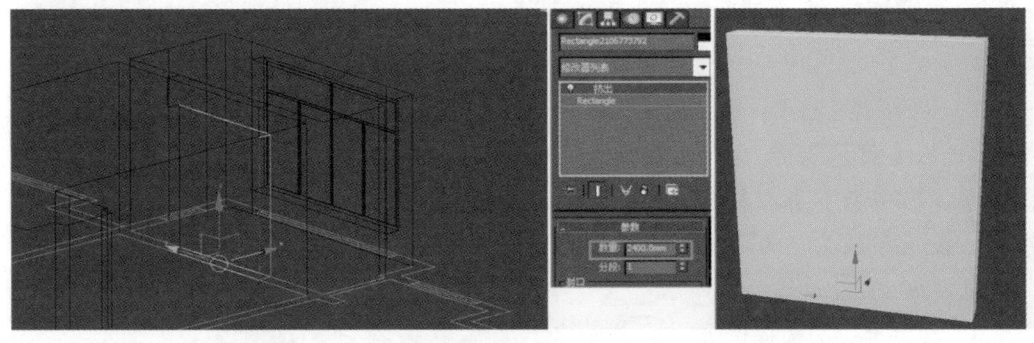

图 8-42　挤出推拉门

按 <Alt+W> 键，将门孤立显示，单击右键弹出快捷菜单，选择【转换为可编辑多边形】命令，目的是将矩形转换为可编辑的面（图 8-43）。

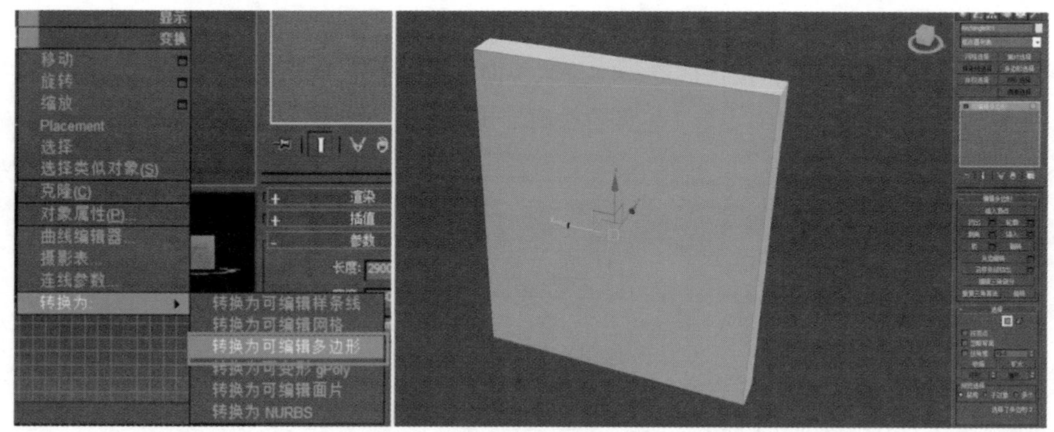

图 8-43　执行【转换为多边形】命令

按快捷键 <4> 进入【面】层级。使用【分离】命令，将面分离出来，然后确定。单击右键弹出快捷菜单，选择【顶层级】命令返回（图 8-44）。

2）留下分离的面，删除其他多余的面（图 8-45）。

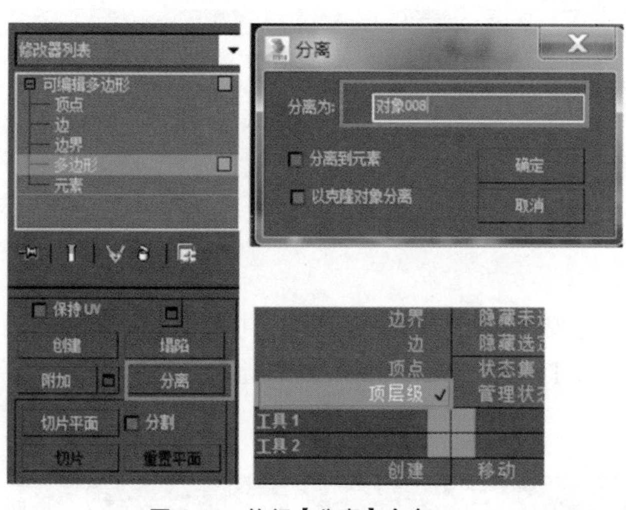

图 4-44　执行【分离】命令

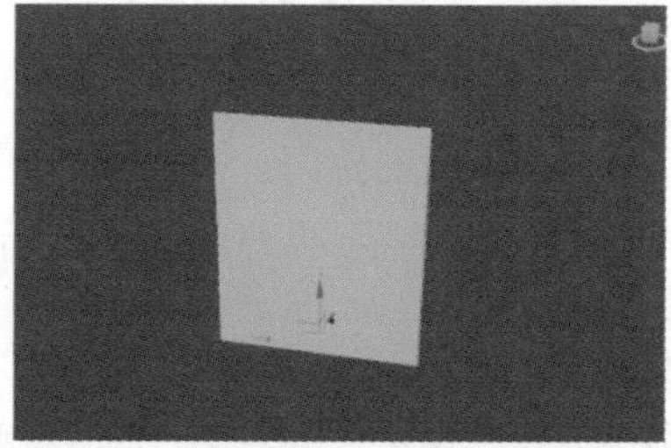

图 8-45　留下分离出的面，其他删除

3）制作推拉门门框。按快捷键 <4>，进入【面】层级，单击右键弹出快捷菜单，再单击【插入】旁边的小窗户按钮，设置参数为“60”，即推拉门的门框宽为 60mm，如图 8-46 所示。

4）确定推拉门横撑位置。按快捷键 <2> 进入【边】层级，选择左右两个边，单击右键弹出快捷菜单，再单击【连接】旁边的小窗户按钮，如图 8-47 所示。

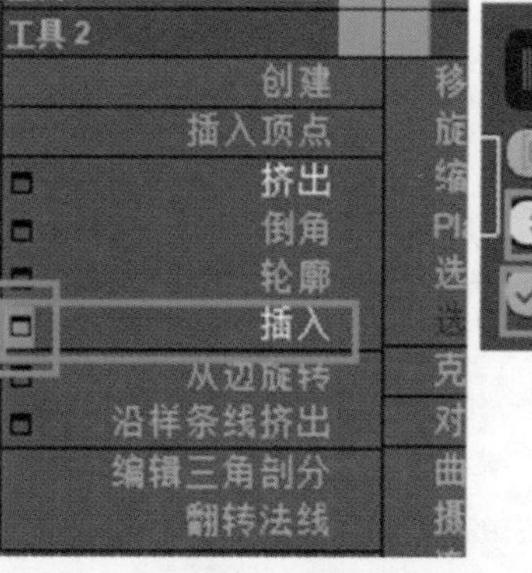

图 8-46　执行【插入】命令

打开【捕捉】选择三维捕捉，单击右键弹出快捷菜单，再单击【选择并移动】按钮，将中间的边移动到上端，输入 Z 轴参数为“–500”，如图 8-48 所示。

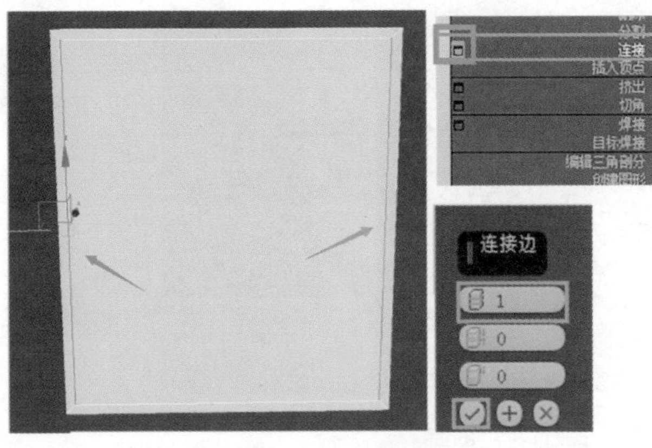

图 8-47 执行【连接】命令

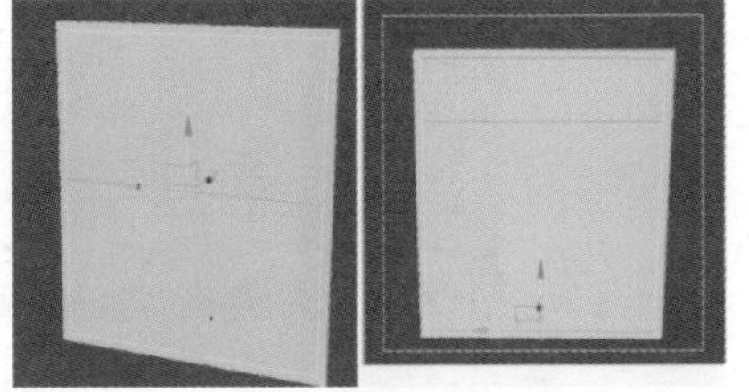

图 8-48 移动横撑到上图位置

5）将推拉门分为两扇。选择图中上面和中间的两条线，单击右键弹出快捷菜单，再单击【连接】旁边的小窗户按钮，把推拉门一分为二，如图 8-49 所示。

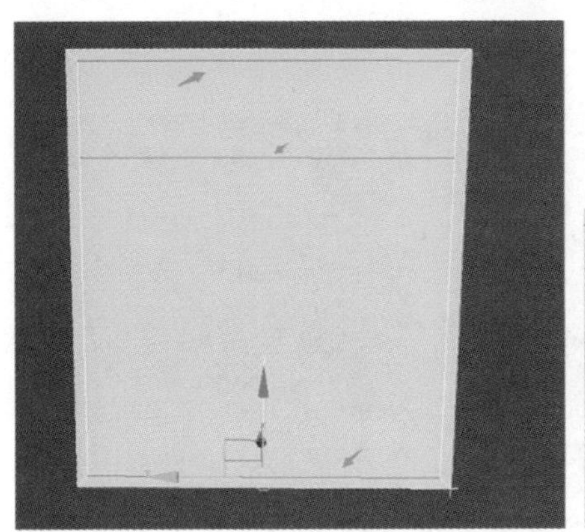

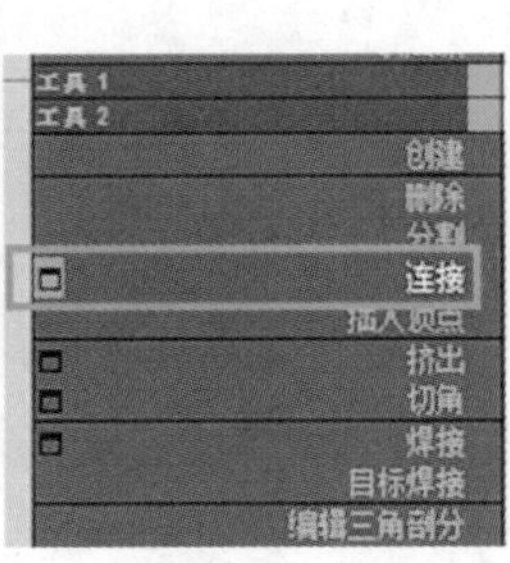

图 8-49 执行【连接】命令，以均分推拉门

6）制作推拉门的水平和垂直横撑。选择中间的水平和垂直线，单击右键弹出快捷菜单，再单击【切角】旁边的小窗户按钮，设置参数为“25”，如图 8-50 所示。

7）分离推拉门的面。此举目的是便于单独编辑推拉门的玻璃材质。按快捷键 <4> 进入【面】层级，选中推拉门的 4 个面，执行【分离】命令（图 8-51）。单击右键弹出快捷菜单，选择【顶层级】命令返回。

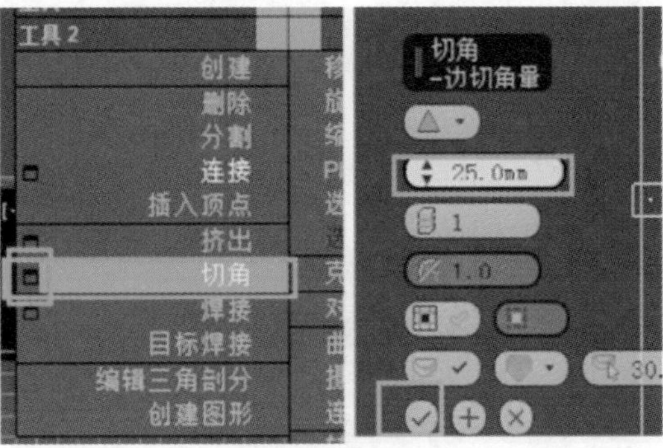

图 8-50 切角

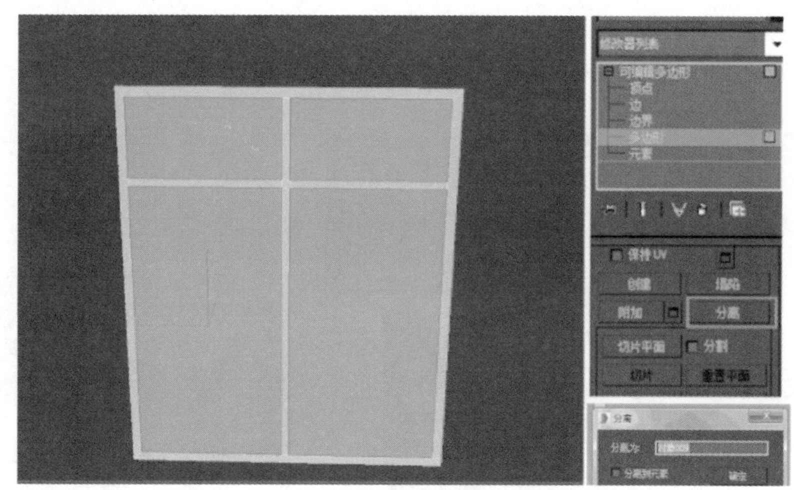

图 8-51　分离推拉门的面

8）给边框添加厚度。选中中间的水平和垂直的边框，执行【壳】命令，设置参数为“150”，如图 8-52 所示。

9）给玻璃添加厚度。选中中间四个面，即选中玻璃的四个面，执行【壳】命令，设置参数为“15”。

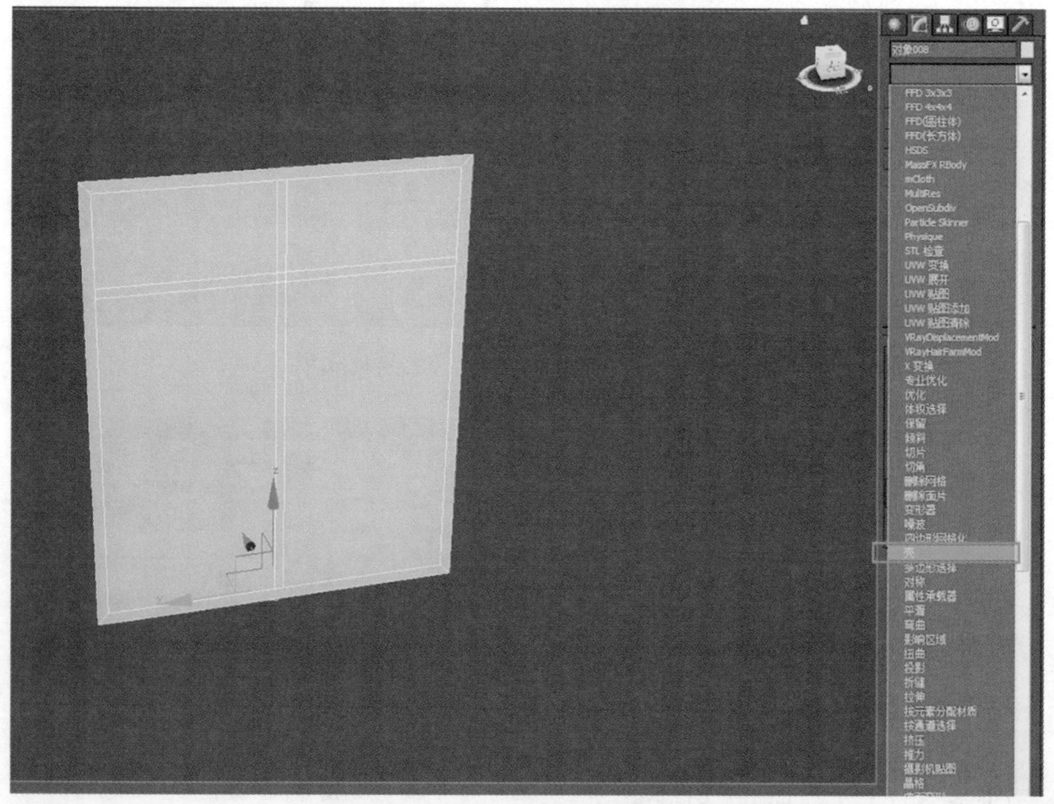

图 8-52　执行【壳】命令，给边框添加厚度

10）移动玻璃到窗框中间。选中玻璃并按快捷键 <W>，执行【选择并移动】命令，将玻璃移动到窗框之间，如图 8-53 所示。

11）关闭孤立。按 <Alt+Q> 键，关闭【孤立】，显示全部内容，窗和门制作完成。

5. 制作吊顶

1）制作天花的面。切换到顶视图视口，按快捷键 <S> 打开【捕捉】，执行【矩形】命令，如图 8-54 所示，在客厅处绘制矩形，并单击右键弹出快捷菜单，选择【转换为可编辑多边形】命令（图 8-55）。

图 8-53　移动玻璃到窗框

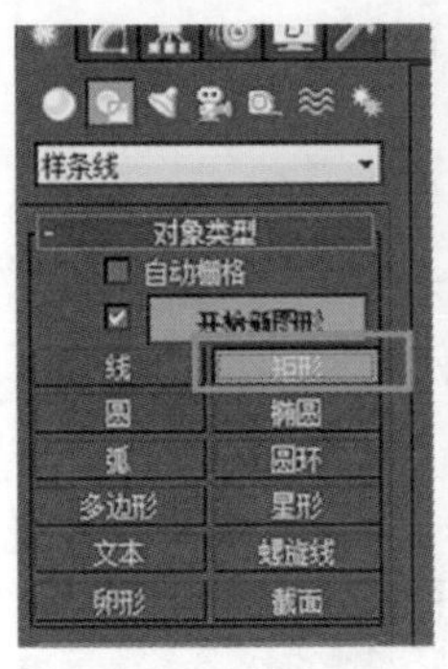

图 8-54　绘制矩形

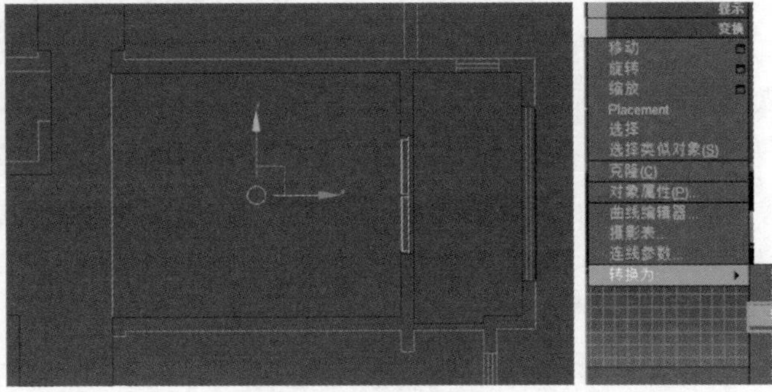

图 8-55　转换矩形为可编辑的多边形

2）切换到【前视图】视口，移动矩形到天花处，再切换到【透视图】视口（图 8-56），天花面绘制完成。

图 8-56　制作天花的面

3）制作边吊。为便于大家观察，按 <Alt+Q> 键将天花【孤立】出来，按快捷键 <4> 进入【面】层级，单击右键弹出快捷菜单，再单击【插入】旁的小窗户按钮，设置参数为“350”，单击【√】按钮确定（图 8-57）。

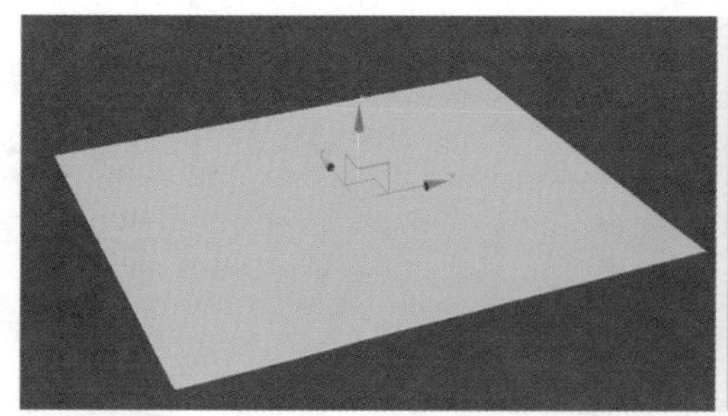
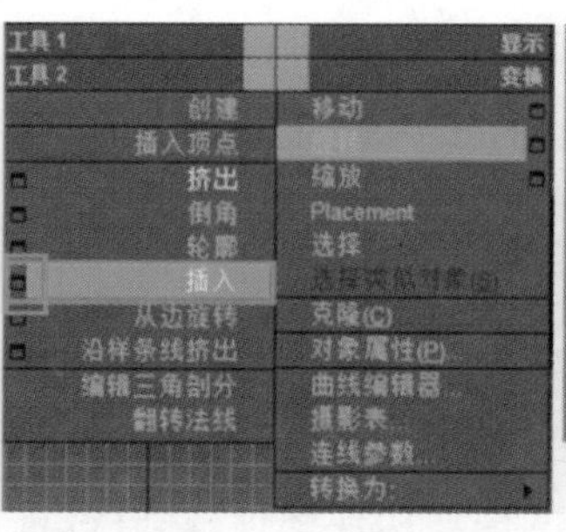

图 8-57　执行【插入】命令

单击右键弹出快捷菜单，再单击【挤出】旁的小窗户按钮，设置参数为“250”，即边吊厚度为250mm（图 8-58）。

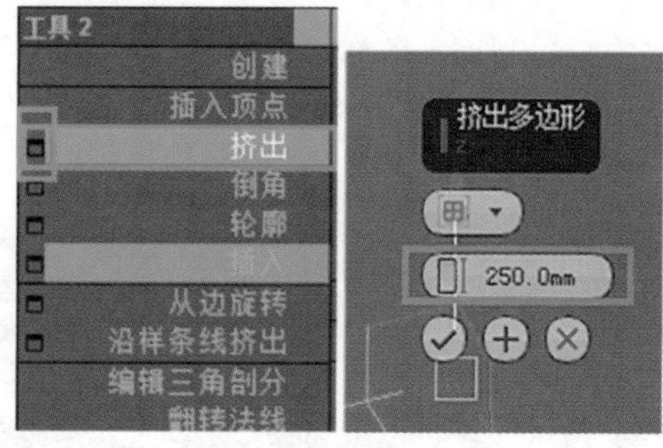

图 8-58　挤出边吊

4）制作吊顶内圈。单击右键弹出快捷菜单，再单击【插入】旁的小窗户按钮，设置参数为“450”，然后执行【挤出】命令，设置参数为“30”，即边吊为30mm厚。取消【孤立】，显示全图，如图 8-59 所示。选中吊顶，单击右键弹出快捷菜单，再单击【选择并移动】按钮，在Y轴上输入“-300”，如图 8-60 所示，即吊顶往下降 300mm，完成吊顶制作，如图 8-61 所示。

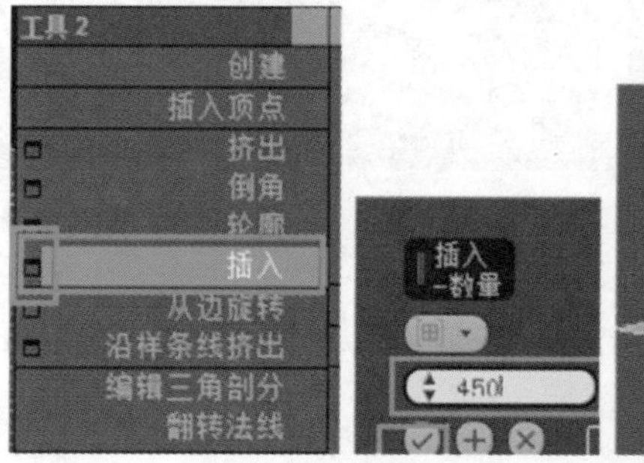

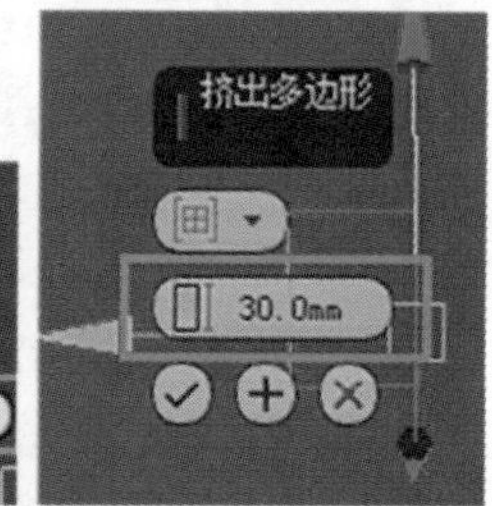

图 8-59　挤出边吊内圈

图 8-60　执行移动命令

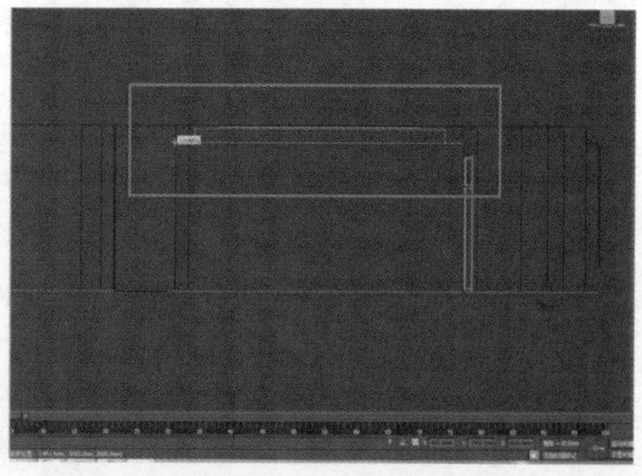

图 8-61　移动后的吊顶位置

5）预留窗帘盒位置。选中吊顶，执行【FFD2×2×2】命令，选择【控制点】，切换到【顶视图】视口，移动图中的控制点，单击右键弹出快捷菜单，再单击【选择并移动】按钮，设置 X 参数为“240”，即预留窗帘盒的空隙为 240mm。单击右键弹出快捷菜单，选择【顶层级】命令返回即可，如图 8-62 所示。

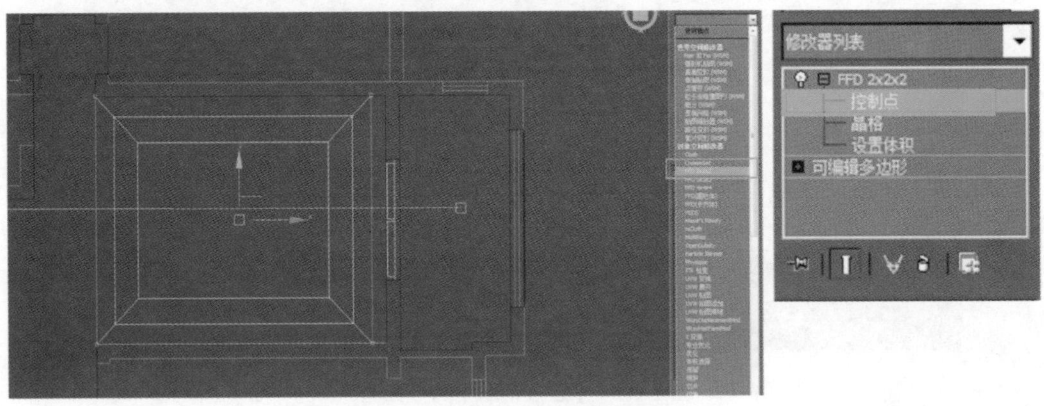

图 8-62　执行 FFD2×2×2 命令

6. 制作电视背景墙

1）制作背景墙面板。切换到前视图，执行【矩形】命令，绘制矩形，单击右键弹出快捷菜单，选择【转换为可编辑多边形】命令，目的是将二维图像转换为面，为便于观察。按<Alt+Q>键将背景墙【孤立】出来，如图 8-63 所示。

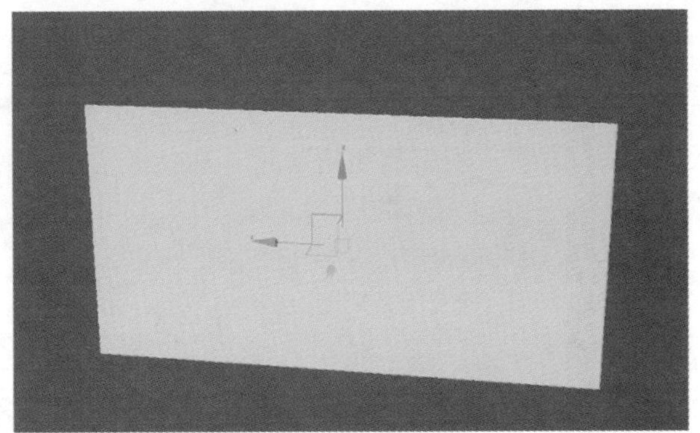

图 8-63　孤立出背景墙

2）将背景板分为水平的三段。切换到【透视图】视口，选择左右两条边，单击右键弹出快捷菜单，再单击【连接】旁的小窗户按钮，设置参数为“3”，单击【√】按钮确定，如图 8-64 所示。

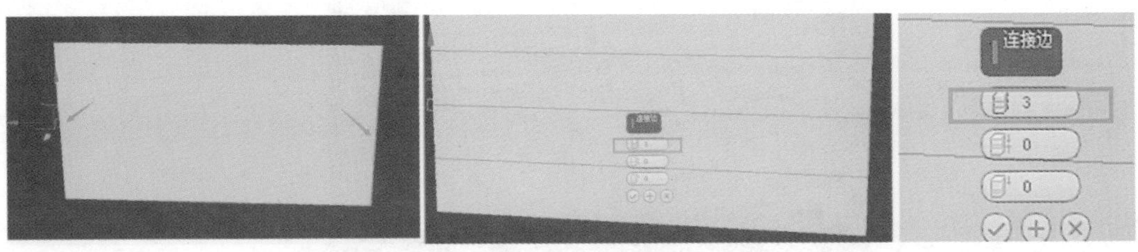

图 8-64　连接边

3）将背景板分为垂直的 9 段。选中水平的 5 条边，单击右键弹出快捷菜单，再单击【连接】旁的小窗户按钮，设置参数为“9”，单击【√】按钮确定（图 8-65）。

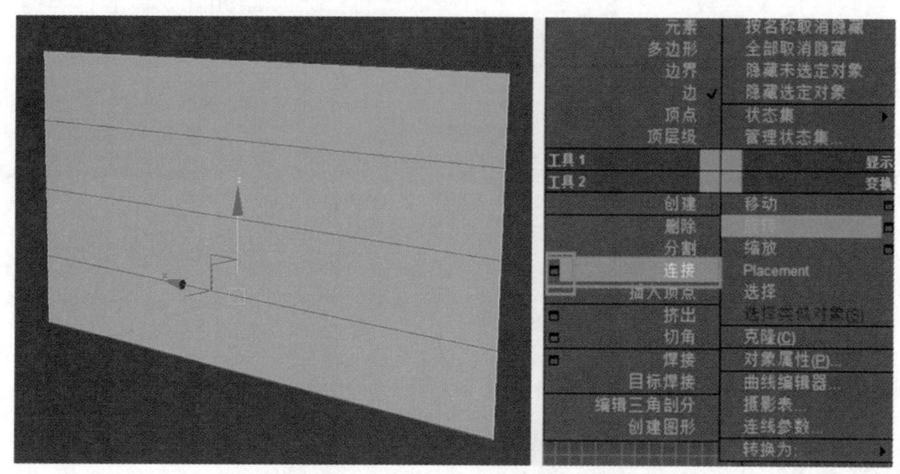

图 8-65　【连接】水平的 5 条边

4）制作错落的石膏缝。选中水平的三条线，同时选中图中的几条垂直线，单击右键弹出快捷菜单，再单击【挤出】旁的小窗户按钮，输入参数，其深度和宽度的参数分别为“–5”“6”，单击【确定】按钮返回，如图 8-66 所示。按 <Alt+Q> 键，取消【孤立】。

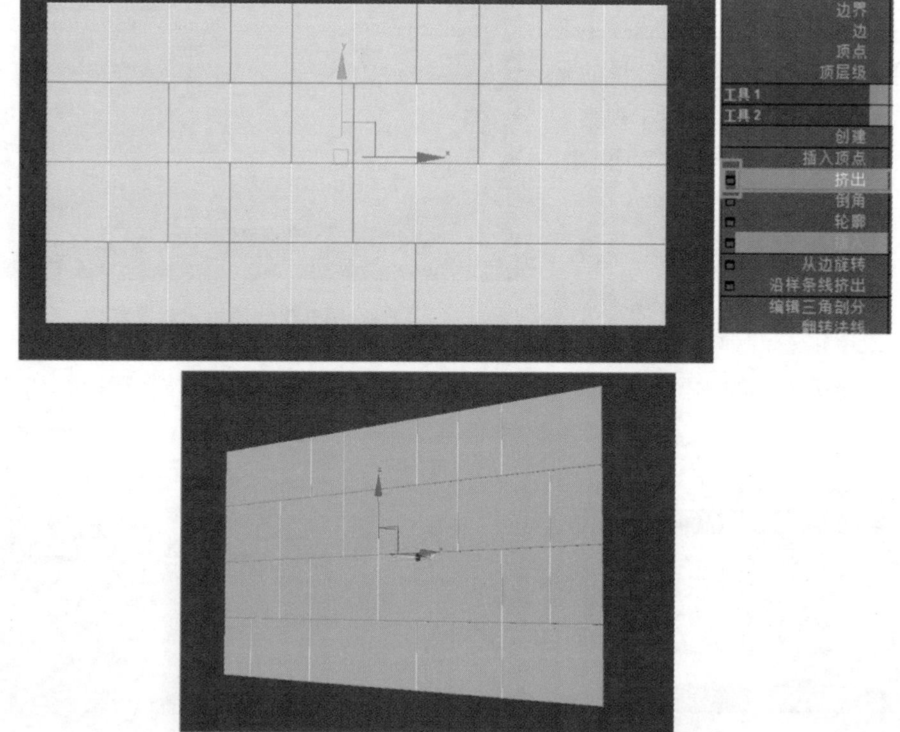

图 8-66　执行【挤出】命令，制作完成的石膏缝效果

5）删除重合的墙体面。选中背景墙后面的墙体面，执行【分离】命令，单击右键弹出快捷菜单，选择【顶层级】命令返回，同时选中背景墙面和墙体面，按 <Alt+Q> 键，将这两个面孤立出来（图 8-67）。

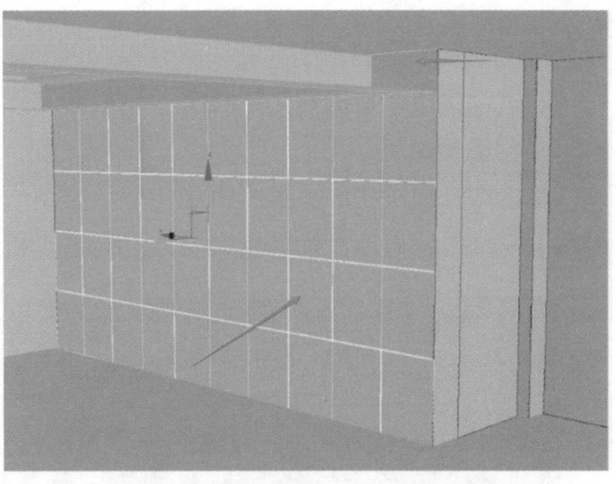

图 8-67　选中箭头所指的面——背景墙后面的墙面、背景墙面，并执行【孤立】命令

切换到【前视图】视口，选中墙体面，按快捷键 <S>，打开【捕捉】。单击右键弹出快捷菜单，选择【快速切片】命令，其目的是将墙体面切为两段，删除多余的下半段墙体，单击右键退出并返回。选中墙体面的下半段，删除，如图 8-68 所示。按 <Alt+Q> 键，取消【孤立】。

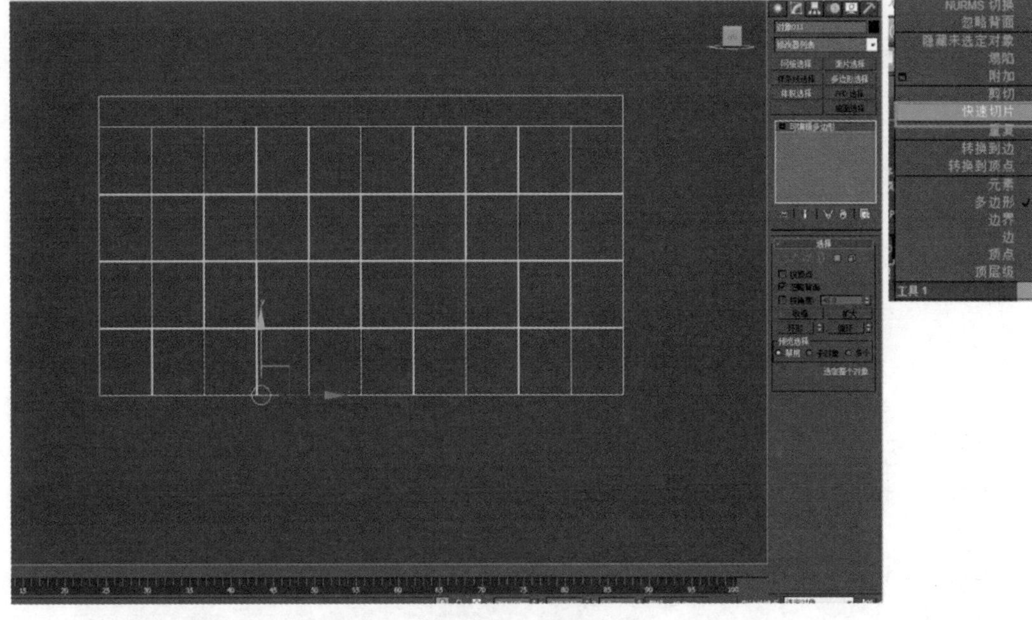

图 8-68　快速切片

7. 合并家具、陈设到场景中

为避免单个模型文件过于复杂庞大，可在一个文件中组建空间场景，另一个文件组建家具，然后再将组建好的家具文件合并到空间场景中。合并文件允许用户从另外一个场景文件中选择一个或者多个对象，然后将选择的对象放置到当前的场景中。操作如下：

单击菜单栏左侧的 3ds Max 2016 图标，执行【导入】/【合并】命令，在弹出的【合并文件】对话框中选择客厅家具模型（该命令只能合并 .max 格式的文件），客厅空间模型组建完成。

8.3.3 摄影构图

通过设置摄影机的焦距、位置、角度和高度，可以取得符合构图规律的透视效果。

1. 创建摄影机

单击命令面板中的【摄影机】图标，在下方对象类型中单击【目标】按钮。在【顶视图】视口中，拖动鼠标创建出一个目标摄影机。如图 8-69 所示。

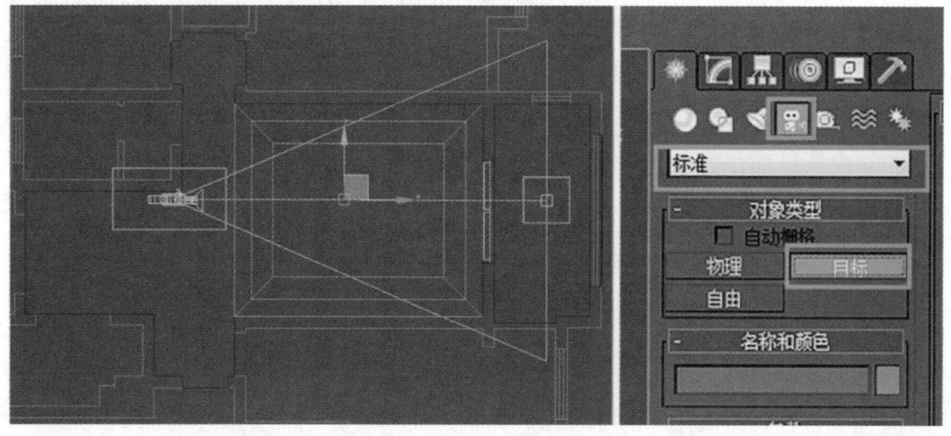

图 8-69　创建摄影机

2. 设置参数

切换到左视图视口，单击【选择并移动】图标，同时调整摄影机和相机目标点的高度为“1200”左右，选中摄影机，在修改面板中，打开参数卷展栏，设置摄影机参数，【镜头】为“28”，滑动下面卷展栏，勾选【剪切平面】选项，设置【近距剪切】为“3100”，【远距剪切】为“15000”，如图 8-70 所示。

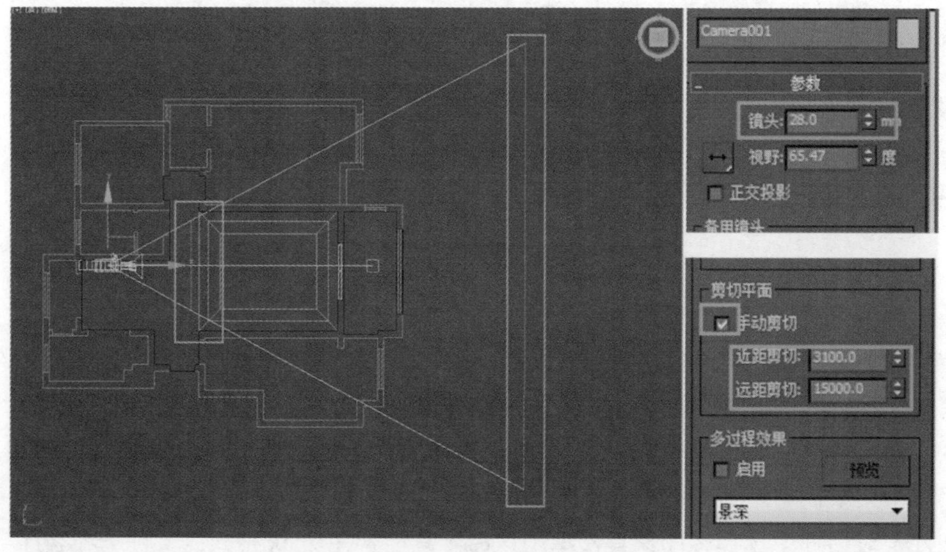

图 8-70　设置近距剪切与远距剪切

3. 激活摄影机视图

切换到透视图视口，按快捷键 <C>，即激活了摄影机视图。

8.3.4　材质模拟

1. 乳胶漆材质

按快捷键 <M>，打开【材质球】，重命名为“白色乳胶漆”，单击【Standard】按钮，选择【VRaymtl】，进入 V-Ray 的标准材质（图 8-71）。

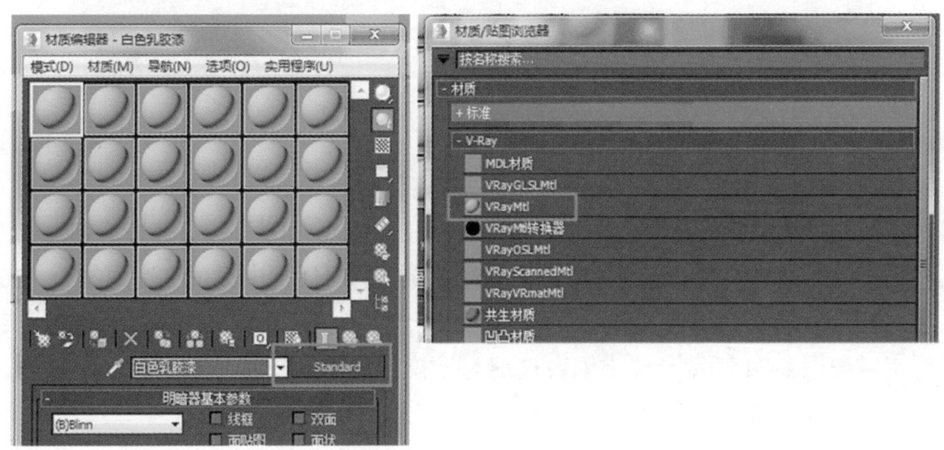

图 8-71　进入标准材质

单击【漫反射】图标，弹出的对话框中，【亮度】参数为“220”（图 8-72）。

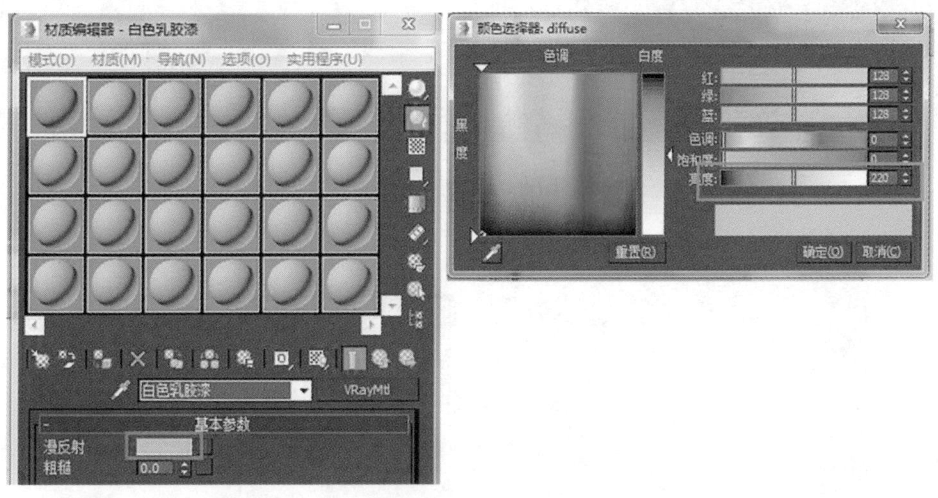

图 8-72　白色乳胶漆

切换到【透视图】视口，选择天花、墙面、背景墙，单击【赋予材质】按钮，将乳胶漆材料附加给天花、墙面、背景墙，如图 8-73 所示。

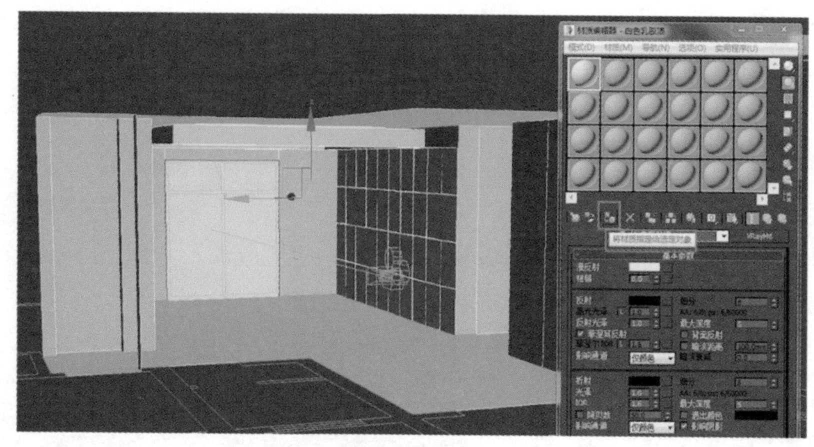

图 8-73　给材质

2. 玻璃材质

选择新的材质球，并重命名为“玻璃”，单击【Standard】按钮，选择【VRaymtl】，进入 V-Ray 的标准材质。单击【漫反射】图标，弹出的对话框中设置亮度参数为“10”。单击【反射】，亮度参数为“50”，【折射】亮度参数为“255”。同时，勾选【菲涅尔反射】，如图 8-74 所示。选中阳台玻璃与推拉门玻璃，单击【赋予材质】按钮，给予玻璃材质即可，如图 8-75 所示。

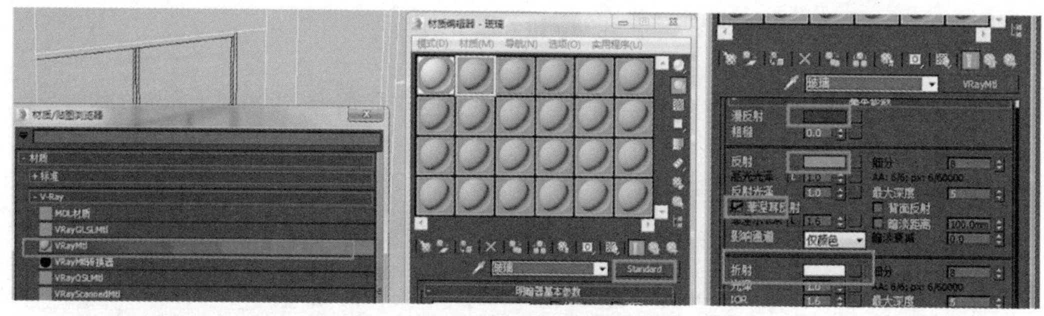

图 8-74　玻璃材质设置

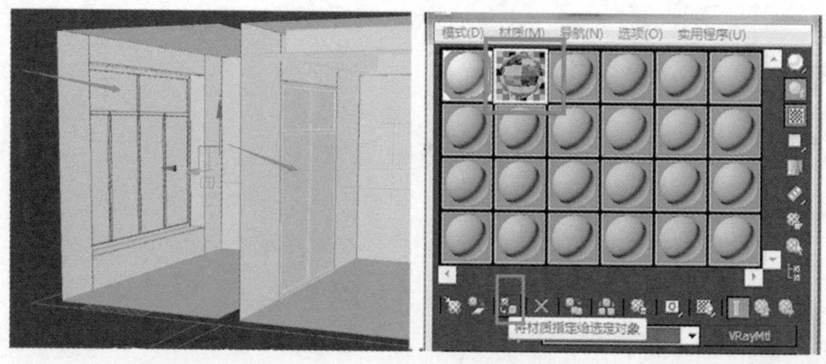

图 8-75　选中图中的推拉门、阳台窗户，按【赋予材质】按钮赋予材质

3. 钛镁铝合金

选择新的材质球，并重命名为“窗框”。单击【Standard】按钮，选择【VRaymtl】，进入 V-Ray 的标准材质。单击【漫反射】图标，弹出的对话框中，【亮度】参数为“15”。单击【反射】，其【亮度】参数为“180”，【高光】参数为“0.7”，如图 8-76 所示。选中窗框、推拉门框，按【赋予材质】按钮，给予钛镁铝合金材质即可，如图 8-77 所示。

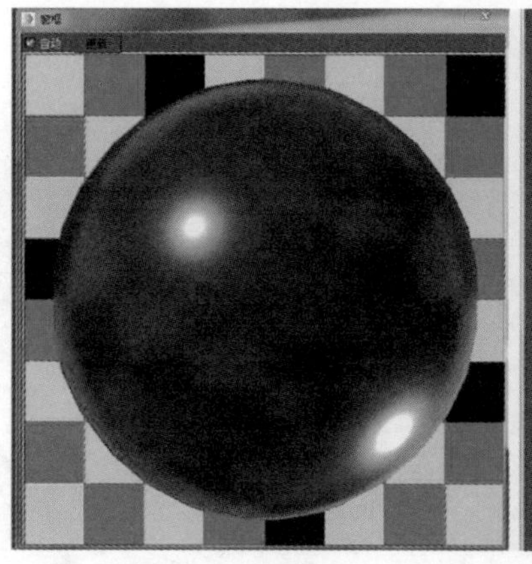

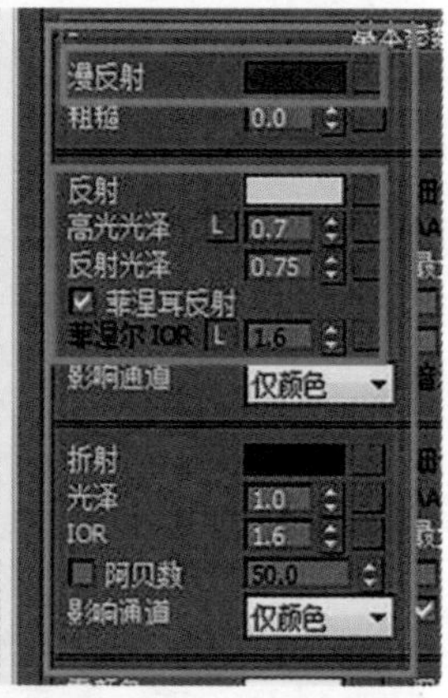

图 8-76　钛镁铝合金材质

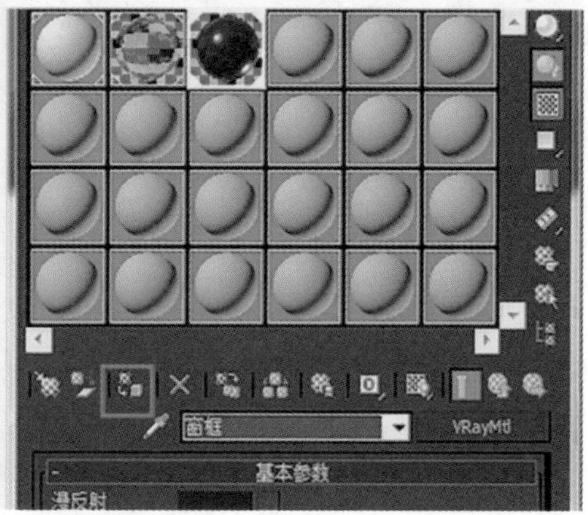

图 8-77　选中窗框赋予材质

4. 地砖

重命名为“地砖”。单击【Standard】按钮，选择【VRaymtl】，进入 V-Ray 的标准材质。单击【漫反射】图标，弹出的对话框中，选择文件夹中的贴图文件“波斯灰”。单击【反射】，其【亮度】参数为“168”。选中地板，按【赋予材质】按钮，给予地砖材质即可。

（提醒：本章节只介绍了空间结构的材质设置，家具的材质为模型库自带，无需设置。）

8.3.5　布置灯光

1. 模拟自然光

单击【灯光】按钮，在【顶视图】视口落地窗的外侧，创建一盏【VRayLight】，下拉菜单，勾选【不可见】，设置【倍增器】为“10”，用于模拟天空光，将【颜色】设置为“浅蓝色”（天空的颜色），按快捷键 <R>，对该灯光进行【缩放】，大小与落地窗窗口相似，如图 8-78 所示。

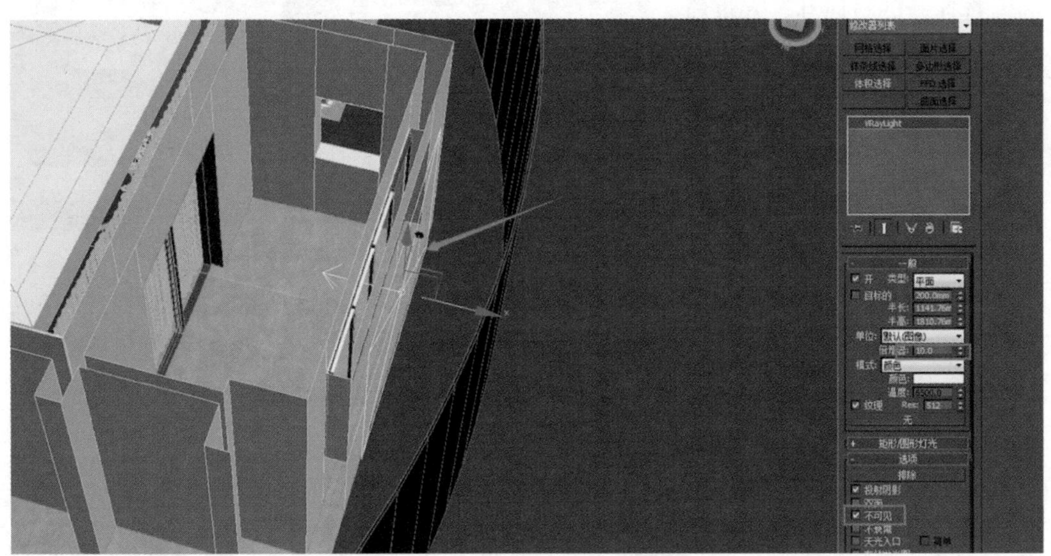

图 8-78 阳台外的 VRayLight

再用同样的方法，在顶视图视口，在推拉门外侧创建一盏【VRayLight】。复制推拉门外侧的【VRayLight】，并移动该灯源到推拉门内侧，同时，缩小【VRayLight】，目的是让光线变得更柔和和自然，如图 8-79 所示。

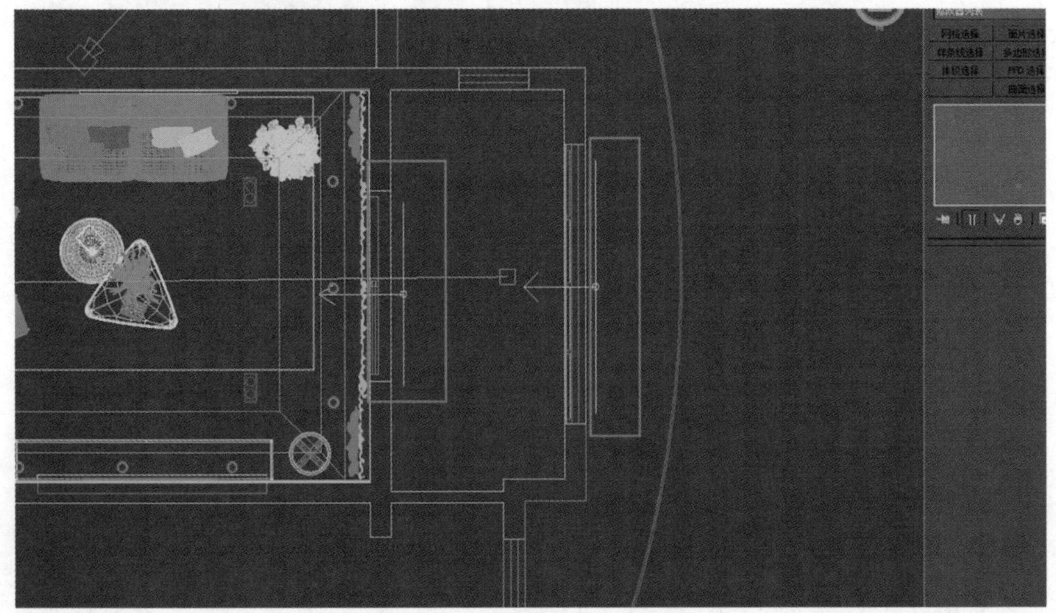

图 8-79 推拉门外的 VRayLight

2. 设置测试渲染参数

设置白模参数，快速渲染图样。白模快速渲染的目的是用白色覆盖原材质，提高渲染速度。按 <F10> 键，进入渲染菜单，勾选【覆盖材质】，单击【排除】按钮，在弹出的对话框中选中窗帘、阳台窗户、推拉门模型，即窗帘等不变成白模，如图 8-80 所示。

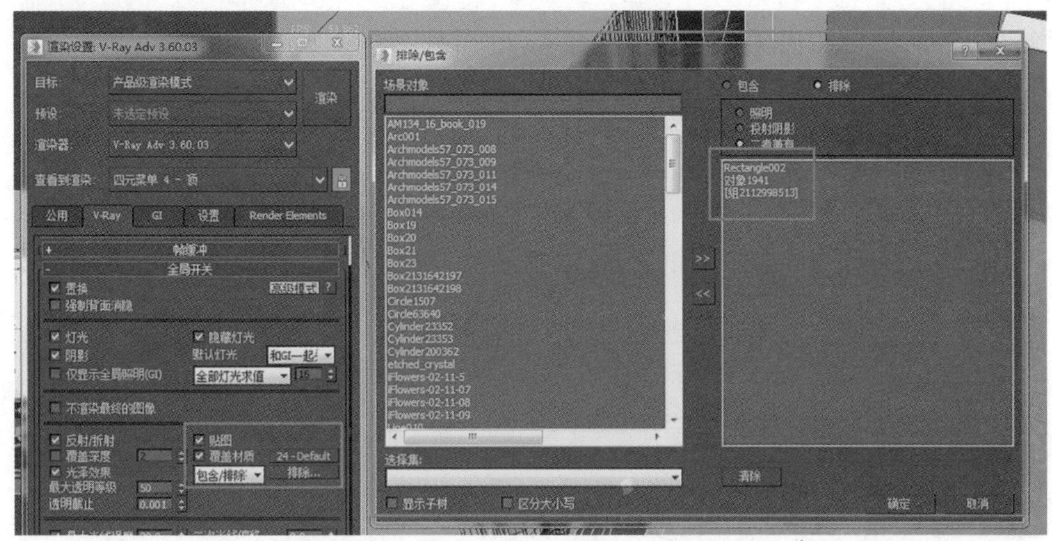

图 8-80　测试渲染

按 <Shift+Q> 键，快速渲染，如图 8-81 所示。

图 8-81　测试渲染效果

3. 模拟筒灯发光

1）创建【VRayIES】。选择筒灯，按 <Alt+Q> 键，【孤立】显示筒灯以便观察，单击【灯光】下方的【VRayIES】按钮，切换到【前视图】中拖动鼠标不放，向地板方向拖动，直到目标点出现在图中位置，创建【VRayIES】完成，如图 8-82 所示。

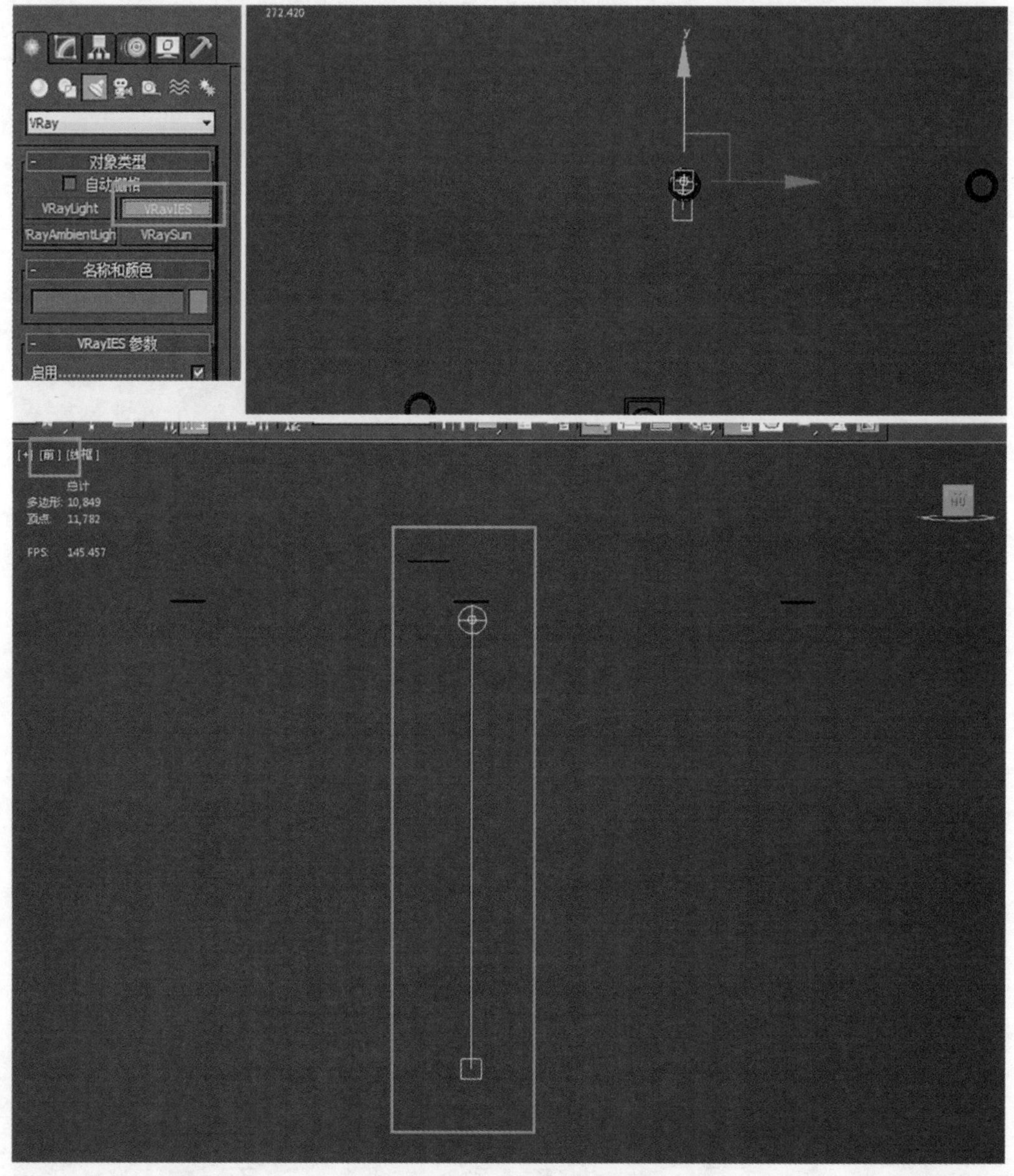

图 8-82　创建【VRayIES】

2）加光域网。在【前视图】视口，选择灯光，进入修改面板，单击【ies 文件】旁的【无】按钮，在弹出的对话框中，找到“竹筒 .ies”文件，光域网能让灯光形状更真实，如图 8-83 所示。

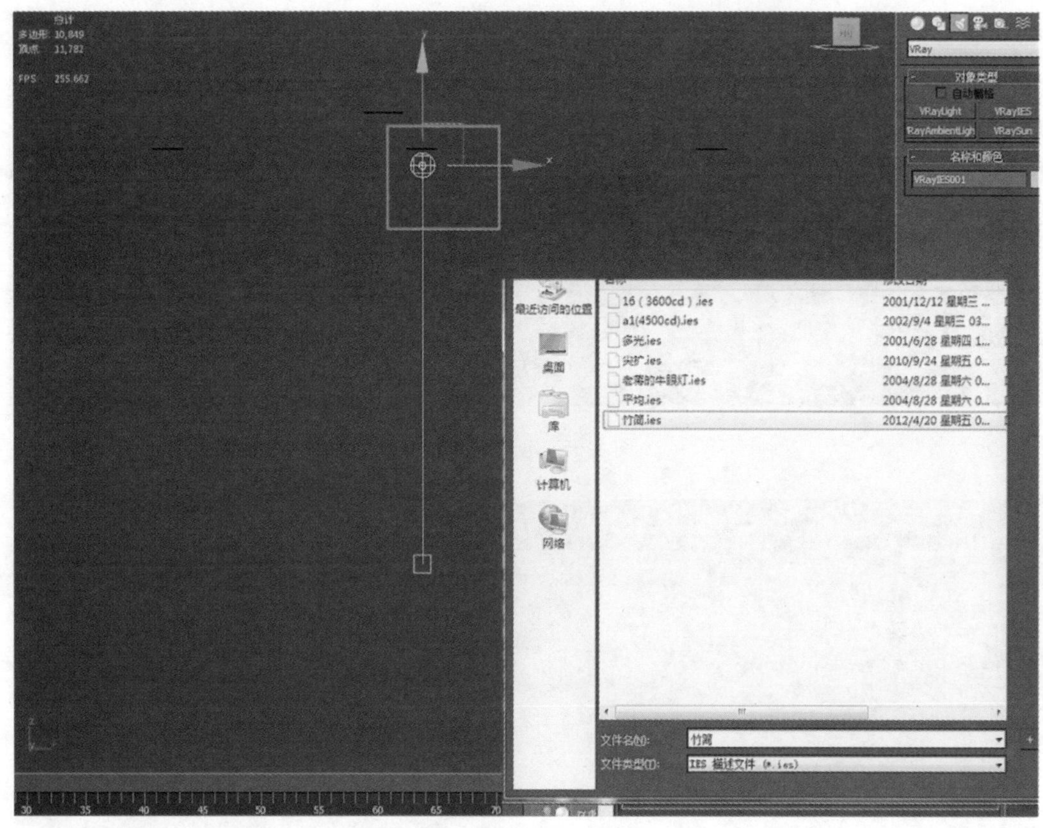

图 8-83　加光域网

3）复制多盏灯光。切换到【顶视图】，把灯光移动到筒灯下面，同时按 <Shift> 键不放，使用【实例】方式复制多盏，如图 8-84 所示。按 <Alt+Q> 键，取消【孤立】，显示全部。

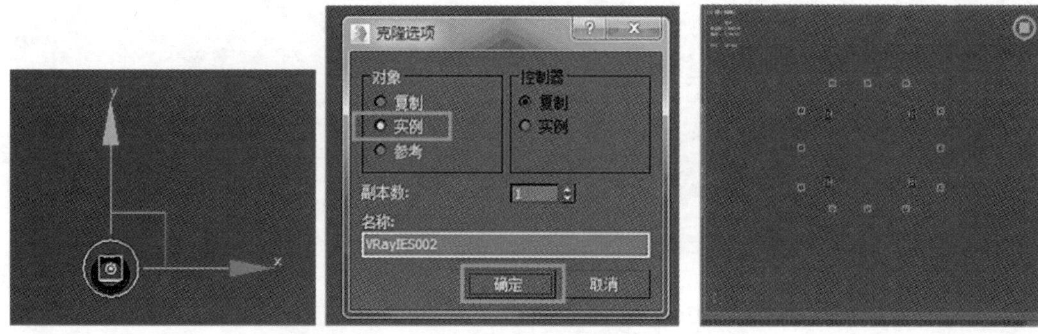

图 8-84　复制多盏灯光

4）创建落地灯。在顶视图中创建【VRayLight】，并在前视图视口中，调整位置，【色温】为“3500”，【倍增器】为“60”，如图 8-85 所示。客厅灯光布置完成，如图 8-86 所示。

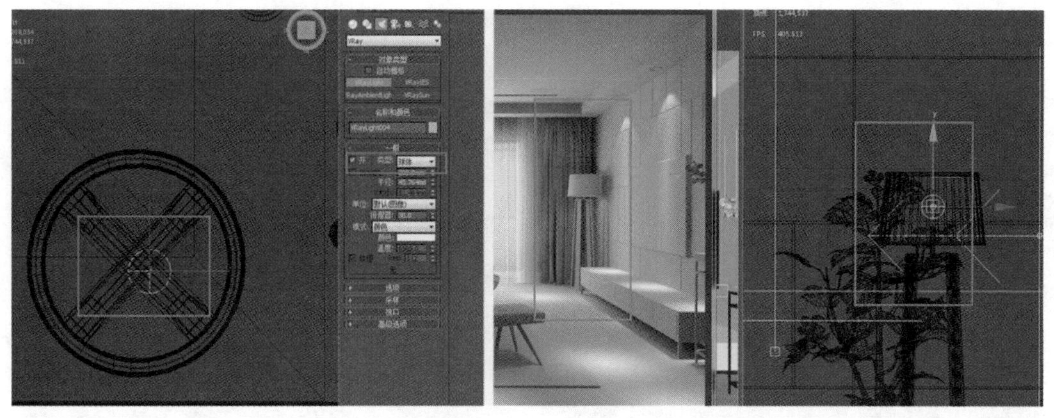

图 8-85　创建落地灯

图 8-86　灯光布置完成

（提示：灯光布置完成后，可再进行一次测试渲染，观察灯光效果，以及增加灯光后的材质效果是否理想，测试渲染后及时调整材质参数。）

8.3.6　渲染设置

场景中的摄影机和灯光设置完成后，就需要将前面设置的测试参数进行调整，设置正式渲染输出的参数，以得到更好的渲染效果。调整后我们就直接渲染大图了。

1. 细分 vr 灯光

将所有的灯光的【细分】，修改为“20”，如图 8-87 所示。

2. 设置渲染参数

按 <F10> 键，在打开的【渲染场景】窗口，调整一下首次引擎为【发光贴图】，二次引擎为【灯光缓存】，勾选【图像过滤】，【当前预设】为“中”。

图 8-87　细分 vr 灯光

3. 设置渲染尺寸

单击【公用】选项卡就可以渲染一张大尺寸的图了，可以将尺寸设置为“2000*1500”，单击【确定】按钮。

4. 渲染完成

经过 40min 左右的时间渲染，最终渲染效果，如图 8-88 所示。

图 8-88　渲染效果

5. 保存渲染图片

在渲染窗口中单击【保存图像】按钮，在弹出的【保存图像】窗口中将文件命名为“客厅”，【保存类型】中选择. Tif 格式，单击【保存】按钮，就可以保存渲染的图像。

6. 保存文件

按 <Ctrl+S> 键快速保存场景文件。

8.3.7　后期处理

通过观察和分析渲染的客厅效果，可以看出图面偏灰、偏暗，这就需要使用

Photoshop 先来调整渲染图。

1. 启动 photoshop CS6 中文版软件

2. 打开文件

双击打开刚刚渲染的“客厅 .tif ”文件。

3. 复制图层，调节【曲线】

在【图层】面板中拖住“背景”层不放，将其拖动到下面的【创建新图层】按钮上，将背景图层复制，目的是备份文件，以免操作失误时丢失文件，以方便找回，如图 8-89 所示。

按 <Ctrl+M> 键打开【曲线】，在弹出的对话框面板中设置参数，输出与输入参数分别为“78”“86”，如图 8-90 所示。

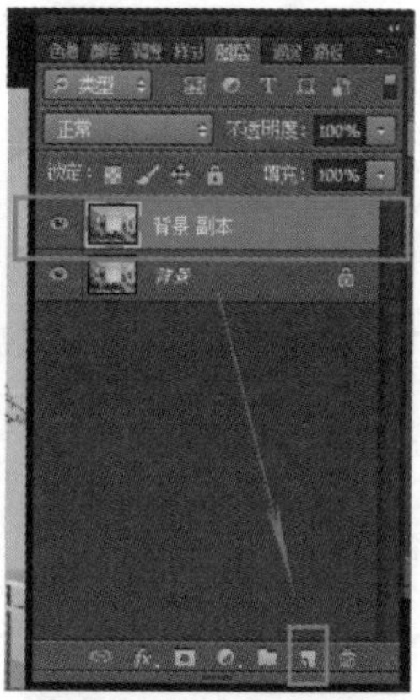

图 8-89　复制背景层

4. 调整【色阶】

按 <Ctrl+L> 键，打开【色阶】对话框，调整图面的亮度和对比度，参数为“0”“1”“246”（图 8-91）。

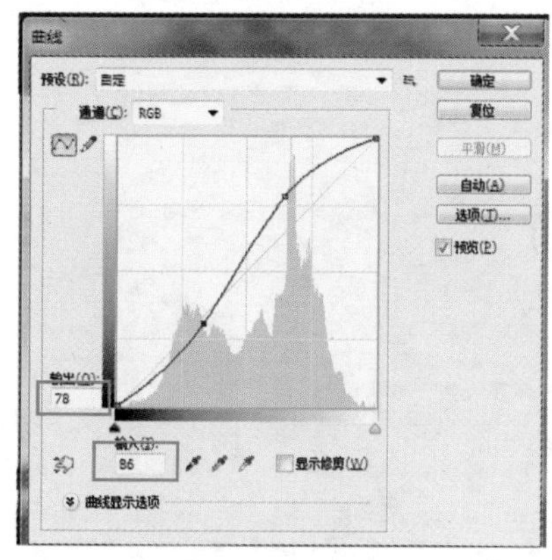

图 8-90　调节曲线

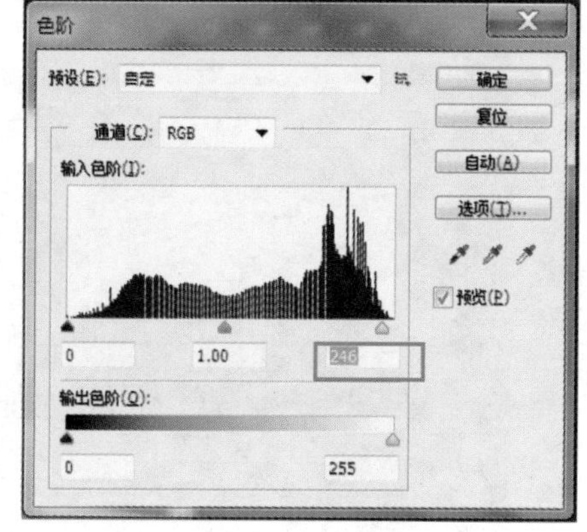

图 8-91　调整色阶

5. 调整【色相】

按 <Ctrl+U> 键，打开【色相】对话框，调整图面的色相，使其整体偏暖，整体的色相、饱和度、明度的参数分别为“–7”“10”“0”，黄色的色相、饱和度、明度的参数分别为“–8”“6”“0”（图 8-92）。

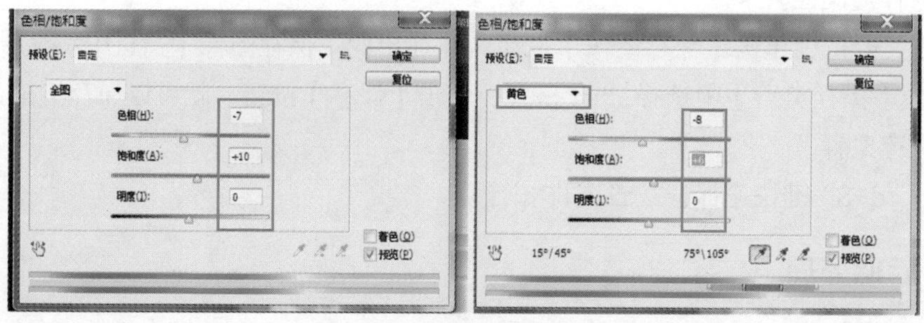

图 8-92　调整色相 / 饱和度

6. 添加【柔光】

拖住调整后的图层到下面的【创建新图层】按钮上，将调整后的图层复制，在【图层】面板下方的下拉列表中选择【柔光】，调整【不透明度】为“30”（图 8-93）。

7. 添加【照片滤镜】

在图层面板下方单击【创建新的填充或调整图层】按钮，选择【照片滤镜】选项，在弹出的对话框中设置参数，选择“加温滤镜（85）”，浓度为“15”，如图 8-94 所示。

图 8-93 添加柔光

图 8-94 调节照片滤镜

8. 完成后期处理

后期效果如图 8-95 所示，保存文件。按 <Ctrl+Shift+S> 键打开【另存为】对话框，将文件分别保存为“客厅 .psd”和“客厅 .jpg”。

图 8-95 后期处理效果

第 9 章　建筑室内设计表现的要点

9.1 建筑室内设计效果表现的方法

影响建筑室内设计表现效果的因素不仅包括表现内容、表现手法，还包括绘制者的主观能动性，它不仅要求绘制者具备基本绘画能力，还要求绘制者对设计的理解和画面形式的主观处理。由此可见,室内设计表现图不仅是对设计方案的表现,更是审美的表现。

9.1.1 选择最佳的透视角度

1. 视点位置——决定透视角度、表现重点

透视角度及表现范围因视点的高低、左右不同，所得到的透视效果也会不同，因此，视点位置的选择至关重要。当视点偏向一个方向时，其所在方向的内容会展现的更多。由此可见，我们不仅可以利用视点的位置来确定透视角度，而且可以通过视点的偏移确定表现范围和表现重点（图 9-1）。

2. 视高——符合人的视觉习惯

建筑室内表现图的视点高度应参考人的视线高度，常规情况下，人的视线高度为 1.6m 左右，因此，常规视高的表现图更符合人的视觉习惯，也是绘图过程中最常使用的视高。但是视高不是绝对和固定的，它要根据表现对象进行合理地提高或降低。例如，当侧重表现中庭或天花时，便可以适当降低视点，以展示天花的造型和结构；反之，如果要体现铺装和整体空间布局时，则可提高视点，即俯视图。

总之，无论视点高低如何调整，都必须要符合人的视觉规律，保证画面的完整与稳定，并且要在视觉上侧重表现设计重点（图 9-1）。

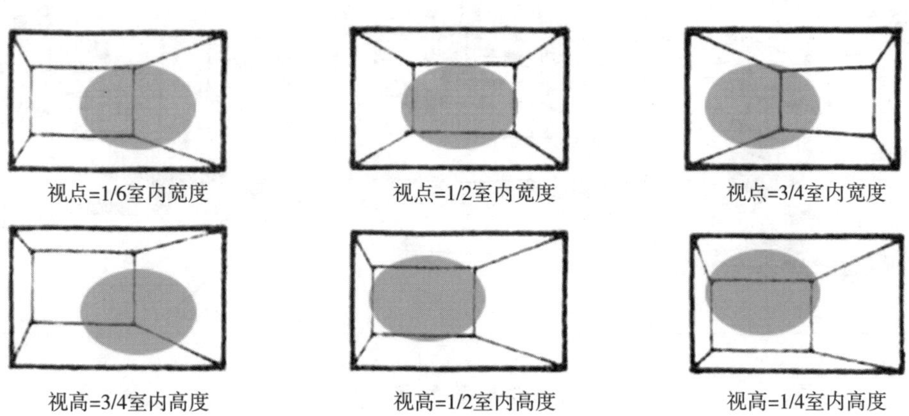

图 9-1 不同的视点、视高，其表现侧重点也不同

9.1.2 注意复杂的光影和明暗变化

室内表现不同于室外表现，因受材料、空间等众多因素的影响，形体受光后的明暗变化非常复杂，要正确表现它也是相当困难的。但是，室内表现图做为表达构思的技术手段，可把复杂的光影和明暗变化规律做简单的归纳、概括。这样一来，即使是离开对

象物，只根据较简单的规律来画，也可以“真实地”再现。光影规律既容易理解和掌握，又严谨、科学。

表现室内形体的光影和明暗，应注意以下几个方面问题（图 9-2）。

1）假定光线照射到形体的角度，如室内窗口或阳台方向。

2）注意光源强弱和距离形体的远近也应符合近实远虚的透视规律，例如，光源强且距离形体近，明暗对比强，其阴影宜实，反之，则明暗对比弱，形体的阴影宜虚。

3）阴影和暗部不是全黑，且要考虑形体固有色影响。

4）阴影的形态由物体的形态决定。

5）重点表现的物体至少需要四种色调：亮面、高光、暗部和投影。其他物体只需要三种色调：亮面、暗面和投影。背景和配景只需两个色调：亮面、暗面和阴影结合的阴面。

6）阴影的边缘处应加深，以增强对比。

图 9-2　对室内的光影和明暗进行概括（钢笔，2017 年 7 月，马振龙）

9.1.3　避免局部的深入刻画

整体统一是任何审美规律的首要原则，如果在绘制建筑室内表现图时，每个局部都深入刻画，则会使画面视觉信息过多，设计重点无法突出，因此，需要对画面整体把握，发挥主观能动性，运用“虚 - 实 - 虚”的处理办法，减少对表现重点以外形体的细节刻画，甚至是留白，从而让主题更加突出，显得画面主次分明，以免局部深入刻画等不协调的因素影响画面效果（图 9-3）。

图 9-3　展厅的表现重点突出展墙和展柜，天花和地面用块面概括（马克笔，2017 年 12 月，谷梦恩）

9.1.4　布置适度的设计配景

假设一个表现图中都是横平竖直、方方正正的家具、墙体，则会显得很生硬、枯燥，如果我们去搭配些生动美观的配景，则为空间增加生动的生活气息，也能赋予空间更多的生活情趣。行走的人物、绿色植物、色彩跳跃的盘子、杯子水果等生活用品，会让表现图更真实和生动。

9.1.5　运用合理的色彩搭配

合理的色彩搭配不仅包含色彩表现能力，还包括运用色彩的组织和搭配表现出室内空间的情感和氛围。运用合理的色彩搭配应注意以下几个方面：

1. 不宜花哨

建议用亮色强化设计的核心，用补色强调前一种亮色，用灰色处理大面积色块，如浅灰色墙面，保持色彩的简单，不要太花而盖过线条。

2. 色调统一，但统一中有变化

整体色调呈现为冷色或暖色。以暖色调为例，主体色以红色、黄色、暖灰色为主，其他颜色用于局部细节，这样一来，更能保证整体画面协调统一。

3. 色相低的颜色更易表现进深

如果不确定形体的色彩，可选择色相低的颜色，诸如褐色、灰色、木原色，而且这些颜色更容易塑造空间进深感。

4. 用色大胆

尝试亮色、对比色，少用灰色，以突出表现重点。

5. 色彩决定空间氛围，而空间氛围决定表现图的成败

黑白色代表现代简约；玫瑰色系以紫色和玫瑰色为中心，代表高贵和优雅；华丽色系以橘色、金色、蓝色为中心，代表豪华；大地色系代表平静和放松；轻快色系以黄色、橙色为中心，代表惬意、轻松。总之，色彩搭配时应始终以表现设计意图和突出表现重点为目的。

9.2 建筑室内设计表现的专题创作

通过以上的学习，我们掌握了设计制图、表现基础等的基本知识，以及钢笔、水彩、水粉、马克笔、计算机等多种表现技法，接下来我们从专题创作的角度学习整体图纸的表现。

9.2.1 突出主体与概念呈现

当我们拿到项目或设计任务书时，首先要跟甲方沟通或解读设计任务书，了解设计诉求、设计意图、个人喜好等多方面的信息。然后，根据甲方设计需求，结合设计师的设计知识和设计经验，确定设计主题和设计概念，并用概念草图的形式表现出来。

从这个角度来说，我们需要明确表现主体，例如，起居室的设计主体为电视背景墙，那么表现重点就应该突出背景墙在画面中的核心位置，使之反映设计构思。

室内设计的表现除了突出主体外，还应注意概念呈现。概念呈现的过程是设计师通过对空间特性的理性解读，提取设计概念，然后以概念为主导，对空间、材料、照明、色彩、配饰等进行的综合性的构思，再应用表现技法呈现出来。例如，钟表店应呈现生命与时间的概念，时装店应突出潇洒、时尚等。

虽说设计过程中要求先有好的设计概念，然后再进行具体的工作，也就是说先有“想法”再动笔，所谓“意在笔先”，但在实际设计工作中，一个设计概念或创意最初往往只是一个“闪光点”，需要逐步推敲、深化，才能完善。概念草图就是这样一个辅助深化构思的过程，这一阶段的草图仅供设计师自己思考，可以具象也可以抽象，其表现形式不限，重点在于能帮设计师分析和思考（图 9-4）。

图 9-4　弗兰克 · 盖里构思的古根海姆博物馆的概念草图

9.2.2　方案草图与初步方案

在概念草图的基础上，设计师对室内的功能布局、设计形式与风格、家具的形式与布置、装修细节及材料等进行统一构思，确定大致的空间形式、尺寸及色彩等。方案草图主要包括功能布局草图、平面草图和局部草图、立面草图、节点草图、透视草图（图 9-5）。

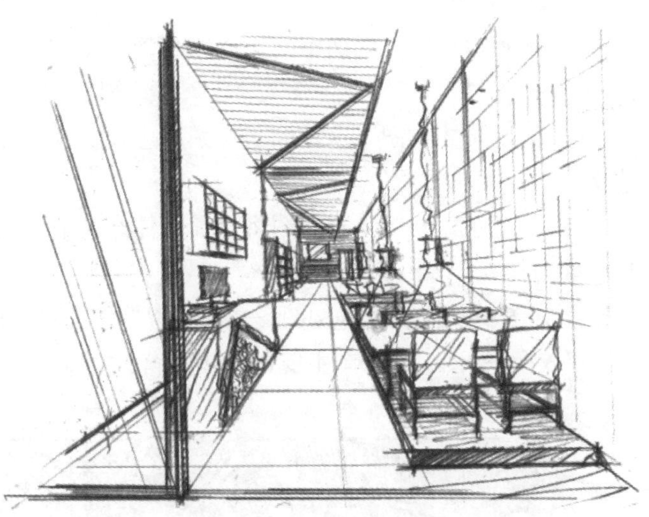

图 9-5　某餐厅方案草图

在这个阶段中，设计师可以通过方案草图与甲方积极沟通，完整地向甲方表达出自己的设计意图，进一步了解甲方的想法。

9.2.3　设计方案的表达与画面构图

接下来结合甲方修改意见，对初步方案进一步深化、调整，确定设计方案。

这一阶段设计方案的表达非常重要。在表达设计方案时，画面构图是设计师表达主观愿望，使画面具有艺术感染力的重要手段，能决定设计方案的内容和氛围。但表现图的幅面有限，常用以下几种构图形式结合设计主体和概念，以实现对设计主题和概念呈现的意图（图 9-6）。

均衡式构图

垂直式构图

水平式构图

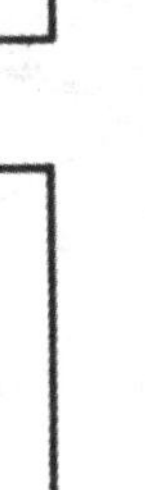

三角式构图

S式构图

满构图

图 9-6　常用构图形式

（1）均衡构图　均衡构图的特点是视觉上达到平衡，而不绝对对称，是室内表现图中最常用的构图形式。

（2）垂直构图　画面中的主体物高耸、挺拔，在视觉上给人以向上的动势或空间延伸感。

（3）水平式构图　这种画面构图产生视觉横向延伸感，给人以稳定、开阔的心理感受。

（4）三角式　三角式构图将设计主体布局成不同角度的三角形，给人以稳定的感觉，如图 9-7。

（5）S 式构图　这种构图形式给人以曲线的动态感。

（6）满构图　满构图主要指画面饱满、内容丰富，常用来表达繁复、豪华的概念。

图 9-7　三角式构图的会议室（钢笔，2017 年 12 月，马振龙）

9.2.4　图面安排与文字说明

最后，所有的图纸被审核无误后，应按设计制图要求绘制正式图纸，无论机绘或手绘都应符合以下要求。

设计正图包括平面布置图、地面铺装图、天花图、立面图、节点详图、透视效果图、设计说明等。其中平面布置图、地面铺装图、天花图、立面图比例一般为 1∶100 或 1∶50，节点详图比例为 1∶30 或 1∶10；透视效果图应真实自然反应空间形态；文字说明主要包括设计说明、图纸目录、施工说明。

所有图样不论其包含内容是否相同（如同一图面内可同时包含平面图、立面图或剖立面图、大样图、透视效果图等）或其比例有所不同（同一图面中可包含不同比例），其构图形式都应遵循整齐、均匀、和谐、美观的原则。其标注和文字说明都应注意尽量不要交叉，图样名称高度和大小保持一致。常见的图面安排形式如图 9-8 所示。

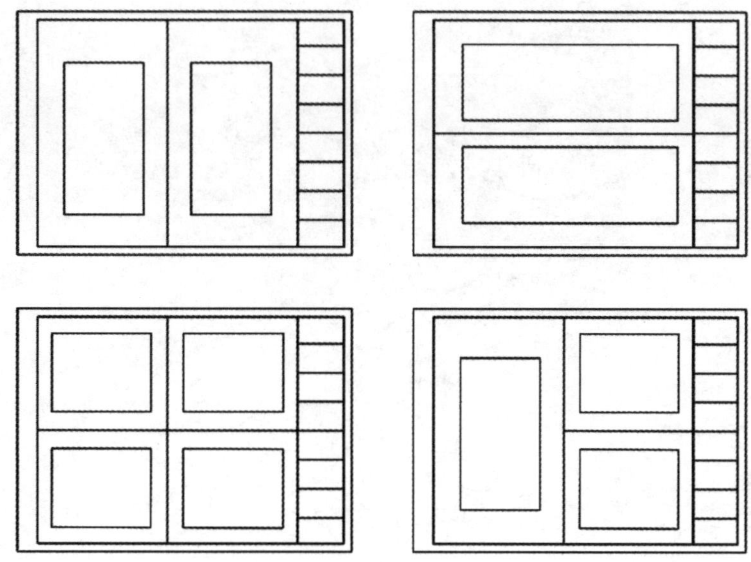

图 9-8　常用的图面安排形式

第 10 章　建筑室内设计表现的案例（作品汇集）

本章节建筑室内设计表现图主要选自本书作者创作实践中各类空间设计表现作品和部分老师、学生（作者指导的在校生）的设计表现图作品，供读者在建筑室内设计和绘制表现图时参考。

10.1　设计案例综合表现

10.1.1　小不点火锅店设计（图 10-1~ 图 10-6）

该设计是位于人民公园旁的一个旧厂房。拿到设计平面图后，首先要了解旧厂房的层高、门窗位置和尺寸，以及管道、承重墙的位置等，然后，了解甲方的设计需求和设计预算。

保留原建筑框架的同时，利用文化砖外墙与铁锈红做旧漆的材料和工艺，营造出工业氛围。大厅内部将绿植与原木搭配，给食客带来清新自然的视觉感受，大型米白色灯具为 5m 的层高空间增加了一丝活力和亲切。

图 10-1　火锅店外立面设计草图（钢笔，2017 年 5 月）

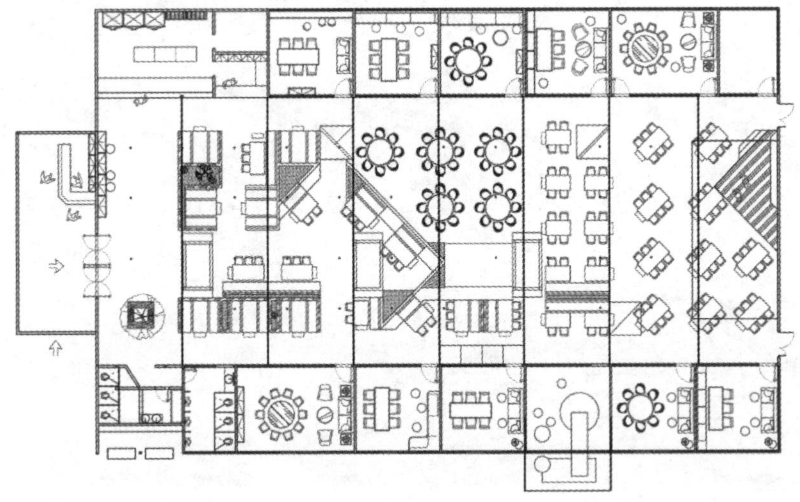

图 10-2　火锅店总平面布局（计算机，2017 年 5 月，张春鹏、胡鹏）

图 10-3　卡座区 1（计算机，2017 年 5 月，张春鹏、胡鹏）

图 10-4　卡座区 2（计算机，2017 年 5 月，张春鹏、胡鹏）

图 10-5　**包房**（计算机，2017 年 5 月，张春鹏、胡鹏）

图 10-6　**大厅**（计算机，2017 年 5 月，张春鹏、胡鹏）

10.1.2 三潭风景区游客中心室内设计（图 10-7~ 图 10-11）

该设计是位于湖北广水三潭风景区的游客中心室内设计。游客中心对于风景区来说关乎票务销售、游客人流缓解。为保证游客中心整体视觉，主要采用开放式设计，在满足基本的售票、咨询、休息功能上，整体格局增加了展示、休闲功能，力求整体空间有序、整洁、明亮、丰富。

色彩上选择深灰、暖黄、白为主色调，以消除空间冰冷感。

天花设计：利用顶棚的曲线条软化房梁的压抑感，同时，强化空间的方向感和导向性。

在细节设计中，从形成于周代中晚期的楚地“祥云”图案中吸取灵感，通过现代设计手法和材料，使空间既符合结构特点又恰到好处的体现地域特点。

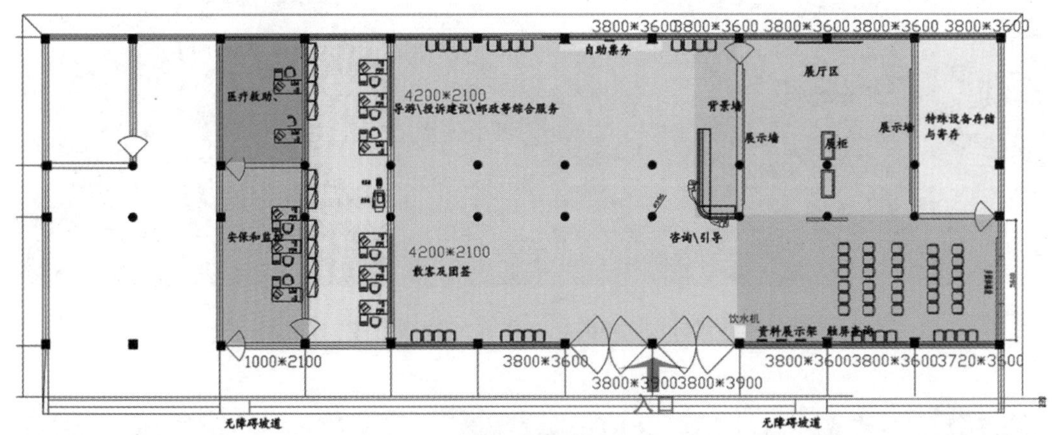

图 10-7　平面布局图（photoshop 上色，2016 年 12 月）

图 10-8　游客中心咨询区草图（马克笔，2016 年 12 月）

图 10-9　休息区草图（马克笔，2017 年 1 月）

图 10-10　休息区（计算机，2017 年 1 月）

图 10-11　展示区（计算机，2017 年 1 月）

10.1.3　鄂尔多斯专卖店、办公室设计（图 10-12~ 图 10-20）

该设计是位于河南信阳的鄂尔多斯专卖店、会议室的设计方案。专卖店对于销售商来说关乎销售、营业额。针对区域人群定位，空间设计紧扣专卖店主题，将典雅、舒适的购物环境完美地呈现给消费者。

办公室设计充分诠释现代风格特质，将极简、高效、人文关怀的办公文化体现在日常工作中。

色彩上选择黑色、白色、木色、绿色进行搭配设计，充分诠释现代主义风格给人们带来的视觉冲击。

图 10-12　鄂尔多斯专卖店入口线稿（钢笔，2017 年 3 月，付雪）

图 10-13　鄂尔多斯专卖店入口（马克笔，2017 年 3 月，付雪）

图 10-14　鄂尔多斯专卖店男装区线稿（钢笔，2017 年 3 月，付雪）

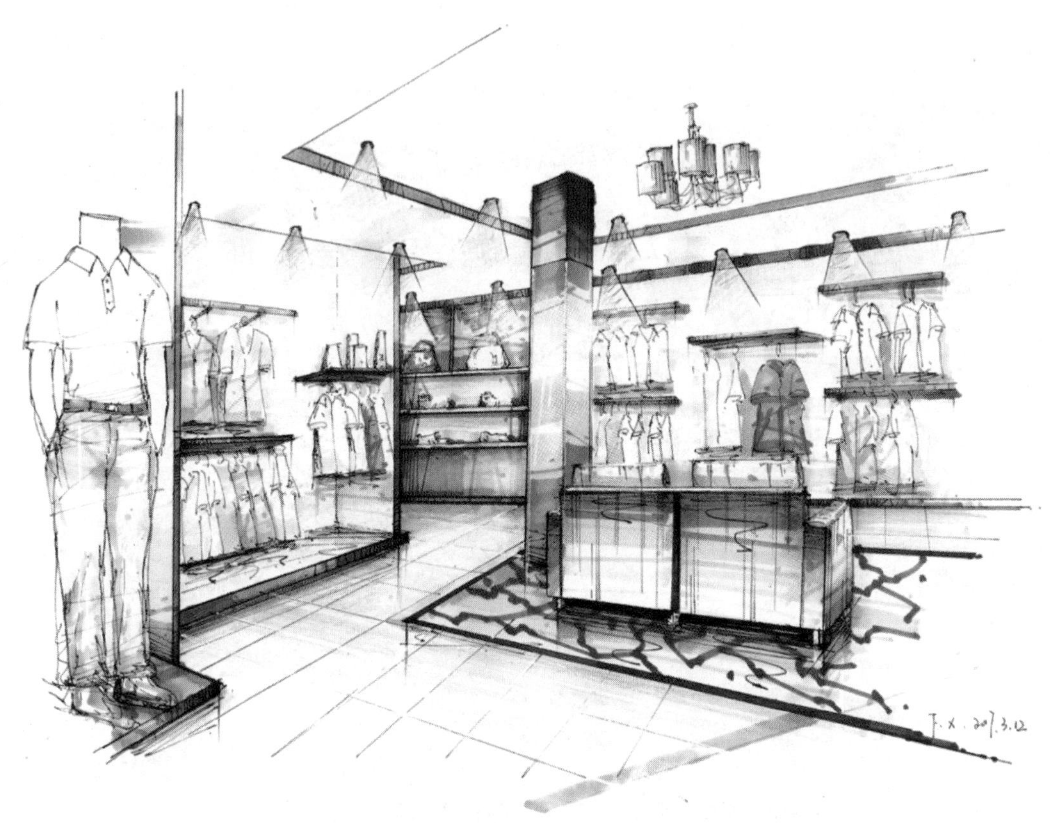

图 10-15　鄂尔多斯专卖店男装区（马克笔，2017 年 3 月，付雪）

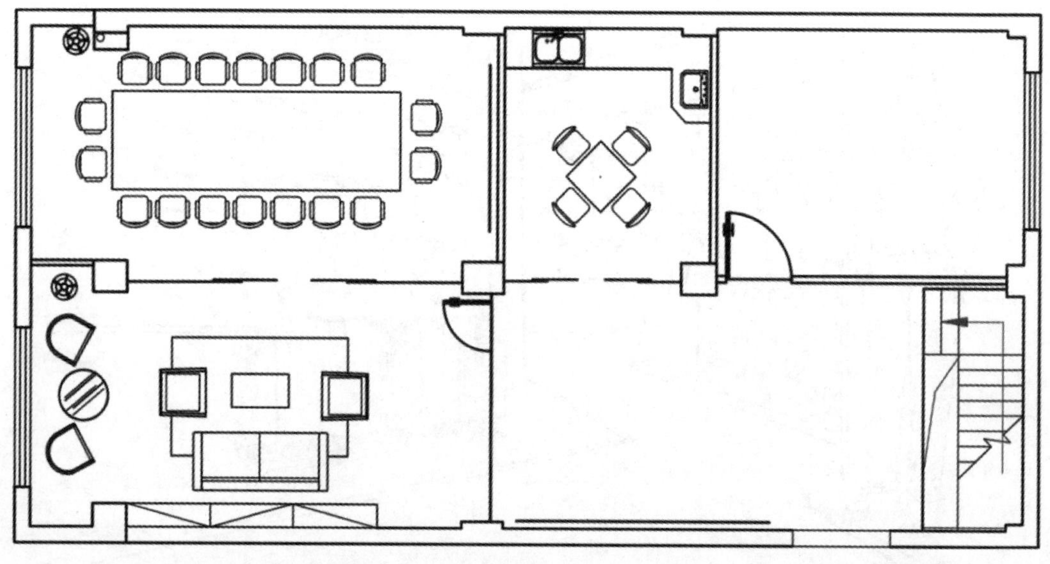

图 10-16　鄂尔多斯专卖店办公区平面图（计算机，2017 年 4 月，张春鹏、胡鹏）

图 10-17　鄂尔多斯办公区会议室（计算机，2017 年 4 月，张春鹏、胡鹏）

图 10-18　鄂尔多斯办公区接待室（计算机，2017 年 4 月，张春鹏、胡鹏）

图 10-19　鄂尔多斯办公区茶水间（计算机，2017 年 4 月，张春鹏、胡鹏）

图 10-20　鄂尔多斯办公区楼梯间、卫生间（计算机，2017 年 4 月，张春鹏、胡鹏）

10.1.4　百姓人家中餐厅设计（图 10-21~ 图 10-30）

该案例是百姓人家餐厅的改造设计，该餐厅主营湘菜和川菜。通过对现状的观察和分析，空间中有三个需要解决的问题：问题一是该餐厅为框架结构，柱体较多，其中一个柱子正对入口处；问题二是由于整个空间跨度较大，室内采光欠佳；问题三是设备陈旧老化，且设计落后。

针对现状中的问题，通过讨论，设计中尽可能在视觉上拉高扩大空间，减少大跨度空间带来的压迫感；空间设计紧扣中式餐厅的主题，利用中式家具、陈设品等，将现代中式文化融入整个餐厅中。

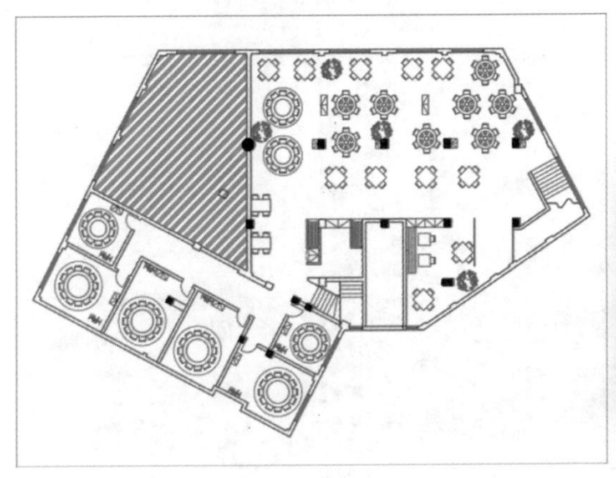

图 10-21　百姓人家二楼平面图（计算机，2017 年 1 月，胡鹏）

图 10-22　百姓人家入口圆柱区线稿（钢笔，2017 年 1 月，付雪）

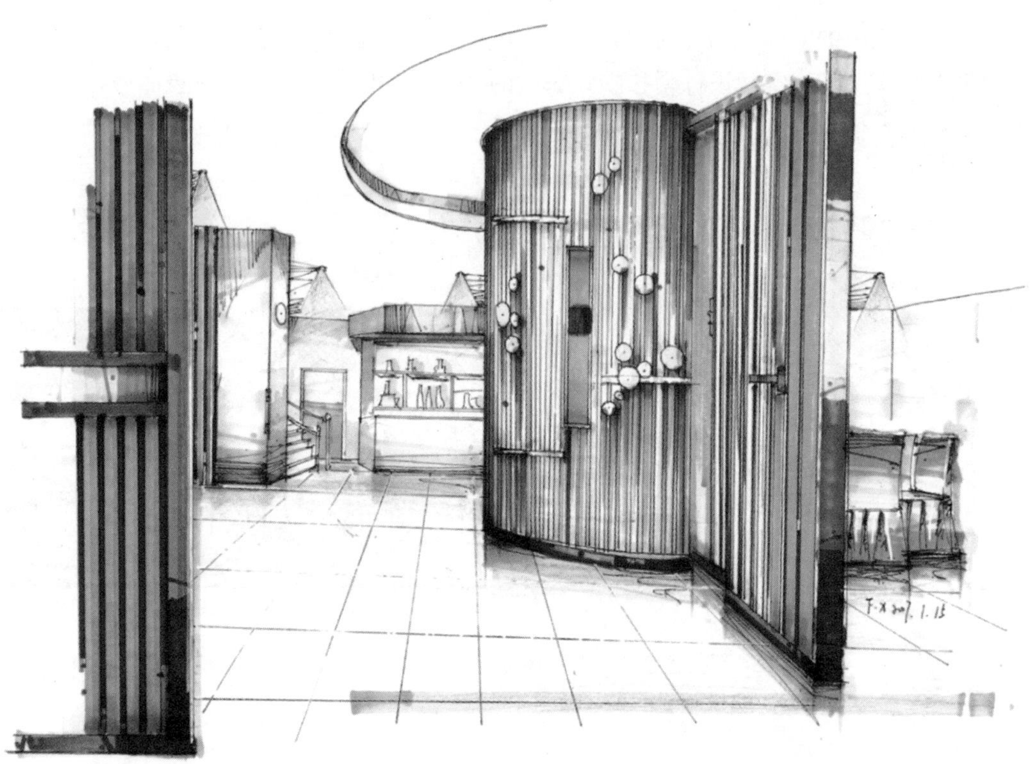

图 10-23　百姓人家入口圆柱区（马克笔，2017 年 1 月，付雪）

图 10-24　百姓人家入口（计算机，2017 年 1 月，张春鹏）

图 10-25　百姓人家大厅 1 线稿（钢笔，2017 年 1 月，付雪）

图 10-26　百姓人家大厅 1（马克笔，2017 年 1 月，付雪）

图 10-27　百姓人家大厅 2 线稿（钢笔，2017 年 1 月，付雪）

图 10-28　百姓人家大厅 2（钢笔，2017 年 1 月，付雪）

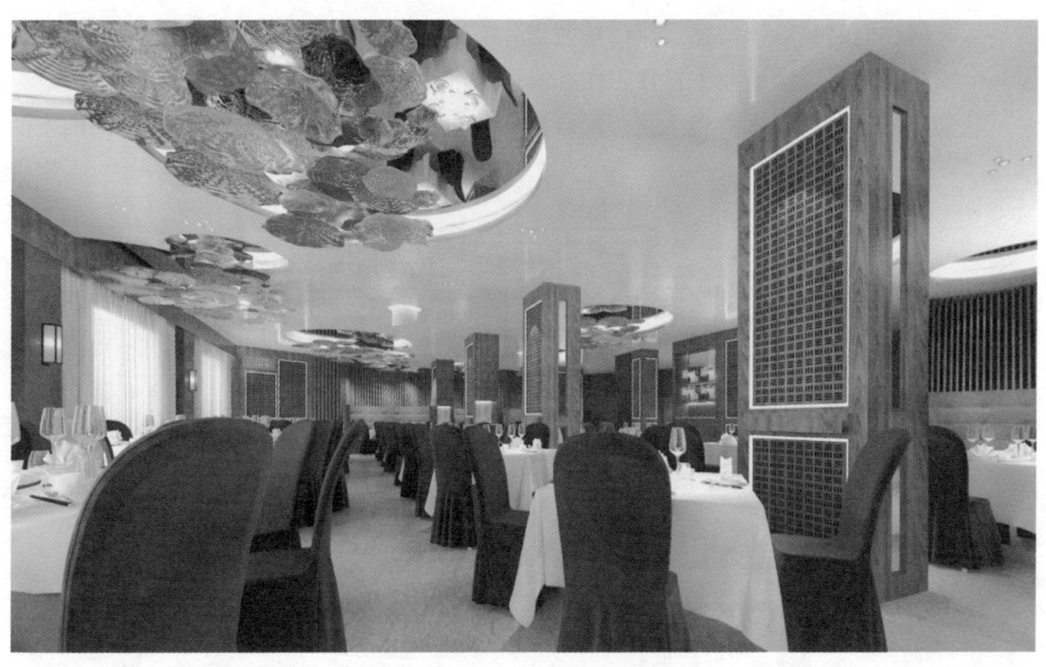

图 10-29　百姓人家大厅 3（计算机，2017 年 2 月，胡鹏）

图 10-30　百姓人家大厅 4（计算机，2017 年 2 月，胡鹏）

10.1.5　翡翠溪谷住宅设计（图 10-31~ 图 10-36）

该案例是一个南北通透的小三居公寓，平日主要是两位老人居住。为了方便老人日常生活起居，同时又能预留儿女探访短暂居住需要，设计师将三居室改为两居室，增加了一个阳光书房，以满足业主日常工作和娱乐需求。

色彩主要以咖色、米灰色为主，配合自然风景装饰画，以满足老人日常休闲的生活状态。

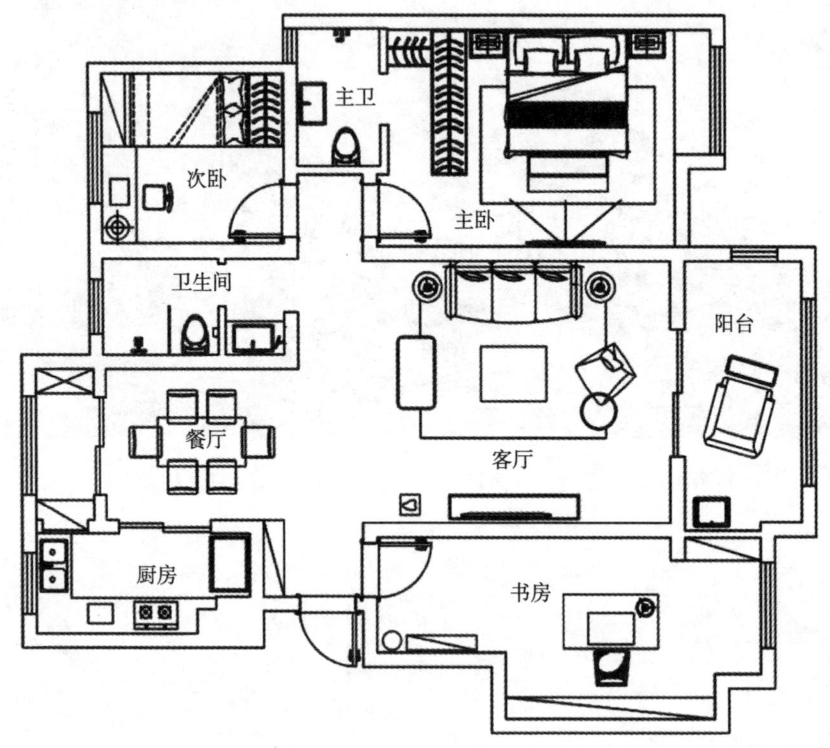

图 10-31　翡翠溪谷住宅平面图（计算机，2017 年 7 月，张祺）

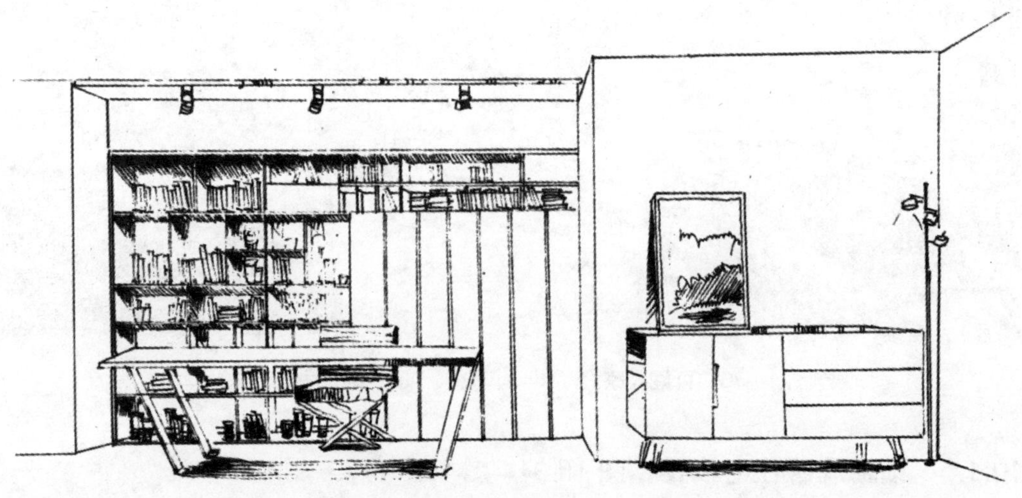

图 10-32　翡翠溪谷书房设计草图（钢笔，2017 年 7 月）

图 10-33　翡翠溪谷书房（计算机，2017 年 7 月，张祺）

图 10-34　翡翠溪谷衣帽间（计算机，2017 年 7 月，张祺）

图 10-35 翡翠溪谷餐厅设计草图（钢笔，2017 年 7 月）

图 10-36 翡翠溪谷餐厅设计（计算机，2017 年 7 月，张祺）

10.2　建筑室内设计表现作品欣赏

10.2.1　公共建筑室内设计表现（图 10-37~ 图 10-147）

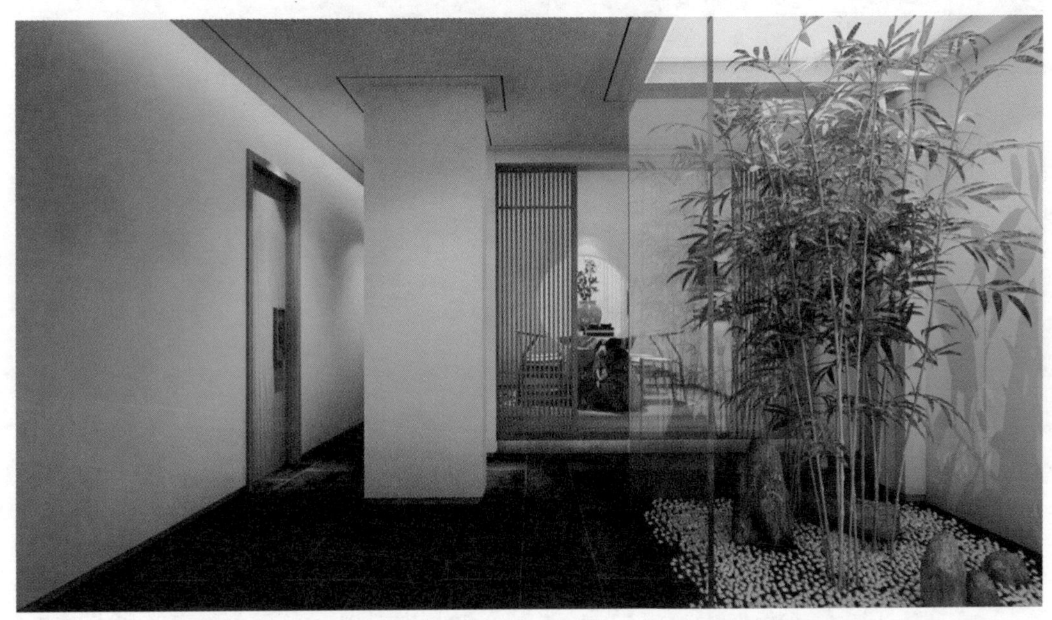

图 10-37　扮靓美容会所大厅 1（计算机，2017 年 11 月，张春鹏）

图 10-38　扮靓美容会所大厅 2（计算机，2017 年 11 月，张春鹏）

图 10-39　扮靓美容会所大厅 3（计算机，2017 年 11 月，张春鹏）

图 10-40　扮靓美容会所吧台（计算机，2017 年 11 月，张春鹏）

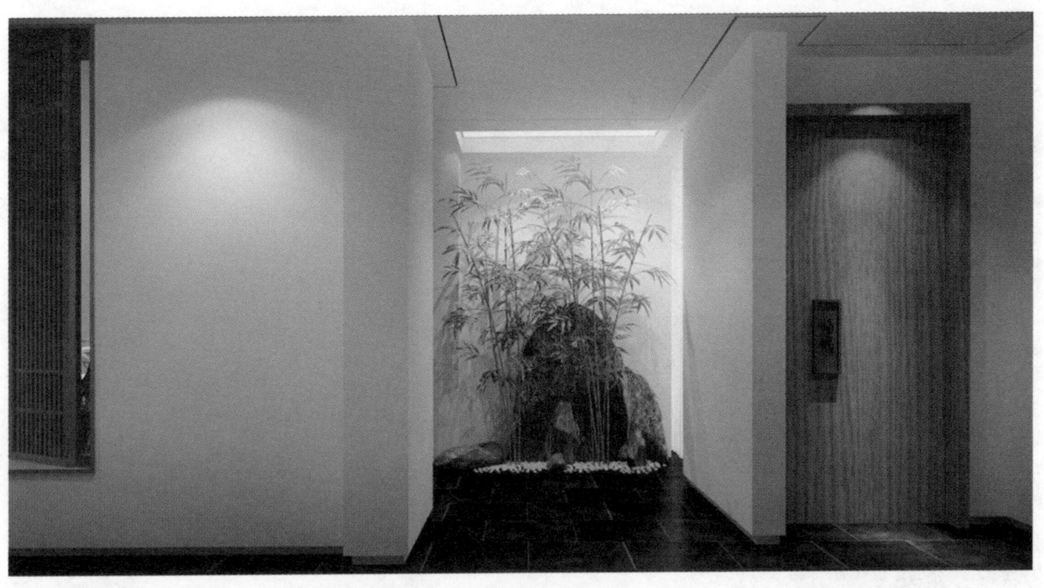

图 10-41　扮靓美容会所过道（计算机，2017 年 11 月，张春鹏）

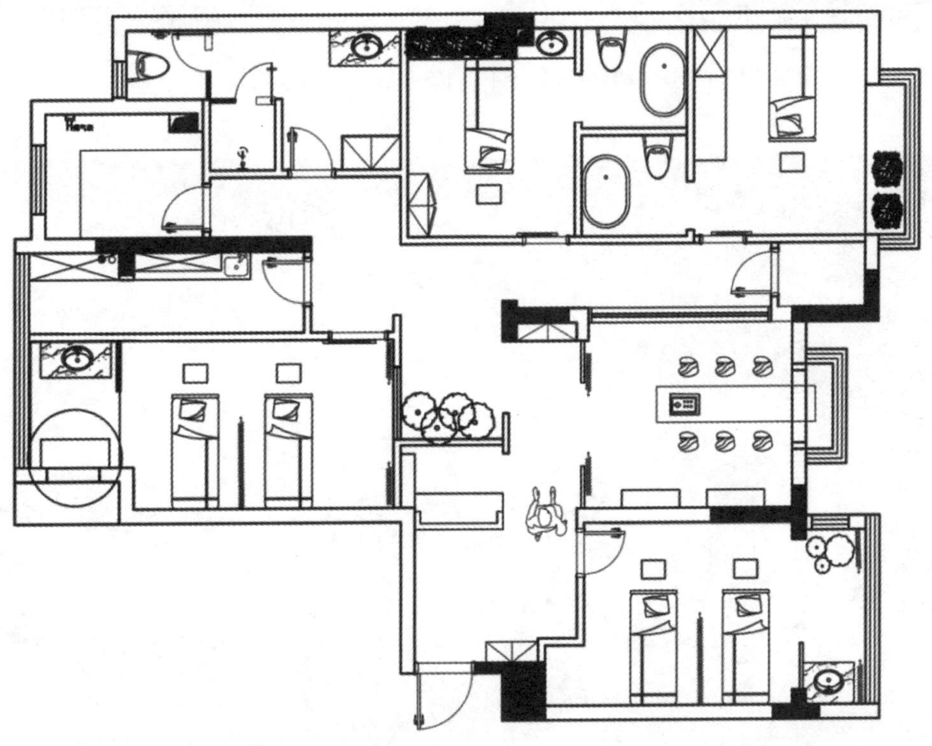

图 10-42　扮靓美容会所平面图（计算机，2017 年 11 月，张春鹏）

图 10-43 特殊教育学校报告厅 1（计算机，2017 年 10 月，张梦洁）

图 10-44 特殊教育学校报告厅 2（计算机，2017 年 10 月，张梦洁）

图 10-45　特殊教育学校报告厅 3（计算机，2017 年 10 月，张梦洁）

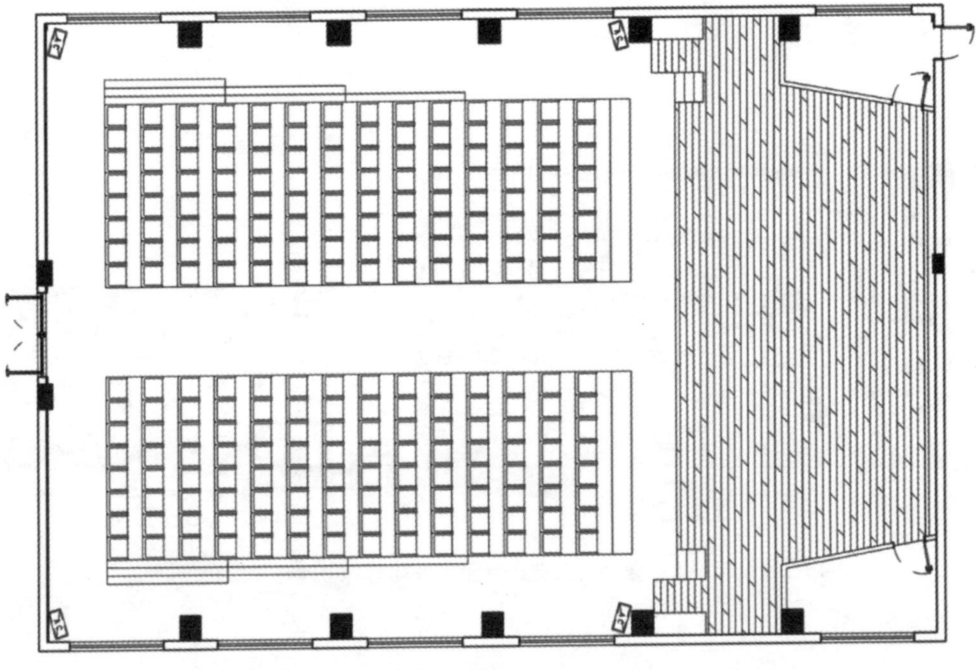

图 10-46　特殊教育学校报告厅平面图（计算机，2017 年 10 月，张梦洁）

图 10-47 售楼部（马克笔，2017 年 12 月，谷梦恩）

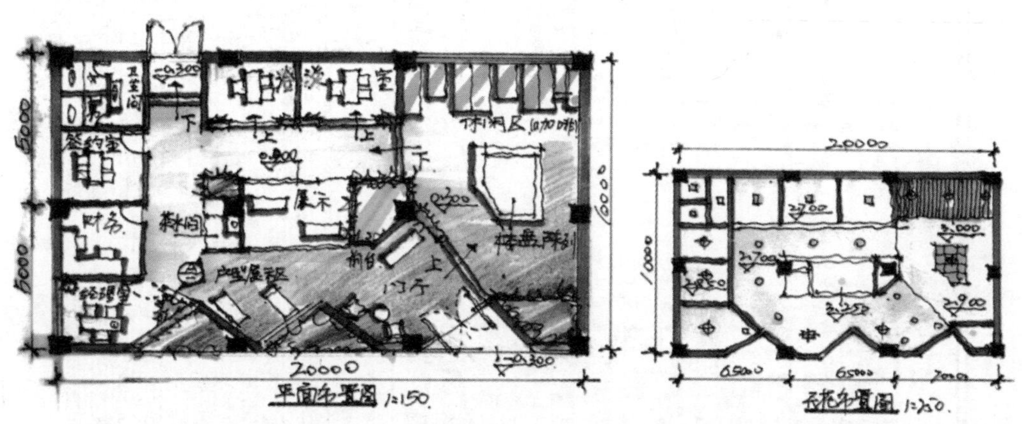

图 10-48 售楼部平面布置图、天花布置图（马克笔，2017 年 12 月，谷梦恩）

图 10-49　玫瑰膏小吃店（马克笔，2017 年 12 月，张淑洁）

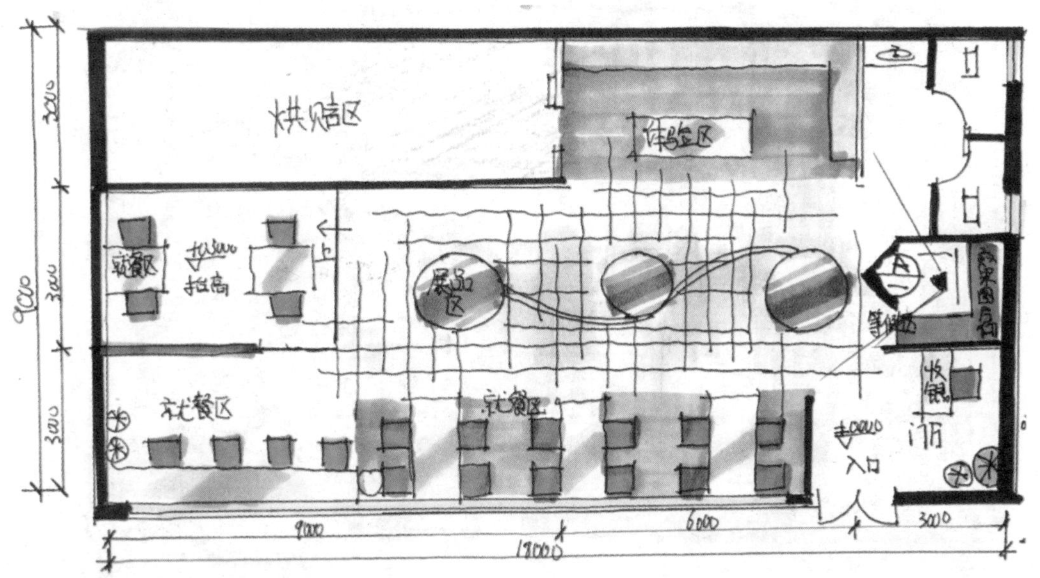

图 10-50　玫瑰膏小吃店平面图（马克笔，2017 年 12 月，张淑洁）

图 10-51　婚纱摄影店（马克笔，2017 年 10 月，谷梦恩）

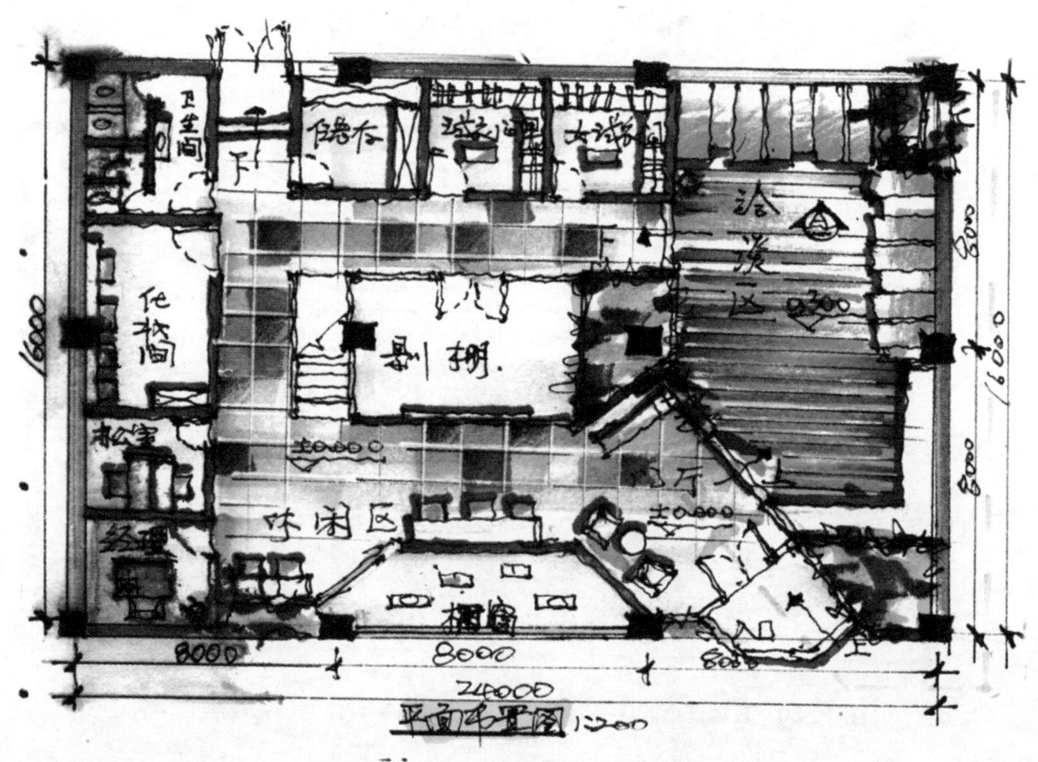

图 10-52　婚纱摄影店平面图（马克笔，2017 年 10 月，谷梦恩）

图 10-53　儿童服装店（马克笔，2018 年 1 月，闫佳欢）

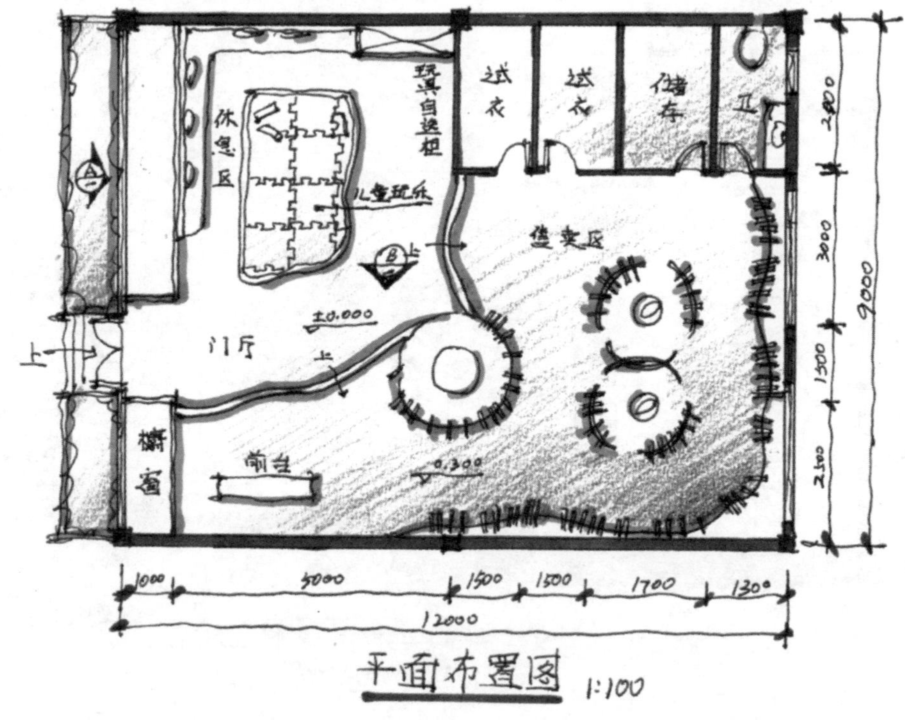

图 10-54　儿童服装店平面布置图（马克笔，2018 年 1 月，闫佳欢）

图 10-55　私人定制专卖店（马克笔，2017 年 11 月，张淑洁）

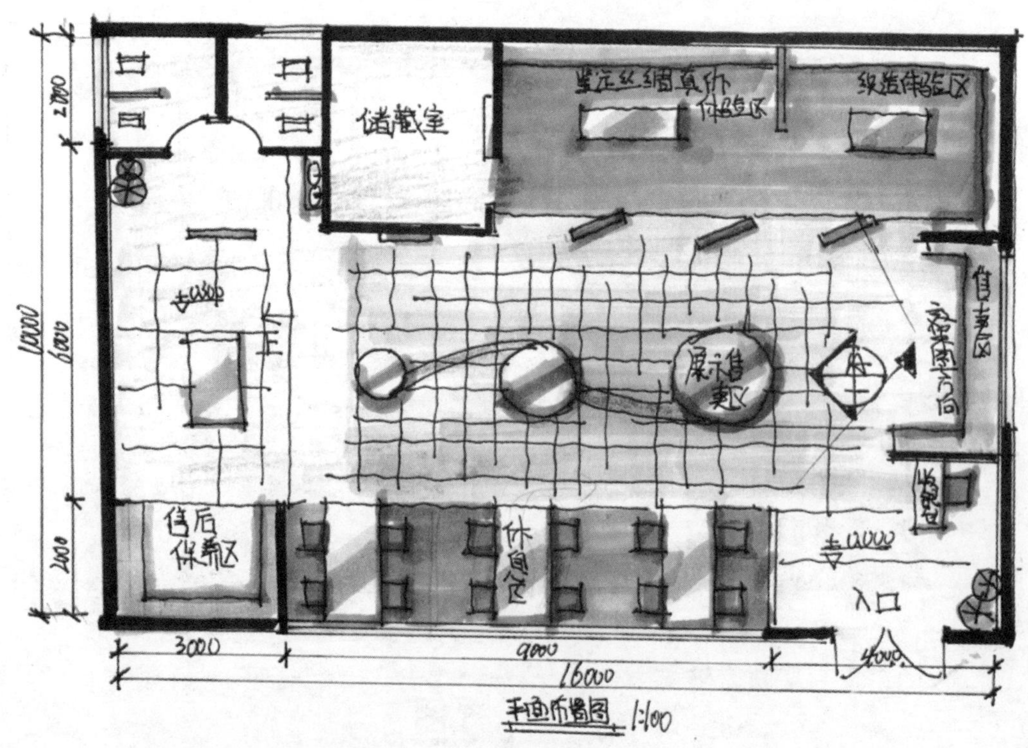

图 10-56　私人定制专卖店平面布置图（马克笔，2017 年 11 月，张淑洁）

图 10-57　美容美发店（马克笔，2017 年 11 月，谷梦恩）

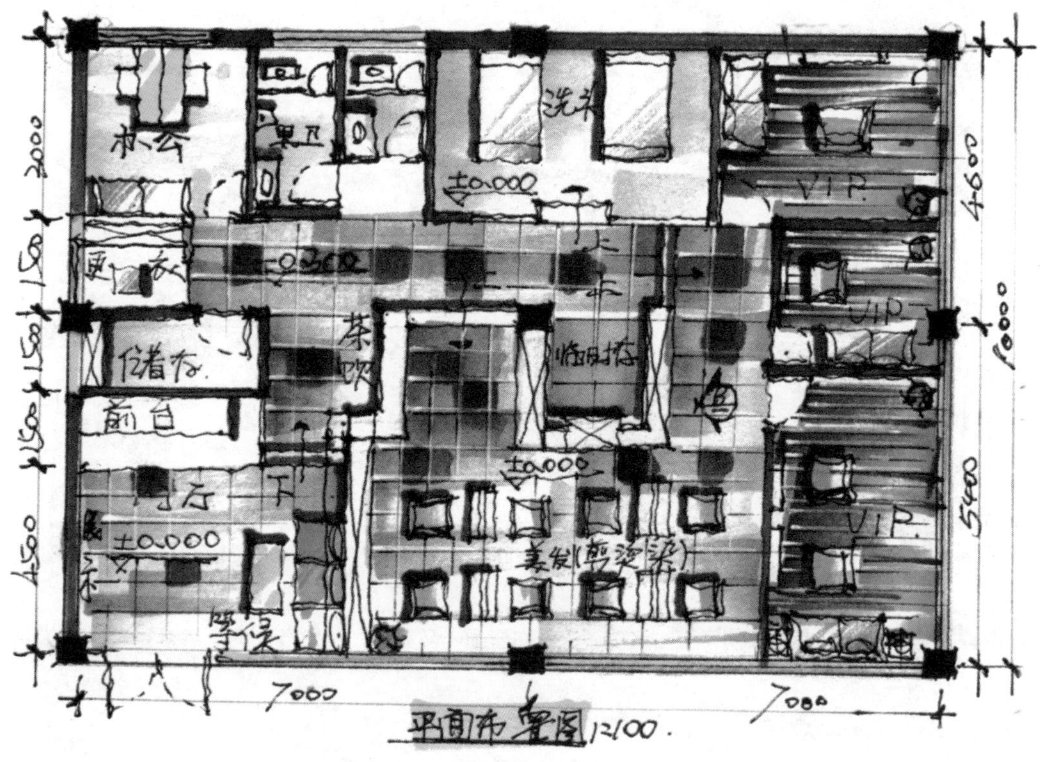

图 10-58　美容美发店平面布置图（马克笔，2017 年 11 月，谷梦恩）

图 10-59　标准客房（马克笔，2018 年 1 月，谷梦恩）

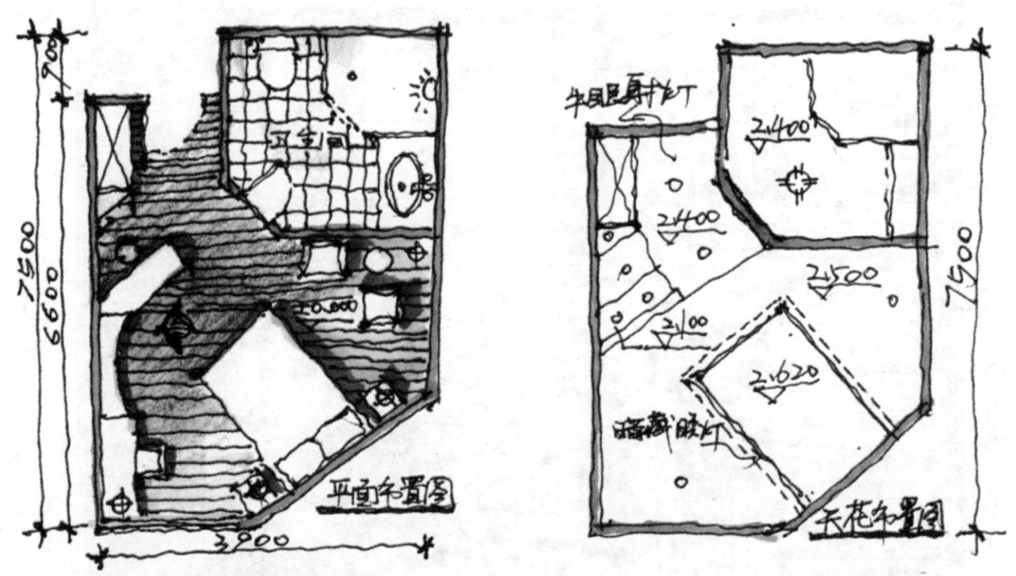

图 10-60　标准客房平面布置图、天花布置图（马克笔，2018 年 1 月，谷梦恩）

图 10-61　茶餐厅（马克笔，2018 年 1 月，谷梦恩）

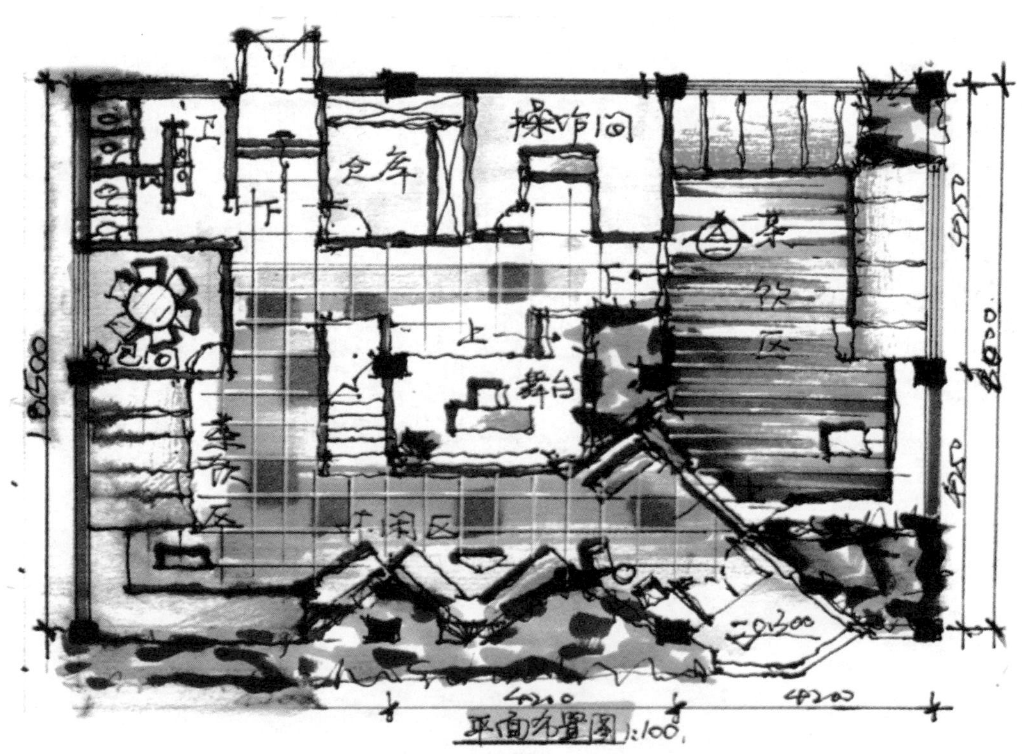

图 10-62　茶餐厅平面布置图（马克笔，2018 年 1 月，谷梦恩）

图 10-63　西餐厅（马克笔，2018 年 1 月，闫佳欢）

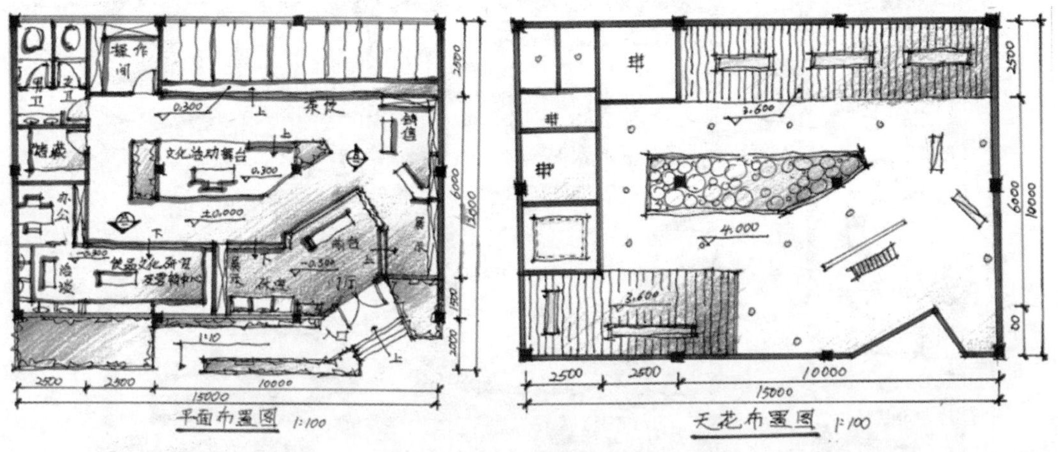

图 10-64　西餐厅平面布置图、天花布置图（马克笔，2018 年 1 月，闫佳欢）

图 10-65　茶馆（马克笔，2018 年 1 月，谷梦恩）

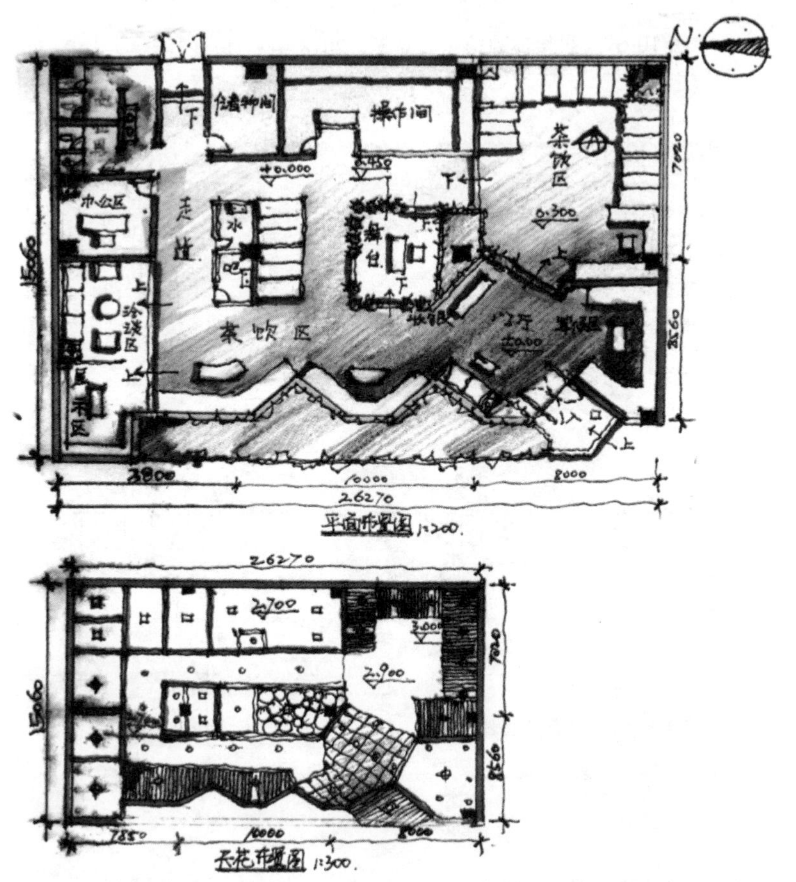

图 10-66　茶馆平面布置图、天花布置图（马克笔，2018 年 1 月，谷梦恩）

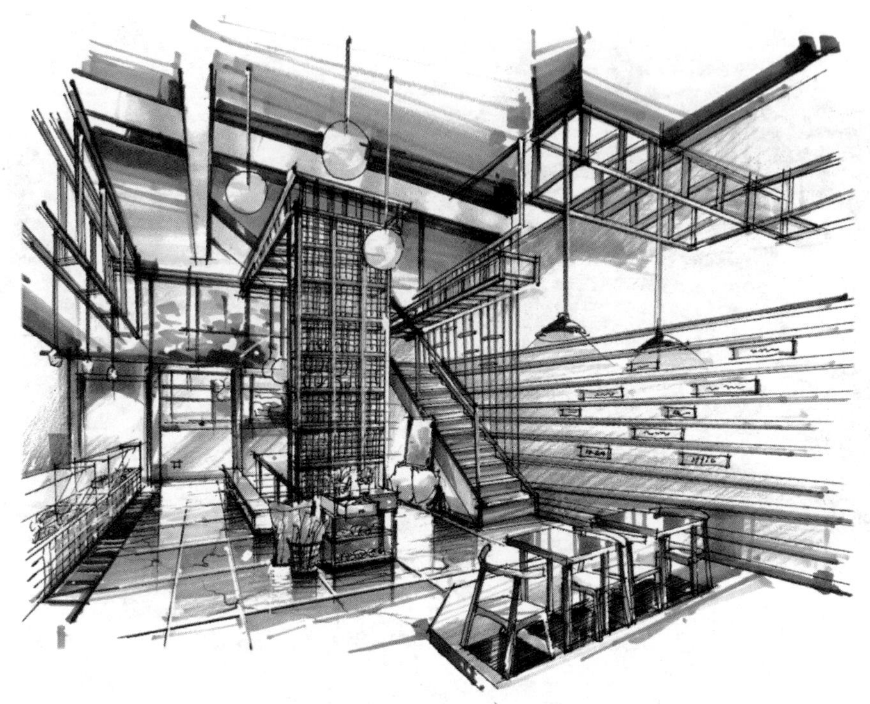

图 10-67 烘焙体验馆（马克笔，2018 年 1 月，闫佳欢）

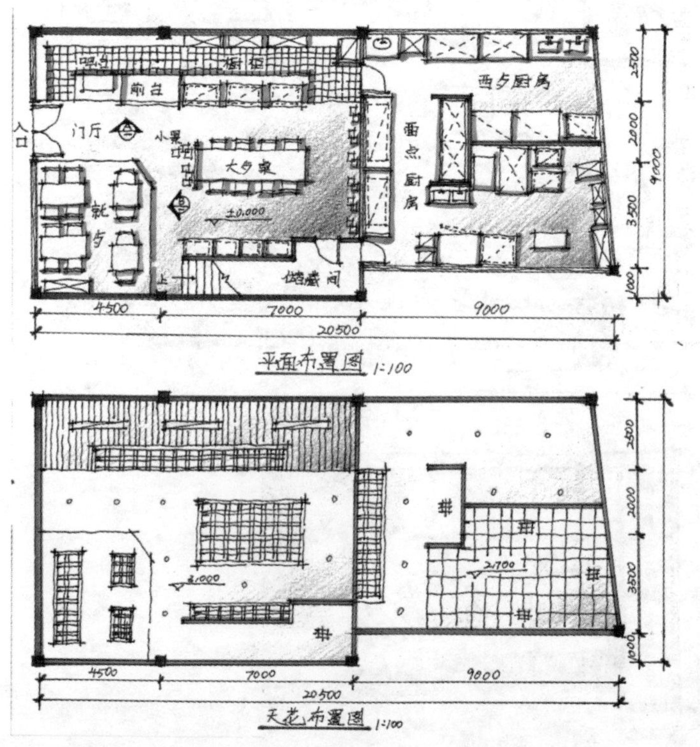

图 10-68 烘焙体验馆平面布置图、天花布置图（马克笔，2018 年 1 月，闫佳欢）

图 10-69　茶叶专卖店外立面（马克笔，2018 年 1 月，杨雪纯）

图 10-70　茶叶专卖店室内 1（马克笔，2017 年 7 月，杨雪纯）

图 10-71　茶叶专卖店室内 2（马克笔，2017 年 7 月，杨雪纯）

图 10-72　图书馆（马克笔，2017 年 7 月，王瑞琪）

图 10-73　图书资料室（马克笔，2017 年 7 月，王瑞琪）

图 10-74　图书资料室（马克笔，2017 年 7 月，王瑞琪）

图 10-75　无界书吧 1（马克笔，2017 年 10 月，王瑞琪）

图 10-76　无界书吧 2（马克笔，2017 年 10 月，王瑞琪）

图 10-77　绿荫书吧（马克笔，2017 年 9 月，张淑洁）

图 10-78　中能石化公司入口（马克笔，2017 年 1 月，付雪）

图 10-79　中能石化公司接待室（马克笔，2017 年 1 月，付雪）

图 10-80　儿童服装店（马克笔，2017 年 12 月，张淑洁）

图 10-81　某品牌女装专卖店（马克笔，2017 年 12 月，闫佳欢）

图 10-82　文新茶馆（马克笔，2017 年 12 月，闫佳欢）

图 10-83　咖啡厅（马克笔，2017 年 11 月，闫佳欢）

图 10-84　中餐厅（马克笔，2017 年 9 月，闫佳欢）

图 10-85　西餐厅（马克笔，2017 年 11 月，闫佳欢）

图 10-86　花漾餐厅（马克笔，2017 年 11 月，张淑洁）

图 10-87　快餐店（马克笔，2017 年 10 月，闫佳欢）

图 10-88　工业风西餐厅（马克笔，2017 年 10 月，闫佳欢）

图 10-89　工业风快餐店（马克笔，2017 年 10 月，闫佳欢）

图 10-90　田园餐厅（马克笔，2017 年 11 月，王瑞琪）

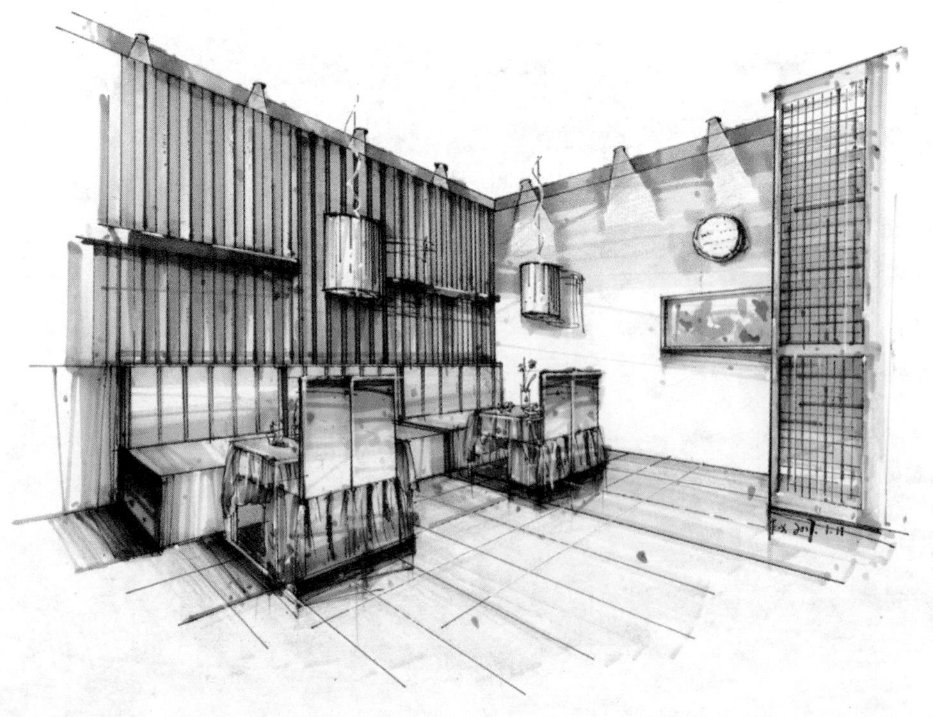

图 10-91　中餐厅卡座区（马克笔，2017 年 11 月，付雪）

图 10-92　咖啡厅一角（马克笔，2017 年 11 月，王瑞琪）

图 10-93　网咖（马克笔，2017 年 10 月，谷梦恩）

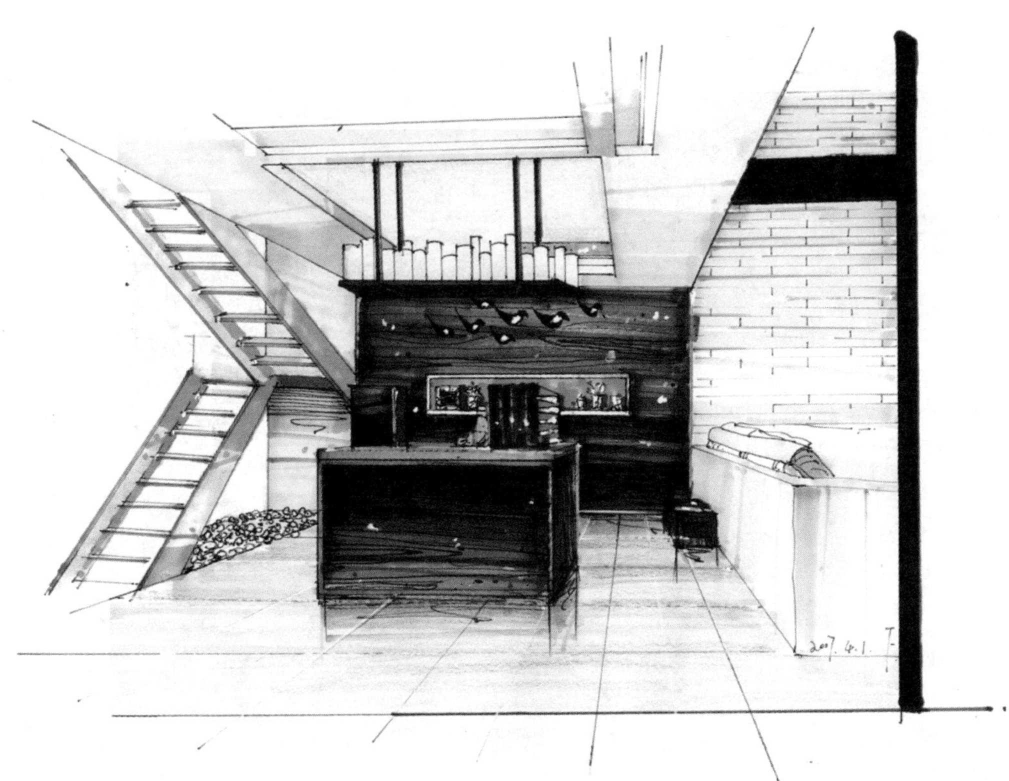

图 10-94　某接待吧台（马克笔，2017 年 4 月，付雪）

图 10-95　电子体验馆（马克笔，2017 年 11 月，谷梦恩）

图 10-96　手机专营店（马克笔，2017 年 11 月，谷梦恩）

图 10-97　某度假酒店卫生间（马克笔，2017 年 11 月，谷梦恩）

图 10-98　**古韵书吧**（马克笔，2017 年 11 月，张淑洁）

图 10-99　**某品牌 4s 专卖店**（马克笔，2017 年 11 月，谷梦恩）

图 10-100 家具体验馆之座椅区（马克笔，2017 年 11 月，王瑞琪）

图 10-101 家具体验馆之沙发区（马克笔，2017 年 11 月，王瑞琪）

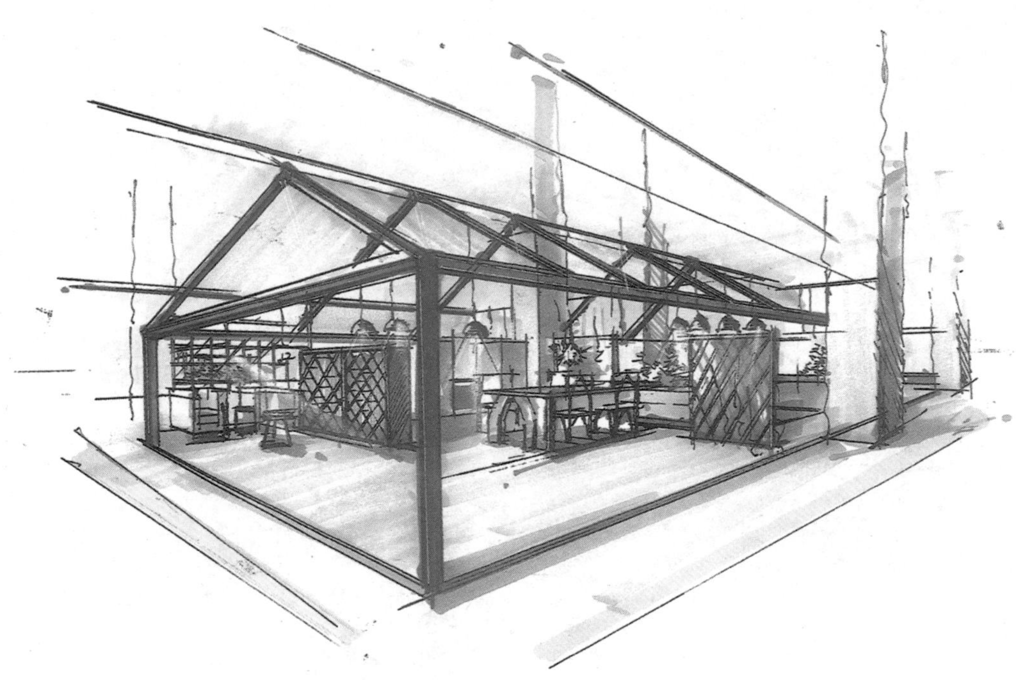

图 10-102　家具体验馆之餐桌区（马克笔，2017 年 11 月，王瑞琪）

图 10-103　某展厅（马克笔，2016 年 12 月，付雪）

图 10-104　某艺术工作室（马克笔，2016 年 12 月，闫佳欢）

图 10-105　某公司大堂（马克笔，2017 年 11 月，王瑞琪）

图 10-106　多媒体报告厅（马克笔，2017 年 11 月，王瑞琪）

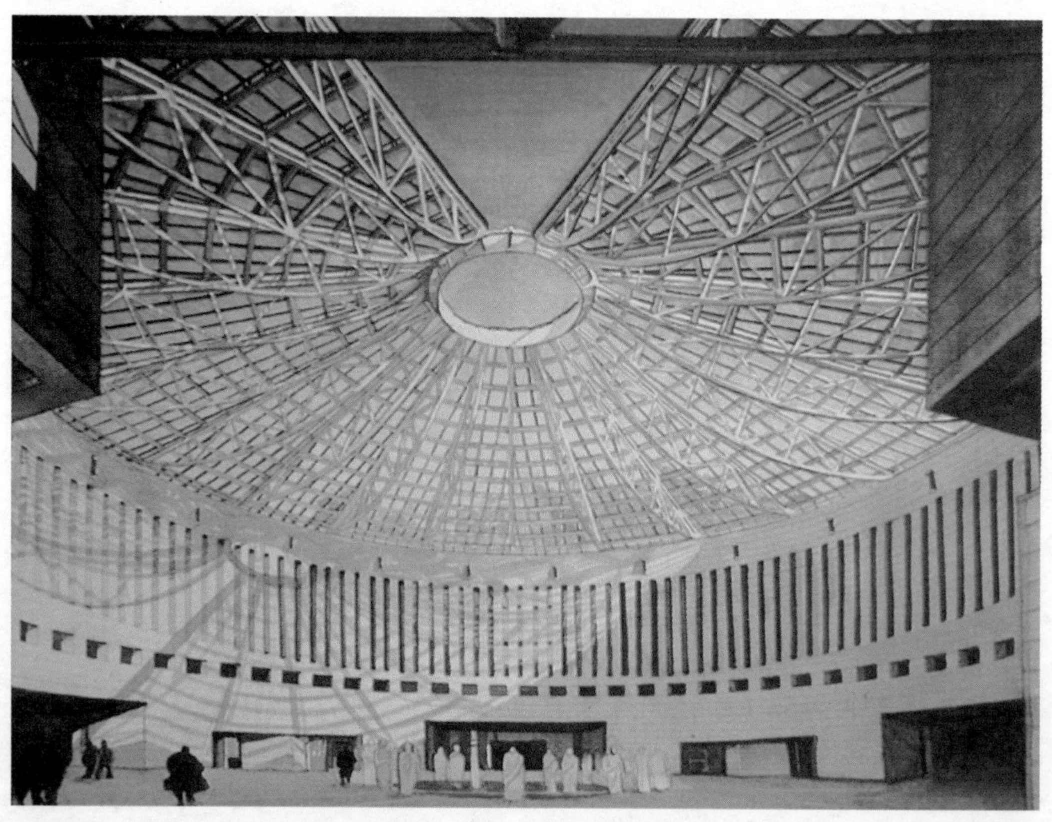

图 10-107　某美术馆中庭（水彩，2016 年 11 月，于卓立）

图 10-108　某室内游泳馆（水彩，2016 年 11 月，于卓立）

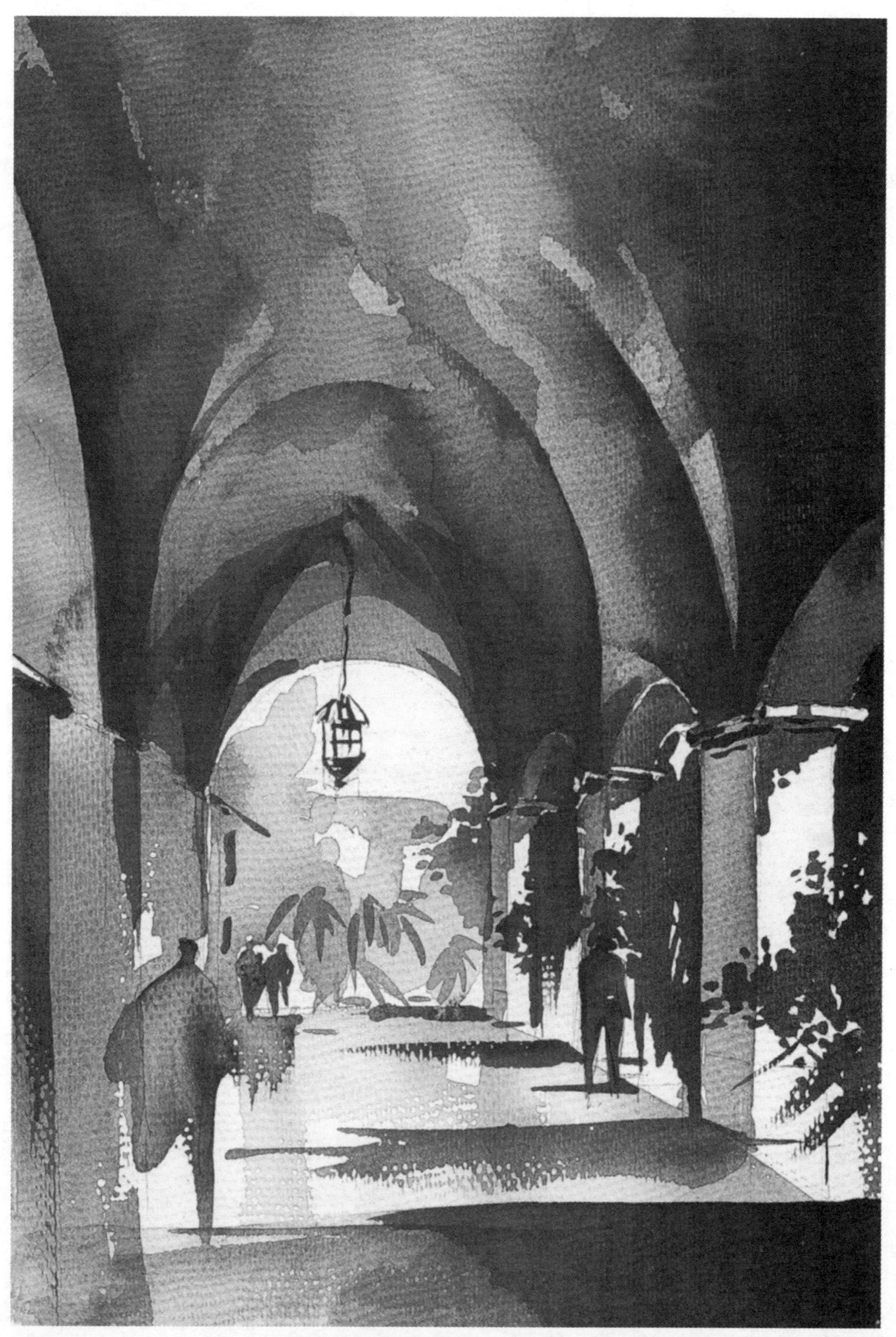

图 10-109　哥特式建筑走廊（水彩，2017 年 11 月，丁家文）

图 10-110　展馆建筑（马克笔，2017 年 11 月，王瑞琪）

图 10-111　科技馆建筑（彩铅，2017 年 11 月，王瑞琪）

图 10-112 某办公楼写生（马克笔，2017 年 11 月，王瑞琪）

图 10-113 某高层建筑写生（马克笔，2015 年 11 月，王雨枫）

图 10-114　办公建筑写生（马克笔，2007 年 11 月）

图 10-115　某金融大厦写生（马克笔，2015 年 9 月，王雨枫）

图 10-116　校园建筑写生（马克笔，2017 年 11 月，王瑞琪）

图 10-117　居民楼写生（铅笔，2017 年 11 月，杨涛）

图 10-118　宿舍楼写生（水彩，2017 年 11 月，魏雨佳）

图 10-119　云南建筑写生（水彩，2017 年 11 月，王紫琪）

图 10-120　徽州建筑写生（水彩，2017 年 11 月，王紫琪）

图 10-121　乡村建筑写生（水彩，2016 年 11 月，王紫琪）

图 10-122　教堂建筑写生（水彩，2015 年 11 月，王雨枫）

图 10-123　吊脚楼写生（马克笔，2017 年 10 月，刘一锦）

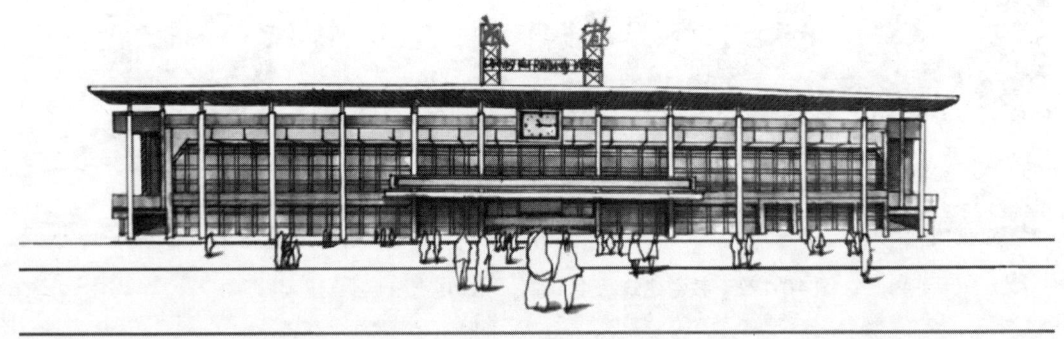

图 10-124　成都火车站写生（钢笔、Photoshop 上色，2017 年 10 月，马振龙）

图 10-125　东方明珠写生（马克笔，2017 年 12 月，王瑞琪）

图 10-126　板岩建筑写生（钢笔，2017 年 9 月，刘一锦）

图 10-127　别墅写生（钢笔，2017 年 12 月，刘一锦）

图 10-128　信阳师范学院图书馆写生（钢笔，2017 年 10 月，马振龙）

图 10-129　信阳师范学院教学楼写生（钢笔，2017 年 7 月，马振龙）

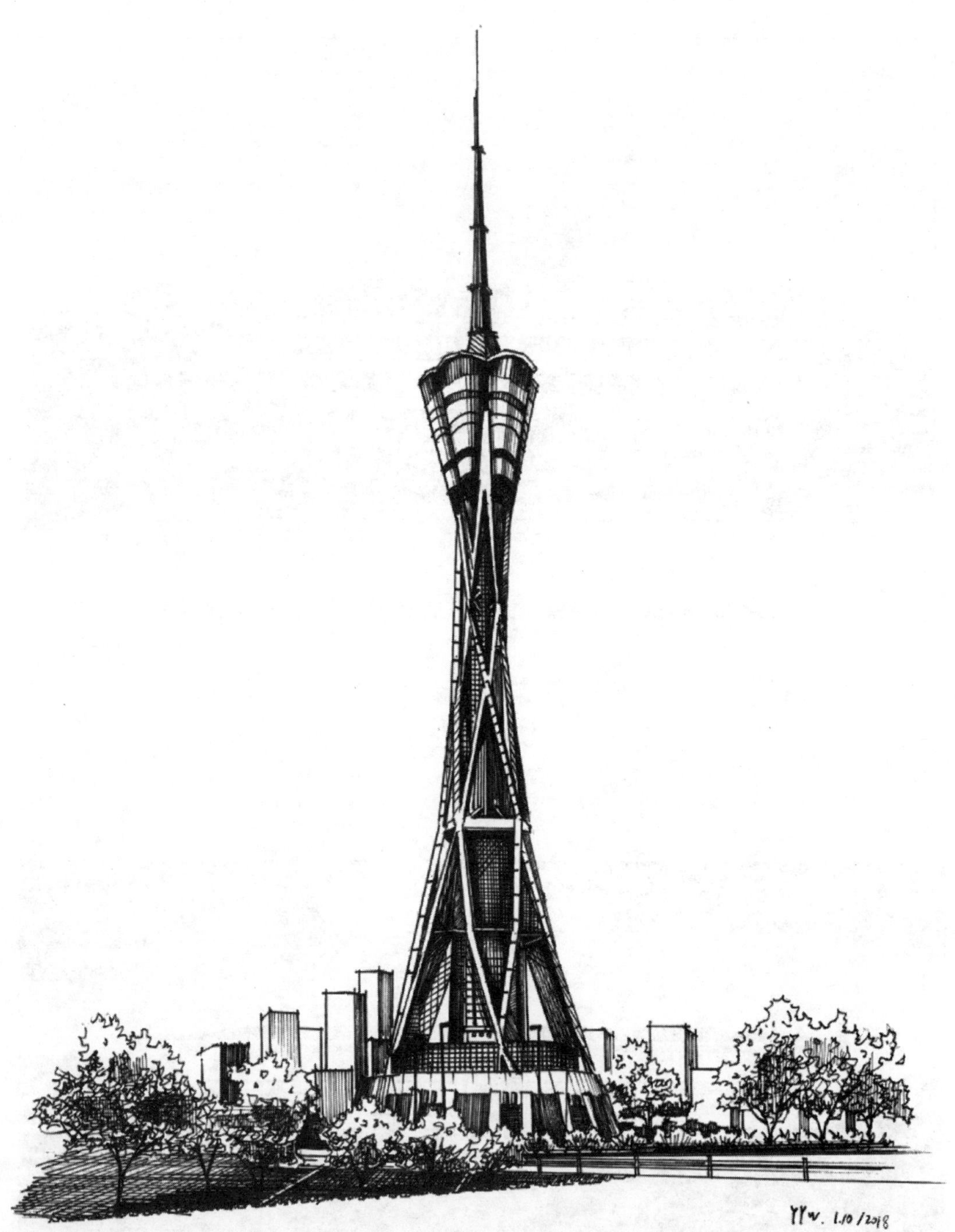

图 10-130　中原福塔写生（钢笔，2018 年 1 月，杨亚文）

图 10-131　山地建筑写生（钢笔，2017 年 7 月，杨亚文）

图 10-132　建筑群（数位板，2017 年 7 月，杨亚文）

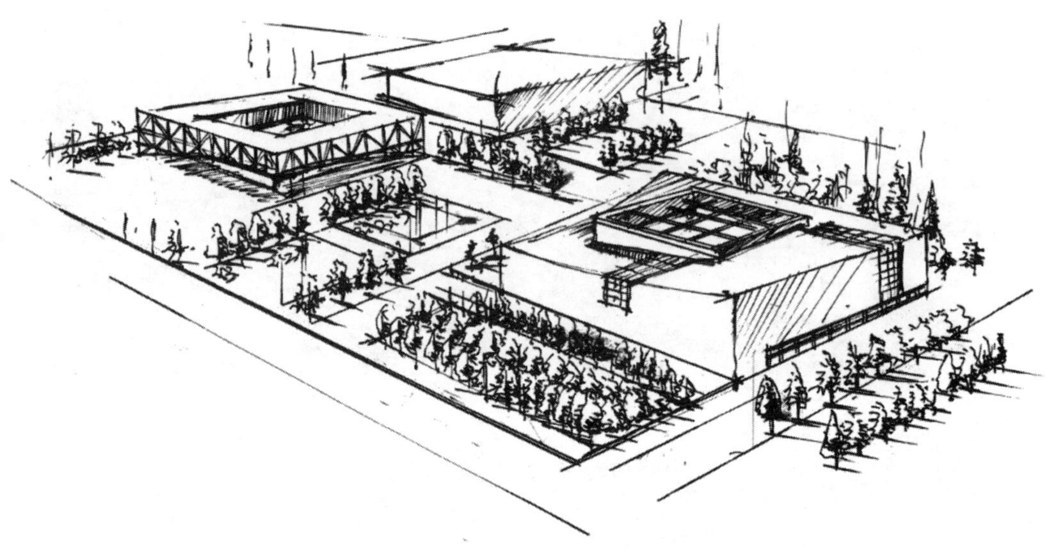

图 10-133　某建筑轴测图（钢笔，2017 年 7 月，王瑞琪）

图 10-134　东郊记忆工厂写生 1（钢笔，2017 年 7 月，马振龙）

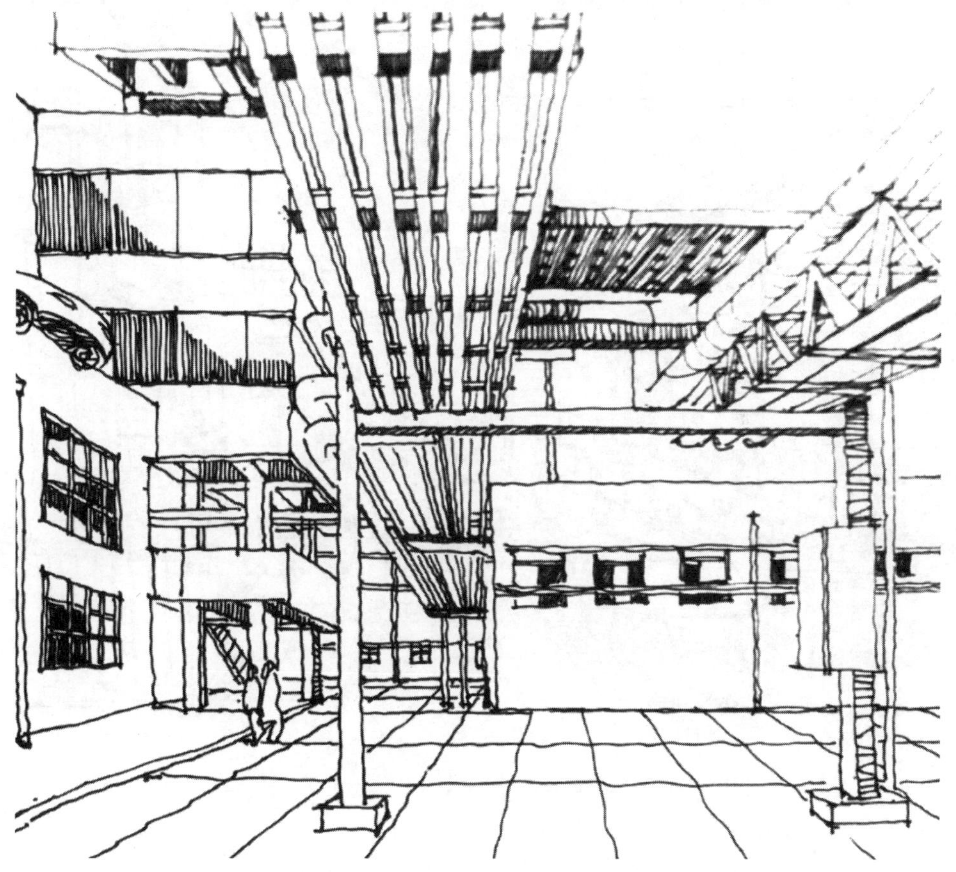

图 10-135　东郊记忆工厂写生 2（钢笔，2017 年 7 月，马振龙）

图 10-136　屋顶咖啡厅（钢笔，2017 年 7 月，王瑞琪）

图 10-137　心意稻快餐厅（钢笔，2017 年 7 月，张淑洁）

图 10-138　新中式风格快餐厅大厅（钢笔，2017 年 8 月，王瑞琪）

图 10-139　新中式风格快餐厅卡座区（钢笔，2017 年 8 月，王瑞琪）

图 10-140　新中式风格快餐厅临窗区（钢笔，2017 年 8，王瑞琪）

图 10-141　中西简餐快餐厅（钢笔，2017 年 9 月，马振龙）

图 10-142　当谷山茶馆（钢笔，2017 年 7 月，闫佳欢）

图 10-143　心境书吧（钢笔，2017 年 7 月，张淑洁）

图 10-144　某水晶专卖店（钢笔，2017 年 7 月，王瑞琪）

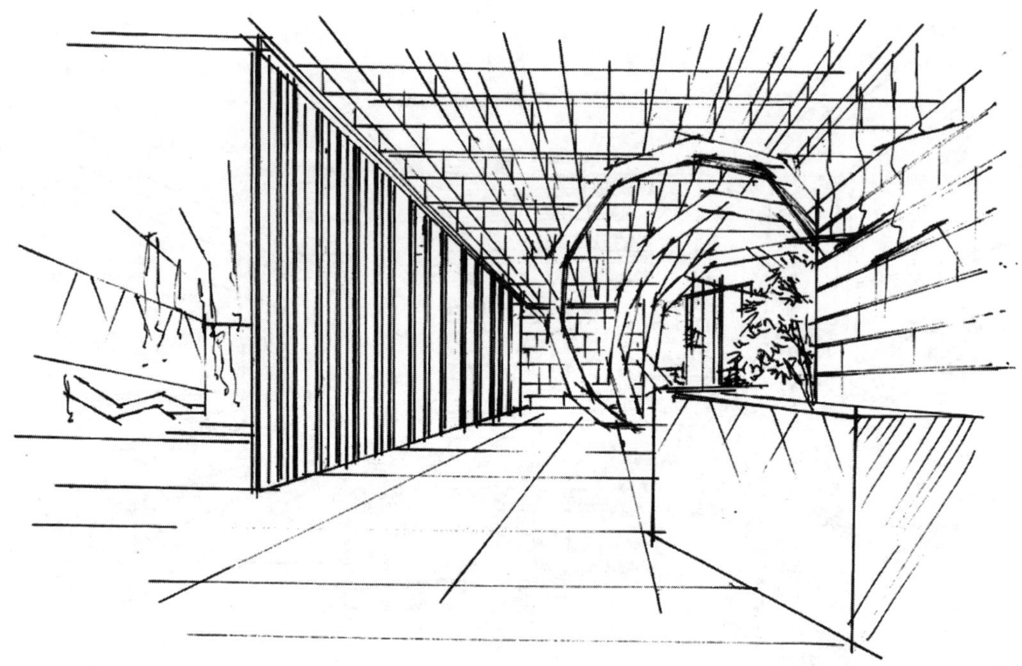

图 10-145　某设计公司入口（钢笔，2017 年 7 月，王瑞琪）

图 10-146　报告厅（钢笔，2017 年 7 月，王瑞琪）

图 10-147　新中式风格办公室（钢笔，2017 年 7 月，张淑洁）

10.2.2　部分公共空间表现作品线稿（图 10-148~ 图 10-165）

图 10-148　线稿一

图 10-149　线稿二

图 10-150　线稿三

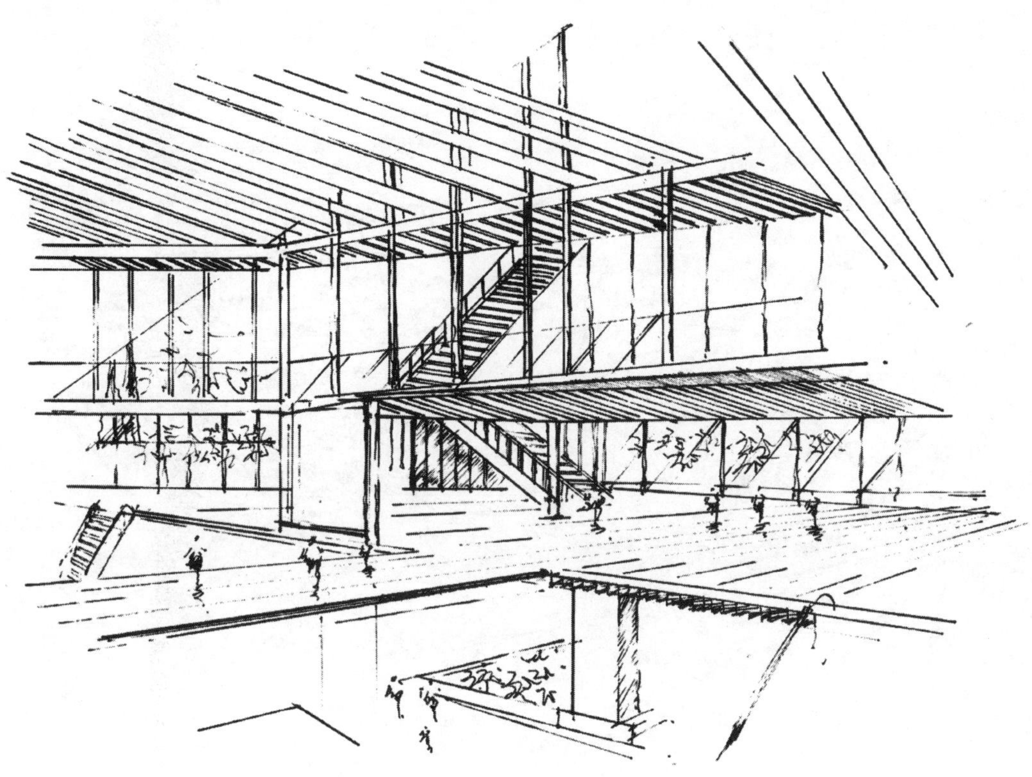

图 10-151　线稿四

图 10-152　线稿五

图 10-153 线稿六

图 10-154 线稿七

图 10-155　线稿八

图 10-156　线稿九

图 10-157　线稿十

图 10-158　线稿十一

图 10-159　线稿十二

图 10-160　线稿十三

图 10-161　线稿十四

图 10-162　线稿十五

图 10-163　线稿十六

图 10-164　线稿十七

图 10-165　线稿十八

10.2.3　住宅室内设计表现（图 10-166~ 图 10-223）

图 10-166　南湖壹号客厅（计算机，2017 年 7 月，巨光麒）

图 10-167　南湖壹号主卧（计算机，2017 年 7 月，巨光麒）

图 10-168　南湖壹号老人房（计算机，2017 年 7 月，巨光麒）

图 10-169　南湖壹号大餐厅（计算机，2017 年 7 月，巨光麒）

图 10-170　南湖花园客厅 1（计算机，2017 年 7 月，张春鹏）

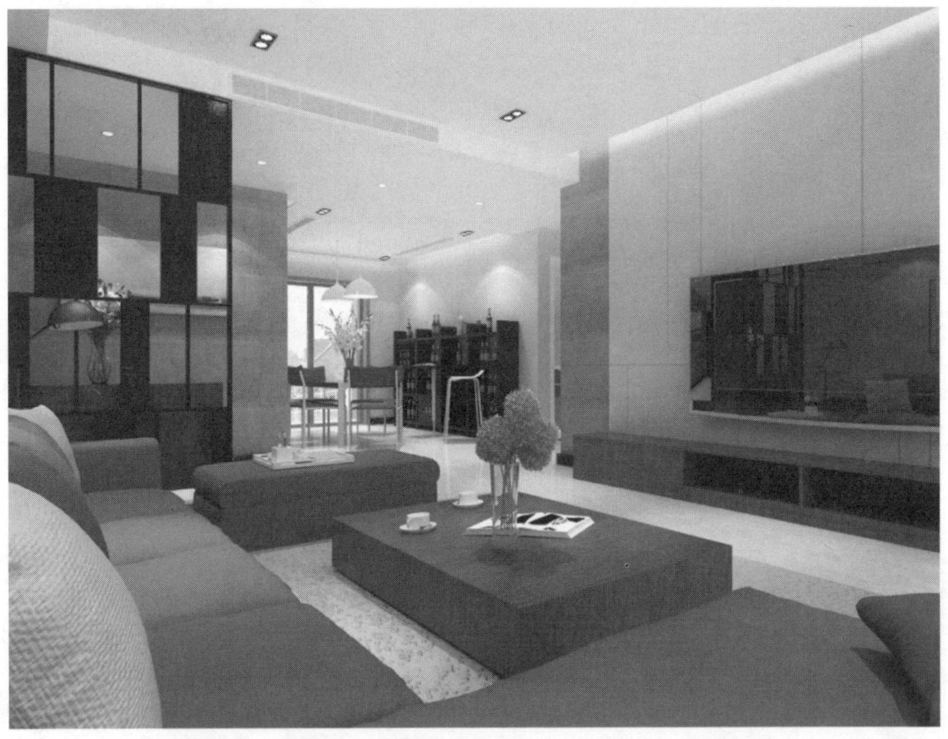

图 10-171　南湖花园客厅 2（计算机，2017 年 7 月，张春鹏）

图 10-172　南湖花园主卧（计算机，2017 年 7 月，张春鹏）

图 10-173　南湖花园儿童房（计算机，2017 年 7 月，张春鹏）

图 10-174　南湖花园入口（计算机，2017 年 7 月，张春鹏）

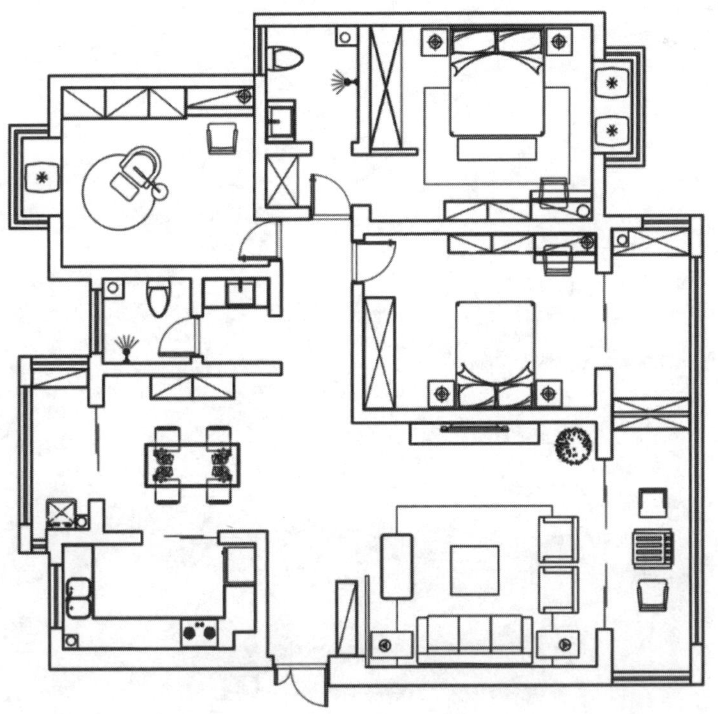

图 10-175　南湖花园平面图（计算机，2017 年 7 月，张春鹏）

图 10-176　中信上城品客厅（计算机，2017 年 7 月，诸葛祥迪）

图 10-177　中信上城品餐厅（计算机，2017 年 7 月，诸葛祥迪）

图 10-178　中信上城品客厅、餐厅全景（计算机，2017 年 7 月，诸葛祥迪）

图 10-179　双汇欧洲故事客厅（计算机，2017 年 7 月，郑家鑫）

图 10-180　双汇欧洲故事餐厅（计算机，2017 年 7 月，郑家鑫）

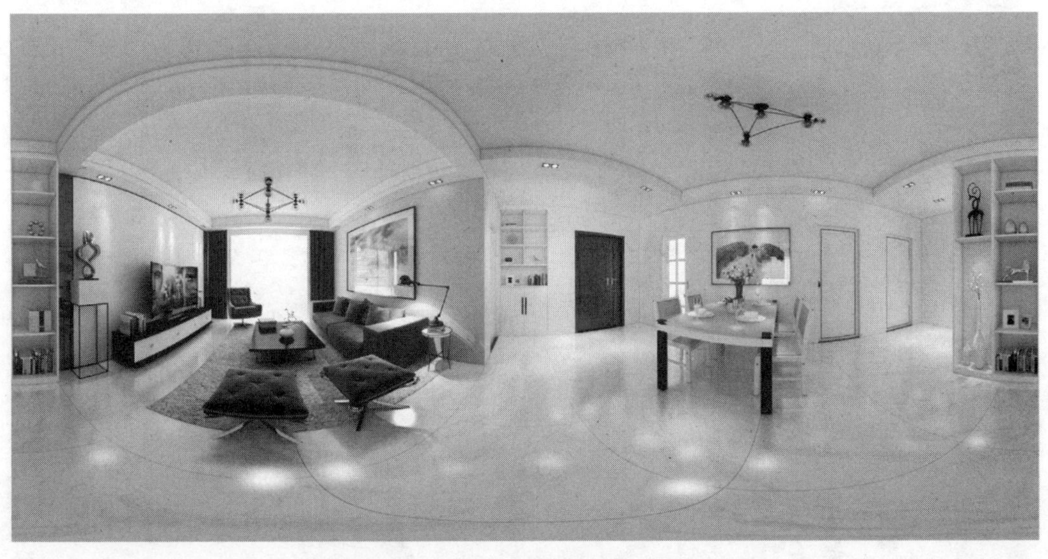

图 10-181　印象欧洲客厅、餐厅全景（计算机，2017 年 7 月，张梦洁）

图 10-182　印象欧洲客厅（计算机，2017 年 7 月，张梦洁）

图 10-183　印象欧洲客厅（计算机，2017 年 7 月，张梦洁）

图 10-184　东方今典 A 户型客厅（计算机，2017 年 8 月，张祺）

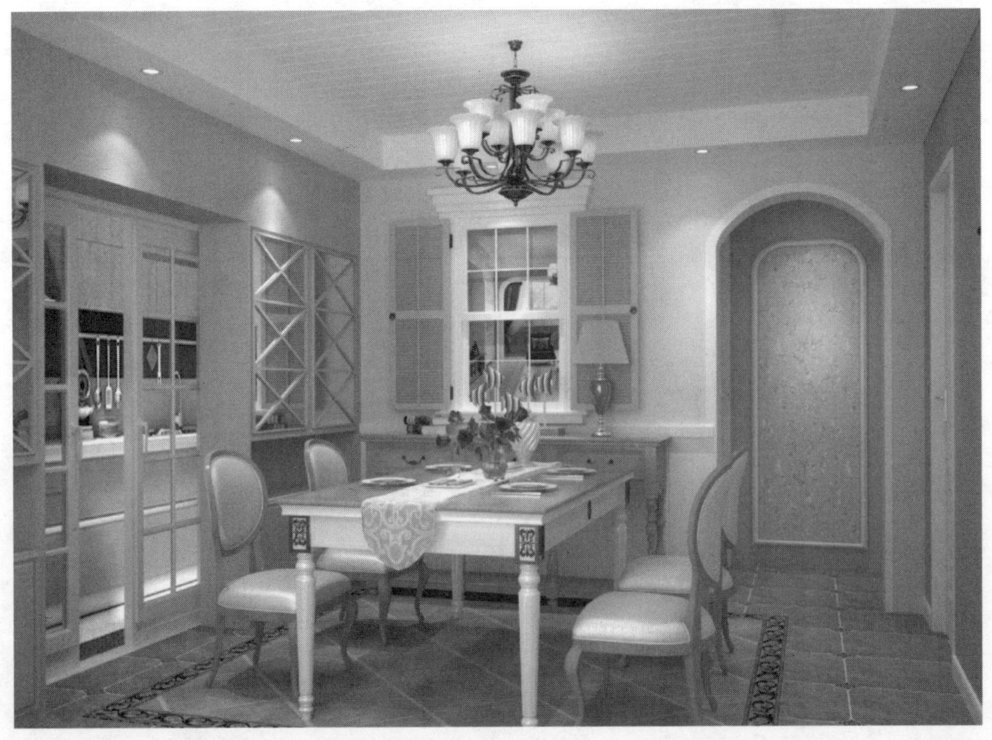

图 10-185　东方今典 A 户型餐厅（计算机，2017 年 8 月，张祺）

图 10-186　东方今典 A 户型餐厅（计算机，2017 年 8 月，张祺）

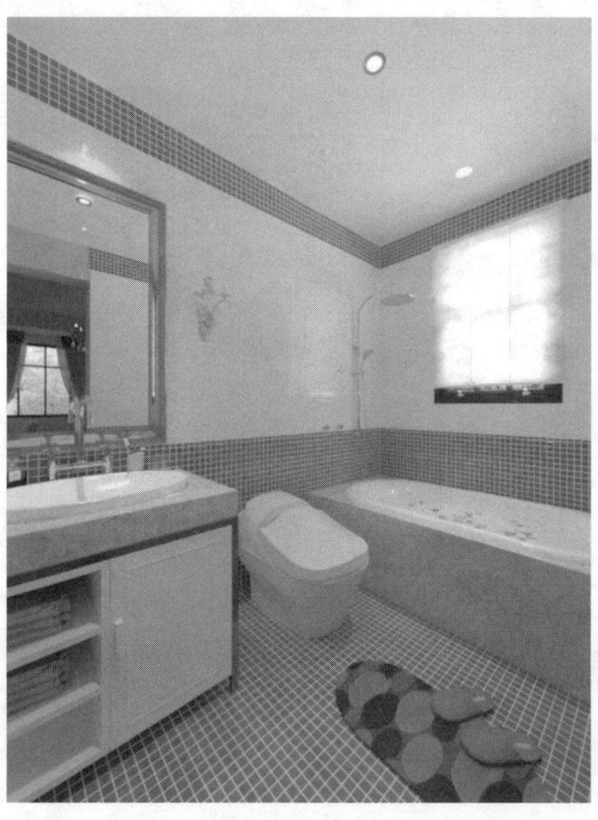

图 10-187　东方今典 A 户型卫生间（计算机，2017 年 8 月，张祺）

图 10-188　东方今典 A 户型主卧（计算机，2017 年 8 月，张祺）

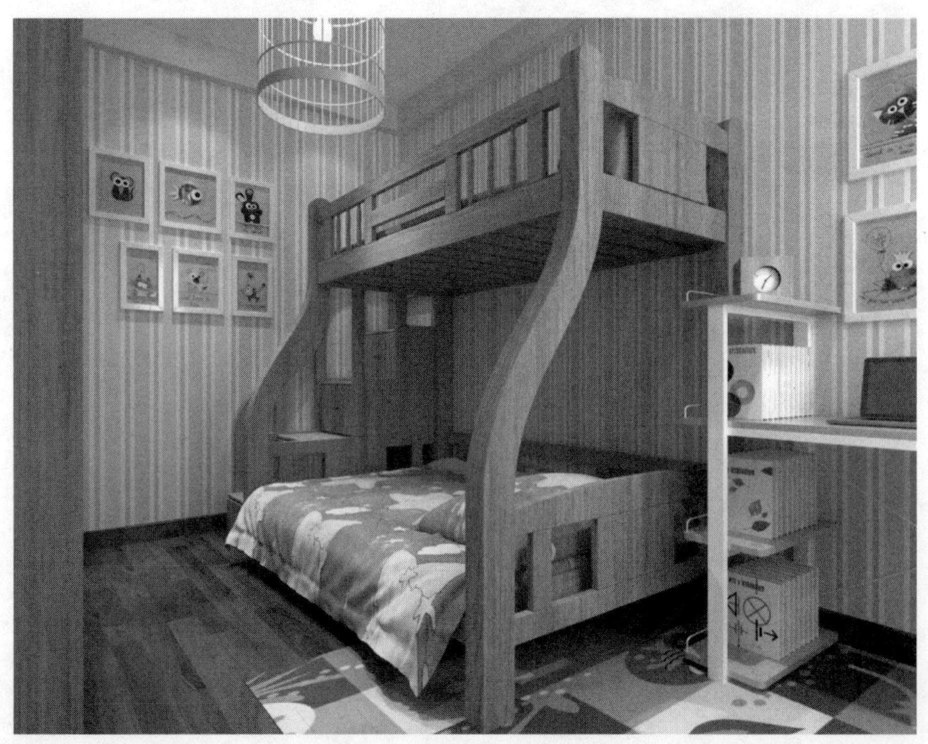

图 10-189　东方今典 A 户型儿童房（计算机，2017 年 8 月，张祺）

图 10-190　山西大学教师公寓客厅（计算机，2017 年 7 月，党立志）

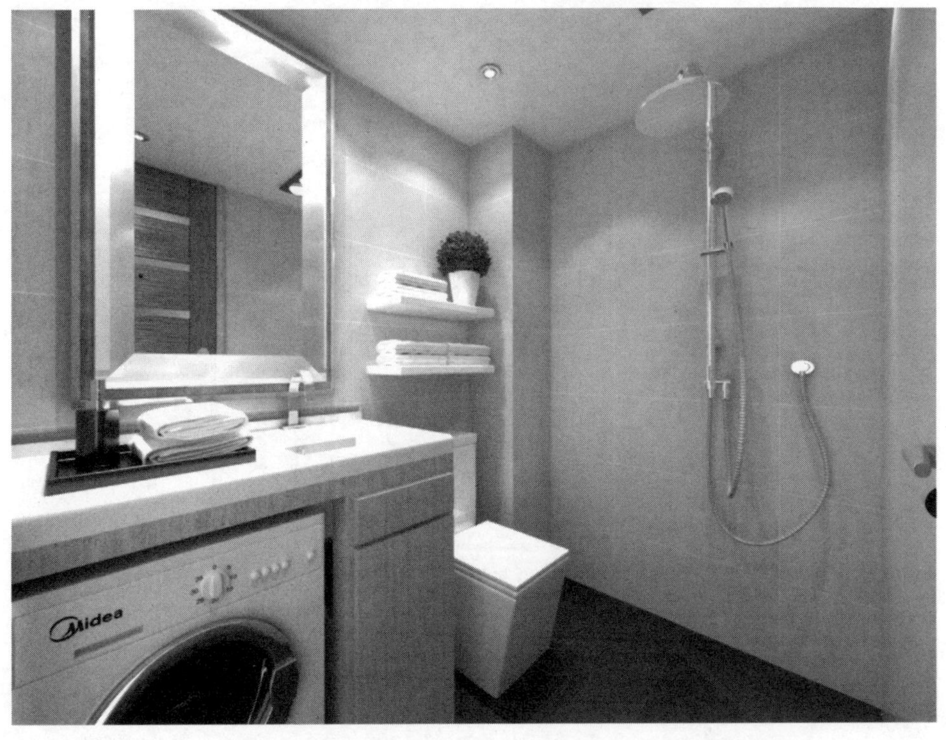

图 10-191　山西大学教师公寓卫生间（计算机，2017 年 7 月，党立志）

图 10-192　左岸公寓客厅（马克笔，2017 年 7 月，张淑洁）

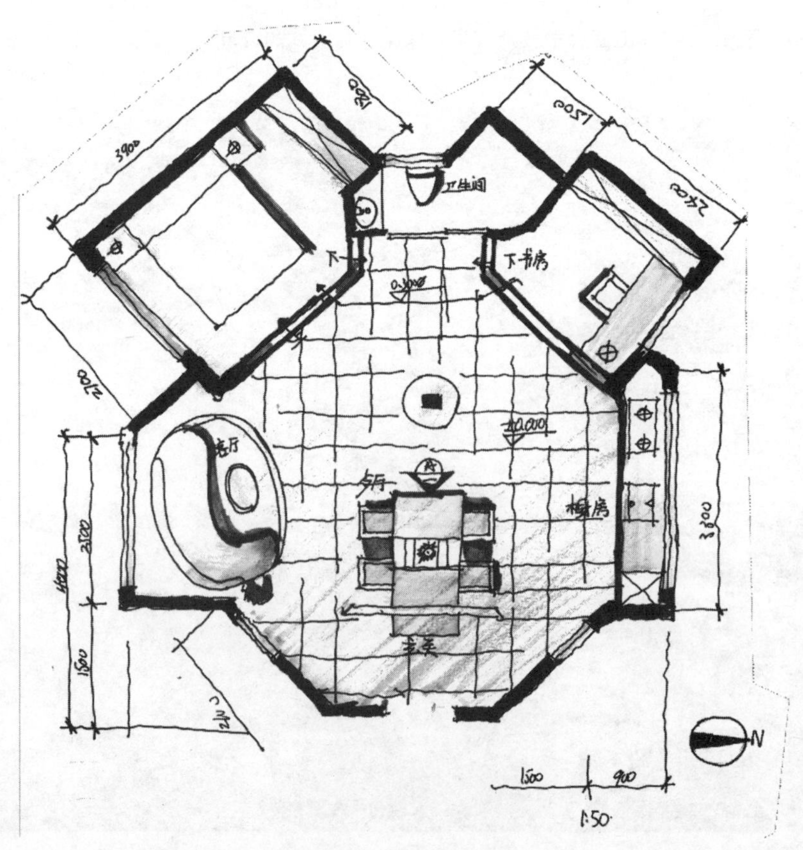

图 10-193　左岸公寓平面图（马克笔，2017 年 7 月，张淑洁）

图 10-194　南湾花园 C 户型客厅（马克笔，2017 年 3 月，杨雪纯）

图 10-195　南湾花园 C 户型卧室（马克笔，2017 年 3 月，杨雪纯）

图 10-196　政和花园客厅（马克笔，2017 年 7 月，杨雪纯）

图 10-197　政和花园卧室（马克笔，2017 年 7 月，杨雪纯）

图 10-198　政和花园客厅（马克笔，2017 年 7 月，杨雪纯）

图 10-199　政和花园走道（马克笔，2017 年 7 月，杨雪纯）

图 10-200　翡翠溪谷客厅（水彩，2017 年 9 月，丁家文）

图 10-201　翡翠溪谷卧室（水彩，2017 年 9 月，丁家文）

图 10-202　金色水岸客厅（马克笔，2017 年 9 月，闫佳欢）

图 10-203　金色水岸卧室（马克笔，2017 年 9 月，闫佳欢）

图 10-204　某餐厅（马克笔，2017 年 7 月，杨雪纯）

图 10-205　某卧室（水彩，2017 年 9 月，丁家文）

图 10-206　税丰苑客厅（马克笔，2017 年 9 月，闫佳欢）

图 10-207　税丰苑卧室（水粉，2018 年 1 月，查泽明）

图 10-208　怡和名门客厅（马克笔，2017 年 9 月，王瑞琪）

图 10-209　怡和名门餐厅（马克笔，2017 年 7 月，王瑞琪）

图 10-210　怡和名门主卧（马克笔，2017 年 9 月，王瑞琪）

图 10-211　怡和名门阳台（马克笔，2017 年 9 月，王瑞琪）

图 10-212　某餐厅一角（水粉，2018 年 1 月，查泽明）

图 10-213　某客厅（水粉，2017 年 7 月，查泽明）

图 10-214　某度假公寓卧室（马克笔，2017 年 7 月，闫佳欢）

图 10-215　某儿童房（马克笔，2017 年 7 月，谷梦恩）

图 10-216　某客厅（马克笔，2017 年 7 月，王瑞琪）

图 10-217　某公寓客厅（马克笔，2017 年 7 月，王瑞琪）

图 10-218　某卧室（马克笔，2017 年 8 月，闫佳欢）

图 10-219　某卧室（马克笔，2017 年 9 月，闫佳欢）

图 10-220　某客厅（马克笔，2017 年 9 月，闫佳欢）

图 10-221　某客厅（水粉，2017 年 9 月，闫佳欢）

图 10-222 某客厅（水粉，2017 年 11 月，丁家文）

图 10-223　某客厅（马克笔，2017 年 11 月，闫佳欢）

10.2.4　部分居室表现作品线稿（图 10-224~ 图 10-236）

图 10-224　线稿一

图 10-225　线稿二

图 10-226　线稿三

图 10-227　线稿四

图 10-228　线稿五

图 10-229　线稿六

图 10-230　线稿七

图 10-231　线稿八

图 10-232　线稿九

图 10-233　线稿十

图 10-234　线稿十一

图 10-235　线稿十二

图 10-236　线稿十三

参考文献

[1] 张绮曼，郑曙旸. 室内设计资料集［M］. 北京：中国建筑工业出版社，1991.

[2] 彭一刚 . 建筑空间组合论［M］.3 版 . 北京：中国建筑工业出版社，2008.

[3] 辛艺峰 . 建筑绘画表现技法［M］. 天津：天津大学出版社，2001.

[4] 辛艺峰 . 建筑室内环境设计［M］. 北京：机械工业出版社，2007.

[5] 辛艺峰 . 室内环境设计理论与入门方法［M］. 北京：机械工业出版社，2011.

[6] 辛艺峰 . 室内环境设计：原理与案例剖析［M］. 北京：机械工业出版社，2013.

[7] 来增祥 , 陆震纬 . 室内设计原理：上册［M］. 北京：中国建筑工业出版社，1996.

[8] 萧默，等 . 中国建筑艺术史［M］. 北京：文物出版社，1999.

[9] 派尔 . 世界室内设计史［M］. 刘先觉，等译 . 北京：中国建筑工业出版社，2003.

[10] 张英杰 . 建筑室内设计制图与 CAD［M］. 北京：化学工业出版社，2016.

[11] 邹德侬，等 . 中国现代建筑史［M］. 北京：机械工业出版社，2003.

[12] 哈姆林 . 建筑形式美的原则［M］. 邹德侬，译 . 北京：中国建筑工业出版社，1982.

[13] 彭一刚 . 建筑绘画及表现图［M］.2 版 . 北京：中国建筑工业出版社，1999.

[14] 孙宝珍 . 室内效果图［M］. 北京：中国纺织出版社，2010.

[15] 辛艺峰 . 城市环境艺术设计快速效果表现［M］. 北京：机械工业出版社，2008.

[16] 胡艮环 . 室内表现教程［M］. 杭州：中国美术学院出版社，2010.

[17] 李鸣，马光安 . 室内设计手绘表达教学对话［M］. 武汉：湖北美术出版社，2014.

[18] 胡海燕 . 建筑室内设计：思维、设计与制图［M］.2 版 . 北京：化学工业出版社，2014.

[19] 陈易 , 左琰 . 同济大学室内设计教育的回顾与展望 [J]. 时代建筑，2012（3）：38-41.

[20] 辛艺峰，刘超 . 环境设计专业个性化人才培养模式建构及其教学实践的探索——以华中科技大学环境设计专业人才培养为例［J］. 中国建设教育，2016（4）：27-31.

[21] 辛艺峰，傅方煜 . 喻园论道——聚焦 2014 年“室内设计学科在中国”学术论坛［J］. 新建筑，2014（6）.

[22] 辛艺峰 . 建筑室内环境艺术设计的人才培养探讨［J］. 高等建筑教育，2008,17（3）：24-27.

[23] 辛艺峰，等 . 全日制艺术硕士研究生创作实践能力培养探析——以华中科技大学艺术硕士研究生培养为 例［J］. 高等建筑教育，2015，24（3）：47-51.

[24] 尹丽，浅析中国佛教寺庙空间的意境塑造［J］. 现代园艺，2012（4）：43.

[25] 尹丽，以“图纸说话”——对环境艺术设计专业考研快题的几点建议［J］. 现代装饰（理论），2012（1）：90.

[26] 尹丽，提高综合素质 培养环境艺术设计思维能力——手绘表达课程教学的改革与探索［J］. 美术教育研究，2012（5）：153.

[27] 尹丽，基于文化育人理念的大学校园环境艺术设计［J］. 艺术研究，2016（3）：200-201.

[28] 尹丽，某文化广场设计 [J]. 科技进步与对策，2017（5）.
[29] 尹丽，基于传承地域文化的环境艺术设计教育 [J]. 美术教育研究，2017（3）：112-113.
[30] 尹丽，基于茶文化的现代茶馆环境设计探赜 [J]. 福建茶叶，2017，39（7）：82-83.
[31] 尹丽，大学校园环境设计中文化的表达 [J]. 遵义师范学院学报，2016，18（5）：154-157.

后　记

历经一年终付梓，恰逢新春。春天的脚步，记录了编写此书的艰辛与快乐。

设计的核心是人，而制图与表现是体现设计构思的手段，是一名优秀设计师必备技能之一。在我们学习室内设计制图与表现的过程中，设计制图与表现的目的是什么？我们始终不能忘记，体现设计构思才是制图与表现的目的，不能本末倒置，只顾提高表现技法美化画面效果，这样就偏离了设计制图与表现的本质，请务必把设计制图与表现视为一种工具，用这个工具去实现你的设计和梦想。

此外，设计制图与表现图既是一种科学性较强的设计图纸，也是一种具有较高艺术品位的绘画艺术作品。我们不仅要付出热情和努力，还要有意识地提高自身艺术修养，学习了解丰富的艺术表现形式，才能将自己的设计作品以科学的态度和艺术的形式展现出来，获得大家的认可，并最终得以实施。

最后，本书在编著过程中，张春鹏、胡鹏、王紫琪、付雪、杨雪纯、张梦洁、闫佳欢、谷梦恩、马振龙、丁家文、杨亚文、张淑洁、查泽明、王瑞琪等为本书提供了大量的表现图，在此对他们表示由衷的感谢。张祺为本书记录了数字表现步骤，张梦洁为本书做了部分配图工作，在此对他们表示真挚的感谢。最后尤其要感谢华中科技大学建筑与城市规划学院辛艺峰教授对我不断的支持与鼓励与帮助，同时也感谢责任编辑赵荣、于伟蓉，她们的辛劳让这本书顺利诞生。特别感谢家人全程背后默默的支持。

作　者